SOTHIS PRESS

Sothis Press aims to completely reimagine the public domain book with an emphasis on universal access to captivatingly designed print editions. We believe that technology will enable every single book ever published to be perpetually accessible in beautiful print form. Sothis is beauty in ubiquity.

Printed and bound by CPI Group (UK) Ltd, Croydon, CR0 4YY

www.sothis.press
1 Waterhouse Square, London, EC1N 2ST

Historia Ethnographica da Ilha de S. Thomé

Almada Negreiros

SOTHIS PRESS

ISBN 978-1-0365-0136-5

HISTORIA ETHNOGRAPHICA

DA

LHA DE S. THOMÉ

«La science sociale est encore dans l'infance: formuler des lois est au dessus de ses forces; mais les lois scientifiques ne jaillissent point par generation spontanée; on les prepare en dégageant du cahos des observations de détail quelques faits generaux.»

(CHARLES LETOURNEAU)

POR

ALMADA NEGREIROS

AO HONRADO ESTADISTA

O Illmo e Exmo Sr.

Conselheiro Julio Marques de Vilhena

Off., reconhecido,

O Auctor.

. . . .

Li com attenção e deleite a primeira parte do seu livro, e que li concluo muito favoravelmente para o resto; e endo, sem lisonja, que V..., publicando-o, honra as letras rias e faz um bom serviço ao paiz.»

De V. etc.

J. V. Barbosa du Bocage.

INTRODUCÇÃO

INTRODUCÇÃO

O africano, especialmente o indigena de S. Thomé, considerado anthropologica e sociologicamente.— O orgulho de nacionalidades e sua influencia na educação do negro.—Caracteres anthropologicos do *filho de S. Thomé*.—Typos de comparação.—Contradições scientificas.—A opinião de Broca.—Mostram-se as verdadeiras causas da paralysia moral do negro.—Testemunhos insuspeitos.—O cahos da nossa legislação.—O effeito que ella produz no animo do preto.—Perniciosos resultados colhidos de tão benevolente e insensato regime.—Os *Annaes do Municipio* e o decreto de 1 de dezembro de 1869.—Varias considerações sobre o estado da nossa administração ultramarina.—Esboço historico.—Donatarios da ilha.—Moinhos e fornos de pão.—Condição imposta aos antigos agricultores de cultivarem suas propriedades no praso de cinco annos, sob pena de confisco.—Jurisdição dos donatarios e effeito da ampla alçada que lhes era concedida.—Privilegios aos habitantes da ilha.—Os degradados.—Progresso e decadencia rapidos.—A miseria da ilha no começo d'este seculo.—Notas estatisticas.—O preço do café e sua instabilidade.—Considerações finaes.

Um dos maiores arrôjos que commettemos no decorrer d'estas paginas é talvez o de não acreditarmos na completa inferioridade anthropologica do negro. E' que, de nenhum modo, esta affirmativa é ainda hoje um axioma scientifico. Nas multiplas manifestações psychicas da sua existencia, dezenas de provas evidentes nos veem mostrar que elle é apenas o condemnado por nós a uma eterna ignorancia e ao servilismo d'um *meio* podre.

Sobre tudo o *meio* exerce nas suas faculdades intellectivas uma influencia primacial. O orgulho de nacionalidades, que é um facto indiscutivel entre nós, tem entre os negros uma evidencia muito mais terrivel. O natural de S. Thomé despreza o do Gabão e trata-o como escravo. Entre as tribus visinhas ha a guerra aberta. [1] A guerra de raças—a guerra sem tregoas. A primeira difficuldade, pois, para poder civilisar o negro seria fazer-lhe comprehender a igualdade das castas, por meio de um persistente ensino religioso. Depois furtal-o ao *meio* que o envenena, isto é — transformar esse *meio*. Não vemos a cada instante o africano distinguir-se nas escolas da Europa e conquistar, pelo seu trabalho e pela sua intelligencia, um nome invejado? Depois de elle ter bebido tão apreciavel instrucção e de se ter feito um homem digno, fazei-o regressar á terra natal, ainda que o invistais no mais alto cargo. E' rapidissima a regressão ao vicio d'aquelle *meio* purulento. N'um instante parece que perde com as luzes da instrucção as mais rudimentares noções da moral. Se o *meio*, pois, tanta influencia tem na transformação do caracter do negro – devemos concluir, sem esforço, que elle na sua terra, e emquanto ella continuar a ser o que é, não pode progredir. Vejamos, porém, em face da anthropologia, se nos enganamos nos juizos formulados. E' enormissima a diversidade

---

[1] Os naturaes do Principe «aborrecem os seus compatriotas de S. Thomé e estes lhes retribuem com igual aversão.»

(Lopes de Lima — *Ensaio estatistico das poss. port.*, pag. 35.)

«Os povos antigos eram naturalmente inimigos uns dos outros, segundo a phrase de Hobbes, *guerra omnium contra omnes*...

E' notavel a hostilidade instinctiva entre o povo hespanhol e a pequena nacionalidade portugueza.

(Theophilo Braga—*O povo portuguez nos seus costumes*, etc., pag. 88 e 94.)

A cada instante vemos as pequenas mas ás vezes sangrentas luctas que teem logar entre os povos das povoações limitrophes no nosso paiz, que se injuriam e ameaçam constantemente.

de caracteres physicos que apresentam os diversos povos d'Africa. Em toda a raça ethiopica, mesmo entre as tribus que não experimentaram quaesquer cruzamentos, ha typos por completo differentes dos do commum da sua raça. Esta falta de uniformidade physica, que aliás se encontra na raça branca, (1) tem talvez uma explicação hypothetica—e é que, considerados anthropologicamente, cada um dos individuos das differentes raças de que tratâmos tem talvez uma especial aptidão espiritual.

De natureza nomada, o indigena d'Africa, com os constantes cruzamentos, deveria, parece, ter produzido um typo mais ou menos commum, visto esses cruzamentos se terem operado dentro da mesma raça. Não acontece, porém, assim; e esta conclusão ajuda-nos a seguir a ordem das nossas ideias —demonstrando a reconhecida capacidade intellectual do indigena que estudamos. (2) O natural de S. Thomé pode até

---

(1) «Quando se observam os traços variadissimos da physionomia do povo portuguez, quando nas exposições de retratos das officinas photographicas se contempla um sem numero de caras quasi que se podia escolher uma amostra bem caracteristica de typos anthropologicos os mais preponderantes e bem accentuados da humanidade. Ha caras com um prognatismo singular e com depressões frontaes, que lembram o homem pre-historico; outras tem proeminencias malares e disposição obliqua das palpebras, que lembram a raça mongolica, outras o traço fino e perfeito do ária, já com os cabellos pretos e olhos castanhos, já com os olhos azues e cabellos louros; uns são enxutos de carnes, com o cabello crespo ou curto e negro, com barba lampilha, lembrando o typo berber, ás vezes a côr da pelle tem uma cambiante bronzeada, clara, do typo fullah.»

(Theophilo Braga—*O povo portuguez nos seus costumes, crenças e tradicções*, vol. I, pag. 39 e 40.

(2) «Virey foi quem primeiro combateu, em nome das sciencias naturaes, a unidade especifica dos homens, admittida por Linneu, Buffon e Blumenbach. Elle dividiu os grupos humanos, formando um *genero*, em duas *especies*, caracterisadas pela abertura do anglo facial.»

dizer-se que participa directamente da nossa raça, ou nós da d'elle e d'outros povos africanos, como querem entre outros o sublime geographo anarchista, Elisée Réclus. ([1])

Louis Figuier, nas *Races Humaines*, affiança que os hes-

(M. A. de Quatrefages — *Rapport sur les progrès de l'Anthropologie*, pag. 20). Não entremos, porém, na profundesa d'esse estudo.

Mr. Vallace (citado por Quatrefages, no seu livro *Hommes fossiles et hommes sauvages*, pag. 168) combatteu fortemente as ideias expendidas por alguns anthropologistas relativamente á completa inferioridade anthropologica do negro. Este naturalista inglez viveu no meio de populações que nós chamamos selvagens, para as quaes a maior parte dos europeus não teem senão desdem e despreso.

... declara que a seus olhos não se julga superior a muitos individuos a quem chamamos selvagens. E, conclue Qnatrefages (liv. cit. pag. 169) — «A mais brilhante civilisação occulta sempre com o seu manto uma verdadeira selvageria. A Europa sabe-o bem.»

([1]) «Os portuguezes não se confundiram simplesmente com os elementos arabes, berbers, israelitas; cruzaram-se tambem com os negros, sobretudo na parte meridional e sobre o littoral maritimo. Antes dos negros da Guiné serem exportados em grande numero para as plantações da America, o seu trafico não era menos activo; e era nos portos meridionaes da Hespanha e de Portugal que se vendiam os escravos africanos. O historiador portuguez Damianus a Goes (*Damião de Goes*) avalia o numero de negros importados para Lisboa durante o seculo XVI em dez ou doze mil por anno, sem contar os mouros. Segundo o testemunho dos contemporaneos, encontravam-se então tantos negros como brancos pelas ruas de Lisboa.

. . . .

Em fins do seculo passsado as pessôas de côr formavam ainda a quinta parte da população de Lisboa.

. . . .

Pouco a pouco, os cruzamentos fizeram entrar na massa do povo todos estes elementos ethnicos provenientes das populações as mais diversas da Africa tropical, e os portuguezes tomando assim, nos seus traços e na sua constituição physica, um caracter mais meridional do que o proveniente da sua origem primitiva: *tornaram-se na realidade um povo de côr.*» (Elisée Réclus, *Nouvelle Geographie Universelle*, vol. I. pag. 921.)

panhoes são de origem certa africana, e funda-se na paridade das suas feições e na natureza ardente e apaixonada dos nossos visinhos. Se esta affirmativa tivesse visos de acceitavel, facil nos seria applical-a tambem a nós mesmos, com as mesmas razões. ([1]) Mas entremos propriamente no assumpto. Levingstone diz ter visto ao occidente de Tanganika individuos de côr negra desvanecida, com pouco prognathismo, de nariz caucasico, cabeça regular, todas as fórmas, emfim, quasi perfeitas, sem mesmo terem as boças frontaes pronunciadas. Mais adiante descrevo estes typos, que existem na Ilha de S. Thomé. Para estes encontro a explicação facil do cruzamento com a raça branca, com a nossa raça. Aquelles, porém, que se desenvolveram dentro da sua raça geral, representam certamente o seu typo mais perfeito.

O que ha talvez entre o negro de que tratâmos é uma "constituição mais defecada como sempre produz a geração d'escravos.„ ([2]) O typo que se aperfeiçôa dentro da sua propria raça é sempre de constituição mais robusta do que aquelle que, obedecendo a transformações lentas por continuos cruzamentos, emquanto não attinge um typo commum, que só apparentemente se mostra sadio. Achâmos a prova d'esta

---

([1]) Sobre a proveniencia dos «iberos, de que os berbers são um ramo atrazado tendo estacionado na Africa (Theophilo Braga—*O povo portuguez nos seus costumes*, etc., vol. I, pag. 362), Belloguet, na *Ethnogenie Gauloise*, falla da *tatuagem* que existiu entre estes antigos povos da Europa. Este costume persiste no nosso tempo, especialmente na classe maritima. Muitos outros costumes de proveniencia barbara se encontram ainda hoje entre o povo das nossas aldeias, o que nos leva a crer com Belloguet que «os habitantes primitivos da idade de pedra no Occidente pertenceram á raça dos Esquimáus.» Clapperton (citado por Theophilo Braga no seu livro—*O povo portuguez nos seus costumes*, etc., pag. 45) fallando dos Fullahs, diz: «A sua côr não é mais bronzeada do que a dos hespanhoes ou dos portuguezes da classe inferior.»

([2]) Dr. Francisco Frederico Hopffer, *Cabo Verde*, 1875.

asserção nas duas raças que se encontram em S. Thomé — o negro nosso descendente e das escravas da costa, e o *angolar*, que ha seculos vive affastado do convivio geral, fugindo ao crusamento. Este é um typo physicamente perfeito, sadio e trabalhador; aquelle, anthropologicamente mais apreciavel, é de uma organisação apparentemente robusta mas tão fraca que o faz succumbir aos embates da mais leve molestia. (1) "Nos povos da Lunda o beiço inferior é mais saliente que o superior.„ (2) N'outras regiões do interior d'Angola ha differentes povos que apresentam feições contrarias. A falta de saliencia das orbitas, caracteristica de aperfeiçoamento de raças, encontra-se a cada instante nos differentissimos typos que para S. Thomé são enviados em cada paquete, *e que veem do interior d'Africa*. Referimo-nos ao *serviçal*, que tanto se presta ao estudo que estamos fazendo. E' claro que, só por excepção, entre esta gente apparece um individuo de feições regulares; mas é trivial encontrar muitos no caso acima exposto. O que produz certamente as diversas modificações que se notam na côr da pelle e do cabello, que varía até entre povos da mesma região, são as altitudes, as condições geologicas das localidades, (3) etc.

Entre os povos da Europa tem-se notado a influencia do clima sobre o desenvolvimento do craneo. Julio de Vilhena, nas *Raças Historicas da Peninsula*, etc., pag. 46, negando a dolicocephalia dos craneos dos vascos, e tambem que estes fossem representantes directos dos iberos e, portanto, d'origem africana, escreve:

"O clima exerce uma influencia poderosa no desenvolvimento craneano; e sendo assim, não se comprehenderá, por

(1) Dr. J. Corrêa Nunes, *Relatorio do serviço de saude*, em 1878.

(2) Henrique de Carvalho, *Expedição Portugueza ao Muatianvua*, vol. *Ethn. e Hist.*, pag. 174.

(3) Idem, ibidem, pag. cit.

um lado, as dimensões craneanas entre os vascos e os povos da africa septentrional, e, por outro, as modificações produzidas pelo clima nos craneos da raça aryana." Em craneometria, (1) com effeito, nós tentaremos demonstrar que fica de pé a nossa supposição de que o negro não é insusceptivel de civilisar-se, muito especialmente aquelle que tem nas veias sangue de raças aperfeiçoadas, como o (2) *filho de S. Thomé*. Se as manifestações da intelligencia que se lhe advinha redundam em prejuizo para os seus proprios patricios e para todos nós, a culpa é só nossa, que o educámos mal. (3) Este é o pensamento inicial que tentaremos

(1) Tous les nègres africains, dont il nous reste à décrire la morphologie céphalique, sont franchement dolichocéphales. Ils forment, très probablement, un certain nombre de races plus ou moins rapprochées; mais *ce que nous savons de leur craneologie ne suffit point, quant à présent, pour établir entre ces races des limites suffisamment nettes* (Hamy, «*Crania ethnica*», pag. 351.)

(2) E' assim que ali conhecemos os naturaes da ilha.

(3) Aos que attribuem á ignorancia em que jazem estes povos a causa fundamental e unica dos seus vicios e usos primitivos devemos contrapôr a affirmativa, pouco lisongeira para nós, de que a criminalidade entre raças avassaladas é relativamente inferior á que existe no meio de alguns paizes que se dizem civilisados.

Achou-se a incapacidade do homem primitivo para fazer qualquer esforço intellectual, em consequencia da sua acanheza cerebral. Em identico plano se collocou o selvagem. N'esta ordem d'ideias, *descobriu* a sciencia criminal que a maior parte dos criminosos são individuos irresponsaveis porque, na phrase bem conhecida de Buchner, «o crime é na vida social o mesmo que a doença na vida physica»; e não só por tal fatalidade organica, senão porque o criminoso é d'ordinario analphabeto e não possue um grau de desenvolvimento cerebral tão apreciavel que lhe apresente a par da vocação para o crime a responsabilidade moral que a sociedade lhe impõe. Quando victoriosamente se apregoavam estas descobertas da sciencia sociologica, Pranzini, um fino espirito educado, é condemnado á morte por assassino; Prado é levado á guilhotina pelo mesmo crime; e até entre nós,

pôr em evidencia no decorrer dos capitulos seguintes Vejamos antes, porém, como são incontroversas, e portanto nos ajudam, as conclusões a que os mais sabios anthropologistas tem chegado em craneometria.

Paulo Broca, o chefe incontestado da escola anthropologica, no volume quarto das suas *Memoires d'Anthropologie*, diz-nos que a craneometria não nos pode, por ora, conduzir a rezultados infalliveis. Assim, um encephalo volumoso pode alojar-se n'um craneo pequeno. O distinctissimo anthropologo, affiançando que o encephalo, como todos os orgãos da vida, está sujeito á influencia das causas que modificam a nutricção geral, diz ainda que, muitos tempos se passarão sem se poder concluir sem erro que a raça influe sobre o peso do cerebro. Ha toda a relação de concordancia entre o poder intellectual e a massa encephalica. E por isso, conclue Broca que o peso do cerebro é um dos mais importantes elementos multiplos aos quaes está ligada a intelligencia. Mas entre individuos *de raças differentes* não pode aquilatar-selhes a intelligencia pelo peso comparativo do cerebro, porque ainda se não achou que a raça influe sobre esse peso. Ora o que já aqui podemos affiançar, com o testemunho de todos os que conhecem a Africa, é que, apezar da apparencia dolicocephala, bastantes individuos pretos ali existem de uma esmerada educação e de um espirito muito esclarecido. Não se conclua que nos referimos á maioria dos casos, porque então encontraremos até a idiotice dos microcephalos; mas o que não nos cançaremos de affiançar, com o mestre,

---

um distinctissimo professor e medico, Urbino de Freitas, veio com o seu nefando procedimento negar o que para alguns era já um axioma scientifico. Na confusão enorme em que se encontra ainda o estudo da anthropologia, crêmos não errar apresentando factos que todos conhecem contra argumentos que não pezam por ora no animo de ninguem. E isto não são excepções á regra.

é que n'um cerebro pequeno e mal constituido pode alojar-se maior quantidade de massa encephalica do que em outro de iguaes ou maiores dimensões. Tiedemann, citado por Broca, (1) achou a capacidade do craneo dos negros igual á dos europeus. O auctor das *Memoires d'Anthropologie*, commentando os trabalhos do professor allemão Welcker, escreve igualmente a este respeito: "Je puis écarter ici toute arrière pensée d'amour propre national, car les français, tout comme les allemands, ont en moyenne un indice cephalique qui les place entre les dolichocephales.„

. . . .

"car j'ai connu dans plusieurs pays de l'Europe des hommes sages et beaux qui bien qui dolichocéphales ou brachicéphales, faizaient honneur á l'humanité.„

Ora ainda mesmo que, no estado actual da anthropologia, se tivesse estudado profundamente o cerebro do negro, vê-se que as conclusões não seriam muito seguras, fossem ellas quaes fossem. Mas tal não tem acontecido. Por informações, escreve-se um livro sobre a Africa; e diz-se, do alto de uma sciencia invulneravel, que o negro é insusceptivel de receber civilisação.

Não se prescrutam as causas da sua ruina; não se attende a que o campo da sua actividade é tão *bestíalisante* que póde tornar estupido o homem civilisado que ali viva. Decreta-se a estupidez eterna do negro... por hypothese (2). Longe de nós

(1) *Memoires d'Anthropologie*, pag. 5.

(2) «Não haverá, porém, motivos para suppor que esse facto do limite da capacidade intellectual das raças negras, provado em tantos e tão diversos momentos e logares, tenha uma causa intima e constitucional? Ha, de certo, e abundam os documentos que nos mostram no negro um typo anthropologicamente inferior, não raro proximo do anthropoide, e bem pouco digno do nome de homem.»

(Oliv. Martins *O Brazil e as Colonias Portuguezas*, pag. 259).

a ideia de suppôrmos que todos os naturaes d'Africa são capazes de receber uma boa civilisação. Mas agora, que já demonstrámos que em face da sciencia anthropologica, se não concluiu ainda que o negro é o representante de uma raça absolutamente inferior, vejamos como, politicamente, nós somos o seu carrasco, que o fazemos estacionar, accorrentado á estupidez que lhe censurâmos. Hunter, na sua obra monumental sobre a India, escreve, com justo orgulho para a sua grande nação: "Nós estudamos as populações d'estas terras, como nenhum conquistador jàmais estudou, ou comprehendeu, uma raça conquistada. Nós conhecemos a sua historia, os seus habitos, as suas necessidades, as suas fraquezas, os seus prejuizos até; e este conhecimento intimo nos fornece a base das indicações politicas, que, a titulo de providencias administrativas, de reformas em tempo util, dão satisfação á opinião publica.„

Entre nós, quem conhece a Africa e se interessa pelos

Certamente que o illustre historiador visa, n'esta apreciação, um tanto superficial, a exterioridade das coisas que não prescrutou intimamente. De mais, entre a raça negra como entre a nossa, ha typos de differentes proveniencias anthropologicas, com mais ou menos capacidade para se adaptarem a um elevado grau de civilisação. Não nos demoraremos, porém, na discussão do assumpto, visto que só tratamos de um typo, que apesar da sua côr, é nosso descendente directo.

E o mesmo illustre historiador nos deu razão quando, antes d'isto, escreveu:

«Sabemos que, independentemente da capacidade ingenita ou inicial das raças humanas, o choque de duas populações (ás vezes até de uma mesma stirpe ethnica) em graus muito afastados de evolução civilisada traz sempre comsigo, se não o exterminio, pelo menos a absorpção, a eliminação inevitavel, da raça inferior ou tardivaga.»

(Oliv. Martins, *As raças humanas*, pag. 34).

Sobre a cerebrina theoria de que o homem descende do anthropoide veja-se Dally e H. Huxley no livro *De la place de l'homme dans la nature*, em que se corroboram e defendem as conhecidas deducções do naturalista Darwin.

seus progressos, lamenta o estado barbaro, pretencioso, n'alguns pontos semi-selvagem, da nossa tão *estudada* administração. Serpa Pinto, no seu livro, *Como eu atravesei a Africa*, diz que a causa preponderante do nosso desprestigio ali é a falta de *boas auctoridades*.

N'esse mesmo livro, referindo-se ás queixas que o soba de Caconda lhe fez dos chefes d'aquelle concelho, e na presença do proprio chefe de então, escreve ainda o valente explorador:

"Procurei desfazer a má impressão que o soba tinha dos chefes de Caconda, mas creio que nada alcancei n'esse sentido. Mais uma vez tive occasião de apreciar o mau resultado dos mingoados estipendios que se conferem aos chefes dos concelhos do interior; causa primordial da decadencia do nosso poderio e influencia ali.„

Isto precisa uma explicação para os leigos. Um alferes *chefe de concelho* (1), representando ali todos os poderes do estado, e directamente, tem que se sustentar e á familia com 36$000 réis mensaes. A consciencia official, ás vezes a muitas dezenas de legoas da costa, em sitios onde se contam os brancos que lá tem ido, tem que perder muito do seu grande pezo em holocausto á leveza do estomago. Contar as scenas vergonhosas que esta pessima administração produz seria incommodativo. Prosigâmos, pois, na ordem da nossa argumentação.

---

(1) Sobre a natureza do funccionario ultramarino escreve o grande estadista Sá da Bandeira:

«Para o bom serviço civil do ultramar precisa-se ter attenção á qualidade de empregados europeus que são mandados para as colonias.

....

É urgente extinguir na provincia de Angola a jurisdição dos *chefes de concelho*, e fazer uma reforma no systema que ali existe. (Sá da Bandeira, *O trabalho rural africano*, pags. 187 e 188).

Emquanto as outras nações coloniaes se occupam em estudar as necessidades dos paizes que lhe estão sujeitos, afim de darem satisfação á opinião publica, vejamos o que os nossos delegados do poder central por lá tem feito e fazem n'este sentido: Escreve um distincto official de marinha [1]: "Até 1876, em que veio governar Angola, D. Francisco de Sousa Coutinho, governadores, capitães, magistrados, homens da egreja e do claustro, todos traficavam d'um modo escandaloso [2]." A este louco exercicio da auctoridade junte-se a qualidade do colono. Fallemos até do actual, e pela bocca de um illustrado escriptor africano [2]. "Avaliamos facilmente um dos factores maiusculos da nossa decadencia colonial, diz o distincto investigador, apreciando de perto a ignorancia e a baixesa da quasi totalidade dos nossos compatriotas destinados á Africa."

E mais abaixo: —"Comnosco vem a bordo (até faz ver-

---

[1] Lopes de Lima (Ensaios sobre a estatistica das possessões portuguezas, *Angola*, pag. 3.)

[2] No *livro das Ilhas*, a pag. 161, encontramos o seguinte docucumento importantissimo, que mostra como, em mais felizes tempos, eram castigados os funccionarios traficantes:

«A Lopo Ferreira, escudeiro, morador na ilha de S. Thomé, mercê de uma fazenda que foi de um Affonso Ruiz. *D. Manuel* etc. A quantas esta nossa carta virem fazemos saber que a nós disseram agora que em a ilha de S. Thomé se vendeu em pregão uma fazenda de um Gonçalo Ruiz, por dividas que devia, e isto por mandado dos uizes d'ella, e que, sendo ouvidor da dita ilha um João Ruiz, elle comprou ahi em pregão *por trinta e um mil e quinhentos* réis, da moeda da dita ilha, a *qual compra o dito João Ruiz não podia fazer* POR ALI SER OUVIDOR, e por bem das nossas ordenações a dita fazenda se perdia para nós; e nós podiamos d'ella fazer mercê a quem bem nos conviesse; e agora, querendo nós fazer graça e mercê a Lopo Ferreira, escudeiro da nossa casa, e successor do dito João Ruiz, morador na dita ilha, temos por bem e lhe fazemos da dita fazenda mercê, quanto a nós pertence e lh'a dar podemos.»

[2] J. A. Martins, *Madeira, Cabo Verde, Guiné*, pag. 5.

gonha dizel-o!) um empregado de gerarchia superior no ultramar, cujo nome tem uma aureola lendaria nos fastos da rapinagem lisbonense.„—

Ainda o anno passado o ex-ministro da marinha, Thomaz Ribeiro, disse muito mais do que tudo isto na camara dos pares; e concluio por aconselhar que pozessem grilheta aos pés da maior parte dos governadores do ultramar, que é como para lá deviam ir expiar os seus crimes.

Depois de tudo isto, conclue-se immediatamenie — que o preto não é um ser anthropologicamente inferior; mas uma victima apenas do nosso desleixo e da nossa incuria, para não dizermos da nossa malvadez.

E abstemo-nos de apresentar o typo civilisado de algumas colonias inglezas, como *Serra Leôa*, perfeitamente educado, distincto, e que em S. Thomé representa uma censura viva á nossa *nonchalance*.

*

* *

Se lançarmos um rapido olhar sobre alguma legislação ultramarina, especialmente sobre aquella que mais pareça influir na harmonia politico-social que devia haver em Africa, como filha enorme da nossa pequenina mãe-patria, pasmâmos de que o preto não seja uma especie de dr. Pangloss em felicidade.

Vejâmos, nos primeiros capitulos d'este livro, as principaes medidas que se teem publicado para S. Thomé, já que é esta hoje das mais florescentes colonias de Portugal. Vejamos esse reservatorio de sciencia, que o seria tambem de bom-senso e optimo criterio, se alguma coisa do que se escreve passasse das columnas dos *Boletins Officiaes* para o campo pratico em que se vê alguma utilidade. Isto em primeiro logar, porque antes temos que reflectir na completa anomalia d'aquellas leis com o *meio* em que tem de se executar, e tambem no pouco e ás vezes nenhum conhecimento que o legislador tem d'aquellas terras, dos usos e costumes dos povos que as habitam e de todas as demais circumstancias que quem legisla deve conhecer e pesar.

Napoleão, o maior guerreiro d'estes tempos, *doublé* de um politico perspicaz, conservava aos povos atrasados que conquistava pela força os seus codigos especiaes, as suas leis archaicas e até as auctoridades que imperavam antes da conquista. Ia n'este procedimento talvez o seu maior prestigio e o mais profundo respeito das raças subjugadas pelo dominador que, impondo-lhe o espectro da força bruta, não as confundia com leis e auctoridades que, n'um momento, ellas não podiam tomar a serio.

O negro que não tem pela nossa lei, nem pelas nossas auctoridades, um vislumbre de respeito consciencioso, cahe, contrictamente, ante o feiticeiro, e só a elle confessa toda a verdade, e se é ou não criminoso.

A nós, só pela força; e não é esta a época em que a devâmos exhibir, caso a tivessemos. Em Cabinda, os mais distinctos funccionarios que ali teem estado, narram-nos a este respeito factos curiosissimos. Um *cabinda* faz um roubo; a auctoridade procede apenas por dever de officio, e só na area em que tem mais força [1], sempre sem resultado. Reune-se

---

[1] Entre o negro a mentira chega a ser uma virtude, como por exemplo, no Dahomey, vid. Curado, op. sobre o *Dahomey*.

Henrique de Carvalho escreve a este respeito:

«É sabido que entre os indigenas africanos, n'esta parte do continente de que tratamos, o respeito pela auctoridade e o seu poder residem mais no apparato, nas manifestações ruidosas, no prestigio, do que na força real de que ella se cerca.»

(H. de Carvalho, *Expedição Portugueza ao Muata Ianvua*, vol. I, *Descripção de Viagem*, pag. 563).

Pode-se generalisar esta affirmativa sem receio de errar.

o tribunal indigena para julgar o feito, e lá se descobre tudo. O roubado é resarcido; o reu condemnado, etc. E tudo isto n'um momento. Ora isto dá-se aliás em toda a Africa, mórmente nos sitios mais afastados da costa, porque só aqui temos jurisdição... de amanuenses.

Esta historia, pois, de se legislar *à tort et à travers* para tal gente que não concebe o que seja lei nem auctoridades, senão quando ambas as coisas se lhe imponham á comprehensão selvagem pela brutalidade da força, seria realmente rizivel se não tivesse dado tão funestos resultados.

Em religião, como demonstraremos no capitulo correspondente, tem-se obtido resultados eguaes. Isto é — ensinamos-lhe a santa religião do Crucificado e elles, aprendendo-a, são exclusivamente fetichistas, d'um fetichismo atroz.

Crêmos, pois, que a melhor fórma de darmos á Africa as nossas leis, os nossos costumes, a nossa religião, o producto emfim de tudo o que de bom haurimos no convivio da Europa, seria — antes de mais nada — *preparar o negro para receber tudo isso.*

Dar a um homem analphabeto em extremo fóros de cidadão, enormes regalias das nosas leis benevolas, é protegerlhe a ociosidade e os instinctos criminosos. Elles não teem concepção de direitos nem de deveres.

No capitulo *Angolares* teremos occasião de mostrar que aquella tribu de S. Thomé vive n'uma *republica* [1] áparte, com leis e auctoridades suas. Acontece que o vadio em Africa é o mais feliz dos mortaes á sombra do art. 256.º do *Codigo penal.* Difficilmente se demonstra que um preto não tem domicilio de cidadão, porque construe uma cubata em cinco

[1] Deveriamos chamar-lhe *imperio*, porque é essa a classificação mais consentanea com a fórma de governo ali usada; mas por attenção ás dimensões do territorio, 6 kilometros quadrados, demos-lhe aquella designação andorrenga.

minutos. Por consequencia, os individuos que a auctoridade, em horas vagas, prende com semelhante tacha, ou sahem da cadeia antes da pronuncia, ao abrigo do art. 998.º da *Reforma judiciaria*, e difficilmente para lá voltam, ou são absolvidos na audiencia de julgamento. D'aqui resulta um enorme incentivo a seguir aquella carreira tão livre de perigos, e, ao mesmo tempo, um grande desprestigio para a auctoridade.

Comprehende então o negro que alguma coisa existe capaz de pôl-o ao abrigo da punição legal e de alimentar os instinctos criminosos que por fatalidade organica e vicio de educação constituem salientemente os seus unicos predica dos.

Aprende que essa coisa é a lei protectora, a lei meramente espectaculosa com que vamos acalentando a brandura dos nossos costumes, e passa a estudar bem quaes sejam... *os seus direitos legaes*.

E' até engraçadissimo ouvil o falar quando o ensinam a arrogal-os. Para os *deveres* ainda se não escreveu cathecismo em lingua d'elles, nem os patriarchas atros se metterão com certeza a catechisar os *infieis*...

*

* *

Em 1864 era tal o cahos da administração ultramarina que o governo central se viu obrigado a publicar a portaria regia de 27 d'abril d'aquelle anno, exigindo aos governadores das nossas possessões respondessem a um extenso questionario sobre as necessidades de cada provincia em especial. Ora a portaria regia de 8 de Janeiro de 1856 tinha criado os *Annaes do Municipio*, amplo reservatorio onde se poderiam ir buscar estas instrucções, se por acaso taes documentos se tivessem organisado. Para não fugir á fatalidade que peza sobre a derrocada da nossa administração ultramarina, os *Annaes do Municipio*, n'alguns concelhos, nem chegaram a ter principio. Restavam, pois, as informações laudatorias dos governadores. Estes, de ordinario, são instrumentos passivos da politica e dos amigos altamente collocados, não podendo portanto affastar-se de uma orbita bem restricta de exigencias. Com o que se apurou então e nos annos seguintes se confeccionou o decreto de 1 de dezembro de 1869. Este diploma, que ainda assim é um dos mais apreciaveis que atafulham as estantes das secretarias d'Africa, ([1]) teve tal difficuldade na sua execução, especialmente em Angola, que, um anno depois, ainda o governo central estudava a maneira de o executar (portaria regia, de 19 de janeiro de 1870). D'então para cá manifesta-se o desiquilibrio perfeito da nossa administração na incongruencia das ordens emanados do governo central e no desprestigio que criámos aos olhos do negro

([1]) Este decreto, referendado por Luiz Augusto Rebello da Silva, estatuiu, entre outras providencias acertadas—que a nomeação dos governadores recahisse em pessoas «que tivessem experiencia de negocios, adquirida em alguma das carreiras de administração publica» (art. 7.º).

—que só fossem providos nos logares de *secretarios geraes* os individuos que, tendo um curso superior, tivessem bem servido como secretarios do governo civil, administradores do concelho ou agentes do Ministerio Publico, dando preferencia aos funccionarios do ultramar ou que tivessem feito serviço na respectiva repartição do ministerio da marinha. (art. 23.º, n.ºs 1 e 2 § 1.º)—finalmenle, mandava rever o codigo administrativo, para depois ser publicado e executado em cada provincia ultramarina (art. 77.º)

Estas disposições foram sempre postas de parte. Os governadores e os secretarios sahiram e tem continuado a sahir do farto bornal dos *compadres*, e o codigo administrativo de 1842 continua em vigor em todo o ultramar, e o que é mais, *revogado mil vezes por simples portarias dos governadores.*

desde que começámos a considerar a lei como um farrapo e a auctoridade como uma coisa secundaria.

Fazer a critica minuciosa do que tem produzido a imaginação esquentada d'essa gente que, quando se não esquece da Africa a innunda abruptamente com a podridão de leis inexequiveis, seria tarefa de pouca valia e grande de mais para as dimensões d'este livro. Como symptoma, ahi fica apontado um facto extrahido de documentos officiaes. Jà vai longe a epoca das descobertas. Se não morreu, está para ahi envergonhado algum resto d'esse antigo genio aventureiro que nos tornou grandes aos olhos do mundo.

Com a perda das riquezas que recebiamos das nossas antigas colonias, foi-se essa epoca d'esbanjamento real em que adormecemos cheios de gloria. Hoje, tudo isto é um triste estendal de mizerias...

No convivio civilisado da Europa, estamos dando o triste espectaculo de doidos.

Teem-nos explorado parte das nossas possessões por utilidade publica universal. (1) E, àmanhã, quando deixarmos apagar no forte coração d'esses batalhadores que ainda em

(1) «E nos? E a nossa Angola? E Moçambique? *Iremos vivendo*, que é a formula consagrada com que se define ingenuamente a apathia nacional. Entretanto, nós que não somos um povo fabril, — ou deviamos empenhar-nos seriamente em fazer d'Angola uma boa *fazenda* á hollandeza, sem escrupulos, preconceitos, nem chimeras, se depois de maduro estudo julgassemos que valia a pena o sacrificio, ou deviamos com franqueza applicar tambem a Angola o unico systema sensato a seguir com todo o resto: enfeudal-o a quem pudesse fazer o que nós decididamente não podemos; repetir o que se praticou com a India e com Lourenço Marques o anno passado (1880)

. . . .

Esperar todos os dias os ataques dos negros, e a ouvir a todas as horas o escarneo e o desdem com que fallam de nós todos os que viajam na Africa,—não vale, sinceramente a pena.» (Oliveira Martins, o *Brazil e as colonias portuguezas*, paginas 262 e 263).

Africa pugnam, ao mesmo tempo, pelo bem da patria e pela prosperidade propria, a ultima scentelha de patriotismo, havemos d'assistir, cheios de dôr, á renegação d'essa velha patria heroica por esses seus filhos aviltados. O nosso enorme imperio d'Africa, é o grande alvo da cubiça europeia.

Estalle a revolta intestina, a indispensavel revolta que ha de escangalhar este velho edificio que vamos deixando arruinar, e então veremos a *nossa alliada* Inglaterra, a França da *Charles et George* e a Allemanha de *Kionga* irem *proteger-nos* n'Africa, emquanto, em guerra d'irmãos, nos assassinarmos na metropole. Em dezembro de 1814, Beresford tomou a ilha da Madeira e declarou-se seu *protector*. Essa rica joia do Oceano esteve sob o dominio inglez, de facto, até que, em 1820, os patriotas de que nos orgulhâmos, libertaram finalmente o seu paiz das garras *proteccionistas* da fiel alliada. Não faz mal recordar a historia. Na rotação dos seculos não mais se repete *1820*. O sangue corrompe-se. Este fim de seculo, chama todas as nações civilisadas á colonisação africana. A Allemanha e a Belgica, (1) que nunca tiveram

(1) Sobre a maneira como o preto selvagem recebe a nossa benevolencia é digno de ler-se o que a este respeito escreve Henrique de Carvalho no seu ultimo livro de *Viagem á Mussumba do Muatiânvua* (1884-1888—«Elles (os administradores do *Estado Livre do Congo*) impõem-se pelo terror, emquanto nós temos procurado fazel-o pela benevolencia; vão matando a tiro os potentados que lhes não obedecem; enforcam os criminosos e obrigam pela força os povos a trabalhar; nós enchemos de presentes os potentados, protegemos os criminosos expatriando-os e premiamos os que não trabalham dando-lhes casa, cama, de comer e de vestir, o que para elles corresponde ao castigo de os encarcerar alguns dias. Aquelles (refere-se ainda aos agentes do *Estado Livre do Gongo*) que entraram agora no continente africano, querendo aproveitar-se das terras e povos sobre que estão exercendo soberania, entenderam ser ainda cedo para dar a estes os foros de seus concidadãos e procuram exploral-os com vantagem; e nós, a seu lado, entre os povos que de ha muito nos deviam sujeição, vamos perdendo de

colonias, ahi nos estão ensinando a desenvolver e a administrar esse grande emporio para aonde coincidem todas as vistas claras. E nòs dormimos!... Praza a Deus que no accordar d'este somno cataleptico encontremos ainda essas joias preciosas, que foram regadas com tanto sangue generoso, e que, no meio d'este charco, reprezentam ainda uma recordação honrosa ..

*

* *

Para illucidação das ideias que vimos d'expôr esbocemos rapidamente a historia de S. Thomé, que ao diante mais detalhadamente se fará.

A epoca de maior prosperidade d'esta Ilha data do seculo 16.º (1) "Arroteado apenas um terço dos terrenos, chegaram aquellas ilhas (S. Thomé e Principe) a contar 80 engenhos de assucar.„ Até então, pode dizer-se que não se colonisára activamente. Os donatarios da ilha, abuzando quasi sempre dos muitos privilegios que a Corôa lhes concedeu, em tal estado de mizeria foram collocando os povos submettidos ao seu jugo que, em 1522 a Corôa confiscou ao herdeiro de Fernão de Mello, João de Mello, a posse e jurisdição que ali tinha, começando então os governos dos capitães nomeados pelo rei. E' curiosissima a leitura das cartas regias em que se concediam esses privilegios. Em 1485 fez D. João II mercê de metade da ilha a João de Paiva, escudeiro da casa real, e de outra metade a sua filha Mecia de

---

prestigio e somos por elles considerados de enfraquecidos.»—E' claro que só não concordâmos com o meio de *civilisar* .. a tiro.

(1) Relatorio dos negocios do ultramar, apresentado á camara dos deputados em sessão de 12 de janeiro de 1863 por Mendes Leal.

Paiva [1] e *qualquer pessôa que com ella cazar, sendo pessôa de quem nós sejamos contente*, conforme o texto da carta de doação. A estes donatarios foi reservado o direito de alçada em crimes de morte e talhamento de membro. O principal commercio da ilha era a escravatura, [2] n'esse tempo auctorisada pelos diplomas regios. No foral da ilha, a que alludimos nos primeiros capitulos d'este livro, lê-se que aos moradores se concedia *previlegio para poderem resgatar escravos e quaesquer outras mercadorias* nos rios da costa fronteira. A' sombra d'esta protecção, o trafico da escravatura attingiu quasi o exclusivismo dos rendimentos d'essa epoca. A' ilha de S. Thomé apportavam constantemente navios de diversas nacionalidades, que se empregaram n'este infame negocio, e ali iam fazer aguada e fornecer-se de generos.

---

(1) Ha na ilha alguns sitios conhecidos pela designação de *Mecia Alves*. Creio que se terá corrompido o verdadeiro nome d'esses sitios, devendo ser *Mecia Paiva*, pois não encontramos na historia da ilha o primeiro nome.

(2) E' curioso ler o que sobre o *Resgate dos escravos da costa d'Africa* escreveu, em 1808, o bispo d'Elvas, D. José Joaquim da Cunha de Azeredo Coutinho. "Muitas nações de negros da Costa d'Africa, e especialmente da Costa do Ouro, escreve o auctor d'este livro (pag. 36 n.) estão persuadidos por um ponto da sua Religião que elles são condemnados por Deus a serem para sempre escravos dos Brancos... E' fazer injuria a um d'aquelles Negros o dizer-lhe que é um homem livre.» Mr. Richard Miles que governou por tempo de vinte annos nas Feitorias da Companhia d'Africa, sendo chamado como testemunha, jurou que o resultado das suas observações sobre o estudo dos Negros da Costa do Ouro, lhe fazia crer que a escravidão era estabelecida n'aquelle paiz de tempo immemorial; que ella era ali de alguma sorte naturalisada, e qne as guerras não a tinham augmentado nem diminuido. Elle distinguiu a Escravidão em duas especies; aquella que era de nascimento, e aquella que era uma punição de diversos crimes, como o adulterio, o furto, a feitiçaria etc. *Elle accrescentou que as terras na Africa não podiam ser cultivadas senão por escravos.* (Livro cit. pag. 41 e 43.)

Em 1490 a ilha foi doada ao fidalgo da casa d'El-Rei, Joham Pereira, perdendo os antecedentes donatarios todo o direito que a ella tinham, talvez por terem dado poucas provas de bôa administração. Tambem a este donatario não foi dada alçada em caso de morte e talhamento de membro, apezar de se lhe fazer aquella doação *em paga dos grandes serviços que antecedentemente havia prestado á ilha* (*Livro das Ilhas*, pag. 61).

N'este como nos alvarás regios publicados antecedentemente para S. Thomé, vê-se que se desenvolvia ali o commercio de madeiras de córte, que eram tributadas n'um terço do seu valôr venal. Este facto ha de nos servir mais adiante para negarmos a existencia de *mattas virgens* n'aquella ilha. Na carta de doação de que extractamos estas notas diz-se: *Item nos praz que todos os fornos onde houver poia* (1) *sejam seus.*

Havia tambem n'essa epoca muitos *moinhos de pão*, certamente para moerem trigo importado da Europa para abastecimento das muitas embarcações que por ali faziam escala. Achamos extraordinaria a existencia d'estes moinhos, que pagavam um pezado tributo, pois não comprehendemos que lucro podesse dar a manufactura do pão n'uma terra que tinha de importar o trigo de tão longe. A sua existencia, porém, é um facto historico, porque na *carta* a que alludimos e nas que veremos mais adiante se concedia aos donatarios da ilha a posse d'esses moinhos. — "*Outrosim nos praz que (Joham Pereira) tome para si todollos moynhos de pam que houver na dita ilha.*„ (Livro das Ilhas pag. 61.)

O que de mais apreciavel, porém, encontramos nos diplomas já citados e nos que investiram os donatarios na posse

(1) Na provincia do Alemtejo ainda hoje se paga a *poia* nos fornos, regulando um pão por cada alqueire de massa que ali se leva.

da ilha, assignados pelos reis D. João II e D. Manuel, é a condição imposta aos referidos donatarios de, no caso de darem, venderem ou aforarem qualquer terreno, para o que tinham plenos poderes, obrigarem as pessoas a quem fizessem taes concessões a *cultivarem esses terrenos no praso maximo de cinco annos, sob pena de perderem o direito que a elles tivessem.*

Esta medida, altamente aproveitavel, contribuiu certamente para que a ilha tanto se desenvolvesse por aquella epoca (1).

Em 1493 foi doada a ilha de S. Thomé a Alvaro de Caminha "*pelos muitos serviços prestados nas coisas de mar e da terra em Guiné e outras partes da Africa.* (Carta regia de 2 de setembro de 1493, Livro das Ilhas fl. 20 v.) Eram muito limitados os poderes que a Alvaro de Caminha se concediam n'esta carta, devendo ter, diz o texto—*jurisdição em nosso nome do civel e crime, reservando morte d'homem* etc.„ Torna a referir-se este documento aos *moinhos* e *fornos de pão*, e lança um tributo mais pezado sobre as muitas serrarias que havia na ilha, denominadas *serras d'agua*, e sobre a industria do sal, tambem muito desenvolvida. Sobre concessões de terrenos impõe-se a condição a que já alludimos de serem trabalhados no praso maximo de cinco annos, sob pena de confiscação.

N'uma outra *carta* que encontramos no *livro das Ilhas*, D. João dá a Alvaro de Caminha poderes discricionarios, sem

(1) A medida agraria da ilha era n'este tempo como ainda hoje a *vara* de $4^{m},84$. N'uma carta de confirmação quo D. Manuel fez a Ruy de Mello da testada da sua roça no *Rio Lagarto*, datada de 23 de março de 1520, lê-se: «*trezentas varas* de cada banda da ribeira de largura, e pela ribeira acima até á serra mais alta, a qual testada lhe eu dou, se dada não é com tal condição que d'aqui a cinco annos primeiros seguintes elle roce e aproveite a dita testáda. E não o fazendo elle assim, então eu a poderei dar a quem por bem tiver.»

appellação. Vê-se, pois, que a restricção da alçada dos donatarios lhes tinha produzido dissabôres. Já n'esses tempos, se a auctoridade tinha força, era despotica; se a não tinha, era humilhada. E só assim se explica a mutabilidade de tantos privilegios e de tantas concessões. N'esta ultima *carta de jurisdição e alçada*, o rei, attendendo ao valor commercial e agricola que a ilha já apresentava, e querendo dar uma alta prova da sua munificencia, concedeu aos seus moradores os maiores privilegios e as mais amplas garantias. Não comprehendemos, senão com os frisantes exemplos de discordia que a seguir apontaremos, como se podia coadunar o poder absoluto do donatario com a liberdade incondicional dos habitantes da ilha. Por esta carta concedeu-se licença aos habitantes de S. Thomé para negociarem na costa da Guiné e para cada vez que lhes approuvesse poderem ir com navios a tratar todas as mercadorias na dita ilha, na terra firme desde o Rio Rial etc..., na Ilha de Fernão do Pó até toda a terra de Manicongo; e auctorisava-os ainda a irem vender os productos da ilha e negociar em escravos [1] a S. Jorge de Mina, grande emporio commercial que tinhamos então na costa.

A capitania de S. Thomé foi, finalmente, entregue ao ultimo donatario, Fernam de Mello, em 1499, por carta de El-Rei D. Manuel (Liv. das Ilhas, fl. 59 v.) datada de 11 de dezembro d'aquelle anno, "*em paga dos serviços que fez e fará*

---

[1] Nas diversas cartas de quitação que os reis então passavam aos donatarios allude-se sempre ao dinheiro da fazenda real (manilhas etc.), que era destinado á compra d'escravos. Em 1830 o trafico da escravatura tinha já enfraquecido muito. J. Accursio das Neves, no seu livro publicado por essa epoca, *Considerações politicas e commerciaes sobre as possessões portuguezas*, diz a este respeito: «Perderam os portuguezes as vantagens d'este commercio, e a *Fazenda Real* os consideraveis direitos que d'elle lhe provinham;» e d'ahi procedeu a queda material de muitas das nossas colonias. (Liv. cit. pag. 145.)

ao reino de Portugal. A elle e seus descendentes [1] *por linha direita legitima masculina.*„

Os maiores privilegios se concederam então a este fidalgo, que tomou posse da ilha na época em que ella mais se desenvolvia agricolamente, apesar da continua rebellião de seus habitantes.

Talvez estes privilegios se expliquem mesmo por essa desordem que lavrava e á qual os reis tantas vezes já tinham tentado em vão pôr um dique.

A unica colonisação que até então se fizera fôra com degradados, aos quaes D. João II concedeu tambem alguns privilegios no tempo do antecedente donatario, permittindo até, —"*que aquelles degradados que lá estiverem ou forem que Alvaro de Caminha, capitão da dita ilha, que o dito capitão lhe possa dar seus seguros em tempo limitado de quatro mezes*„ para virem ao reino.

A' sombra de tantos privilegios, n'uma sociedade devassa que nascia, póde-se calcular a difficuldade que a ilha teria em progredir.

Na carta a que nos referimos fazem-se as mesmas allusões aos *moinhos de pão*, ás *serras d'agua*, ao imposto sobre o sal, e mandam-se reverter em favor do donatario os terrenos concedidos que não fôrem cultivados no praso de cinco annos. E lê-se ali mais: — "*nem tenha nehũua pessôa atafona, senom elle* (donatario) *ou aquem a elle aprouuer. Item nos praz que tendo elle sal pera vêder damdo elle o alqueire a rezam de trees quartos de huũ reall de prata, ninguem mais*

---

[1] Lopes de Lima, na sua *Estatistica das Possessões Portuguezas no Ultramar,* diz que João de Mello, herdeiro da capitania da ilha, soffreu a sua confiscação em 1522, facto com que concordâmos, apesar de no *Livro das Ilhas* haver allusões de que se podia deduzir que João de Mello desistiu d'aquella capitania depois de ali ter praticado os maiores crimes.

o possa vender, etc. — tendo alçada civel e de crime "*até morte sobre os escravos negros e brancos*,„ "*nom resaluando pera nos* (lê-se n'uma outra carta de jurisdição) *cousa algũa de morte de home*,... *porque queremos e nos praz que no dito Fernam de Mello todos os feitos façam fim*.„ Finalmente, até os ouvidores eram nomeados por este donatario.

Até meiados do seculo XVI a ilha progrediu extraordinariamente, podendo bem dizer-se que a verdadeira época da sua colonisação, foi consolidada em 1493, com o grande impulso que lhe deu Alvaro de Caminha.

As guerras religiosas no occidente da Europa (1562-1598) começaram a fazer sentir perniciosamente os seus effeitos nas colonias (1). Em 1567 os corsarios francezes atacaram a ilha, roubando-a e devastando-a. Com a dominação Filippina póde dizer-se que se accentuou a ruina d'aquella colonia. A Hollanda, logo que se emancipou da tutella estrangeira, assenhoreou-se das possessões portuguezas (2) "e assim lançou as bases do seu vasto dominio colonial.„

Os principaes proprietarios da ilha, atterrorisados pela revolta intestina que tinha á frente o negro Amadôr (1595) e vendo depois a cidade saqueada pela esquadra do almirante *Van Der Don* (3) (1600) abandonaram a ilha e retiram-se para o Brazil. Os vestigios do antigo trabalho (4), que tanto valor

---

(1) Zofimo Pedroso, *Historia Universal*.

(2) Zofimo Pedroso, *Historia Universal*.

(3) Ha duvidas a respeito da data da invasão hollandeza, parecendo que a esquadra d'aquella nação que saqueou a cidade de S. Thomé era commandada por Estevam Van der Hagen, que em 1599 passou no golpho da Guiné.

(4) Em 1607, segnndo vemos no opusculo *d'um anonymo* sobre os *estabelecimentos e resgates* portuguezes na costa occidental d'Africa, eram os seguintes os rendimentos da ilha:

«Fará esta ilha de S. Thomé, uns annos por outros, 60:000 arrobas

dera á formosa ilha, iam desapparecendo quasi por completo.

Na *Noticia do que rendiam a El-Rei as possessões ultramarinas nos principios do seculo* XVII, por Frei Nicolau d'Oliveira, no *Livro das grandezas de Lisboa*, lê-se: "*A ilha de S. Thomé está arrendada por 14 contos de réis;*" noticia esta realmente desoladôra se attentarmos no grande desenvolvimento que aquella colonia tinha attingido annos antes.

A raça branca afastara-se, e a parda, por consequencia, diminuiu gradualmente, até quasi se extinguir. Ficou ali a plebe supersticiosa e de maus instinctos. Longe, pois, de aperfeiçoar-se com os cruzamentos, o indigena, n'uma rapida transformação, pode dizer-se que regressou, como typo de raça, ao seu primitivo estado barbaro.

Escreve o sr. Theophilo Braga a este respeito:

"Se nos seus resultados geraes a Ethnologia deriva da investigação dos phenomenos passados nos aggregados humanos o conhecimento do homem medio, e das fórmas de progresso das necessidades, dos instinctos, dos sentimentos, dos interesses e das idéas que agitaram essas collectividades na successão historica das suas instituições politicas e economi-

---

de assucar das quaes vem de direitos á fazenda de Sua Magestade 14:700 arrobas, pouco mais ou menos, e isto não carregando os melhores assucares por sua conta, porque dos que elles carregam não pagam direitos da saída, que são onze por cento.

Tem Sua Magestade n'esta ilha quatro fazendas que se arrendam por sua conta, e rendem todas, 90$000 réis por andarem muito damnificadas.

Tem mais outra fazenda que se chama o *Cabo Verde*, a qual não se arrenda e se grangea por ter alguns escravos.

A renda das miuças e chancellaria anda arrendada em 250$000 réis cada anno.

Os algodões suros que se fazem na ilha poderão ser 1:000 quintaes, de que se paga o dizimo, que importa 40$000 réis.»

cas e moraes, tambem sob o ponto de vista restricto a um dado povo, *esse estudo dos seus antecedentes sociaes serve para determinar os caracteres nacionaes*, por isso que os costumes domesticos, as tradições, as fórmas da actividade, tudo isso é um elemento indistincto d'onde se vão destacando a Poesia, a Litteratura, a Arte, a Industria e a acção historica d'um povo na civilisação.„ [1]

A administração colonial da Hollanda, eminentemente pratica e racional, criando as grandes culturas da canna sacharina em Surinam, as enormes plantações de cacáo e de tabaco em Java e em Sumatra, tendo finalmente feito prosperar pela agricultura e pelo commercio todas as suas possessões, produziu, com a riqueza do solo em actividade, o aperfeiçoamento das raças aborigenes, inhibindo-as de uma persistencia tradiccional e mesologica que constitue o nosso maior vilipendio.

A maioria dos cargos publicos importantes das colonias hollandezas é composta de indigenas civilisados convenientemente. E, n'alguns cargos em que reside uma responsabilidade complexa e indeclinavel, as vagas dão-se por hereditariedade, como narra Dowes Dekker na sua critica sobre a administração javaneza. Entre nós, é triste dizel-o, os naturaes das nossas possessões não exercem essas importantes funcções por dois motivos fundamentaes:

— Porque os não educamos convenientemente; — e porque a nossa politica atira para o ultramar, esse *refugium peccatorum*, com todo o lixo da burocracia metropolitana.

Este falso meio de interpretar a administração colonial produz, em primeiro logar, o desespero do africano desprezado (fallo só da Africa, por não conhecer por completo a

---

[1] Theophilo Braga, *O povo portuguez nos seus costumes, crenças e tradições*, tom. I, pag. 3 e 3 v.

historia das nossas possessões aziaticas) e, como consequencia, o desenvolvimento do odio de raça, por elle assim justificado. As represalias a que tem dado logar esta rotineira norma de governar estão bem expressas nas humilhações a que a nossa bandeira tem descido em terras do continente negro. E como quereremos nós que o preto modifique os seus instinctos e apague a chamma d'esse odio, que apesar de injustificado, assim accendemos no seu intimo, de natureza desconfiada, se, trabalhando desordenadamente agora, desamparâmos logo a tarefa iniciada, por falta de protecção das leis e das auctoridades, dando assim logar a que uma rapida *recorrencia* de costumes se opere nas populações que estão sobre o nosso protectorado? Entre as nações civilisadas é peculiar a "regressão d'um povo a costumes atrazados de que se esquecera.„ (1) Esta tendencia declinativa do aperfeiçoamento moral acompanha o movimento material e intellectual dos povos. Uma sociedade sujeita a constantes revezes, prosperando agora para despenhar-se logo na ruina, não póde produzir um typo perfeito anthropologicamente. Assim pois, á entrada do seculo XVIII a ilha de S. Thomé estava exangue e moribunda moral e materialmente, conservando-se n'esse caminho de retrocesso até meiados do seculo actual.

Algumas notas estatisticas que adiante apresentaremos servirão de base para a confirmação d'este estudo. E é coisa admiravel que, na regressão a costumes primitivos, nem uma só scentelha do que elles tinham de bons se manifesta, antes se olvidam por completo, renascendo, em plena florescencia, os mais rudimentares, os mais vís, os mais deprimentes. (2)

---

(1) Theophilo Braga, *O povo portuguez nos seus costumes*, etc., pag. 14.

(2) Theophilo Braga, no livro cit., pag. 15, referindo-se a este phenomeno social da *Recorrencia* na distancia que separa os ramos aricos que vieram occupar a Europa, escreve: «Quando qualquer d'estes ramos se formava ou modificava, quer os romanos submettendo-os a

Accresce, no caso de que tratamos, uma outra causa de decadencia ethnica — o isolamento. (1) E, embora o indigena de S. Thomé no seculo XVIII e no estado em que o encontramos consubstanciasse em si raras aptidões psychicas e physiologicas, elle não podia deixar de decahir, porque se viu desamparado, n'um meio hecterogeneo e bulhento, tendo como incentivo permanente á incerteza da sua consciencia depauperada a pratica do crime e a exhibição do vicio.

O proprio sangue portuguez que lhe girava nas veias ia-se perdendo nos constantes cruzamentos com as raças do continente fronteiro, porque a metropole nem os seus degradados para ali mandava já. (2)

*

* *

Todo o seculo XVIII se passou para a Ilha de S. Thomé n'uma formidavel desordem de seus naturaes com a perversidade das auctoridades e tambem com a miseria que a todos amedrontava. Desde 1753 a capital da provincia havia passado para a Ilha do Principe (Alvará de D. José I, de 15 de novembro d'aquelle anno).

Os *capitães móres* da Ilha de S. Thomé, o Senado da Camara, (forte potencia politica com poderes discricionarios) os *Capuchinhos Italianos* (introduzidos na ilha em 1684) e o Bispo, disputavam entre si, em baixas discussões, e até pela força das armas, o direito de *primeiras auctoridades*. E as-

todos, quer os germanos dominando por seu turno os romanos, inevitavelmente se davam regressões ethnicas *em que preponderavam os costumes do elemento mais atrazado.*»

(1) Ibid, pag. 17.

(2) Em 1844, escrevia Lopes de Lima, nos seus *Ensaios Estatisticos*, que, «nos ultimos sete annos (37 a 43), a metropole só mandára para a provincia 35 colonos degradados».

Cidade de S. Thomé. Praça do governador Mello.

sim decahida e miseravel, a formosa ilha de S. Thomé, lá via desapparecer no fim d'esse seculo, para ella tão fatal, as suas irmãs n'aquelle grande golpho — Anno Bom e Fernão do Pó, que, por inuteis, cedemos á Hespanha (1778).

No principio do seculo actual, apesar da constante desordem de seus habitantes, a ilha de S. Thomé começou a sentir um pequenino incremento nos seus interesses, devido exclusivamente á sua esplendida posição geographica, que ali começou a attrahir navios de todas as nações coloniaes que andavam no trafico da escravatura. Bem rapida foi, porem, esta prosperidade, porque a vergonhosa fuga da familia real para o Brazil em 1807 influiu por tal forma nos destinos de todo o nosso patrimonio colonial que, nem á custa dos sacrificios particulares que então se fizeram ([1]) se conseguiu soerguer do seu miseravel estado esta colonia tão florescente outr'ora. Aqui cumpre notar que a mãe patria, dando ao mundo taes exemplos de cobardia e mau senso administrativo mal podia servir d'exemplo a filhos tão livremente educados na crapula e no crime. Tudo isso nos levou á perda do Brazil annos depois, perda tambem memoravel para S. Thomé que d'ali recebia os lucros quasi exclusivos do seu enfraquecido commercio d'então e até um subsidio annual de 9 contos de réis ([2]).

Dede 1808 a 1830 passaram-se annos sem que um navio aportasse á ilha, ([3]) sendo certo que, mesmo no tempo da odiosa dominação castelhana, a navegação para S. Thomé era tão activa que todos os annos, em epocas determinadas,

---

([1]) «Em 1803 fundou em S. Thomé o negociante José Antonio Pereira, d'esta capital (Lisboa) um estabelecimento rural e mercantil.» Este individuo foi recommendado ao governador de S. Thomé por *Aviso* de 3 de junho de 1800.»

(Lopes de Lima, *Ensaios Estatisticos*, pag. XVI.)

([2]) Lopes de Lima, liv. cit. pag. XVII.

([3]) Relat. do Ministro da Marinha e Ultramar, 1870.

partiam frotas da metropole para ali, que não podiam ser compostas de menos de 4 ou 5 vellas. (Alvará de providencias para a segurança da navegação, de 17 de novembro de 1621.) (1) Esta ilha teve de receita bruta:

Em 1825..................	7:388$654 réis
Em 1826..................	8:524$311 „
Em 1838......	3:883$357 „

Vê-se na eloquencia d'estes algarismos como foi decahindo o valor material d'aquella rica possessão, a ponto de baixarem os seus rendimentos a um terço do pouco que já representavam em 12 annos apenas (1826-1838). De 1838 a 1842 as receitas da provincia augmentaram sensivelmente, porque já no orçamento d'este anno se lança uma receita de réis 10:656$670 e importancia igual para a despeza. Para melhor se calcular a mesquinhez das verbas de que se compunha a receita da ilha nos 5 annos de que estamos tratando, copiamos aqui o respectivo mappa estatistico confeccionado por Lopes de Lima e publicado no seu livro precioso—*Ensaios estatisticos*, etc.:

(1) «Hoje passam-se annos sem que se empregue um navio n'esta carreira. J. A. das Neves — *Considerações economicas sobre as possessões portuguezas*, Lisboa, 1830.)

Receita Geral classificada desde o anno de 1838 a 1842

Annos	Rendas dos predios rusticos	Rendas d'armazens	Sizas dos bens de raiz	Sizas de Navios	Dizimos	Direitos de mercê	Decimas de legados e heranças	Direitos da Alfandega	Ancoragem	Sello do papel e portaria	Multas diversas
1838	Cada anno 487$800	15$600	58$710	62$300	1:631$416	67$600	22$600	1:684$091	(1) 119$200	181$840	40$000
1839		32$960	140$527	90$829	1:997$216	115$500	6$771	1:375$201	179$200	189$762	—$—
1840		97$280	73$767	40$000	4:102$996	141$829	84$434	3:502$258	102$400	139$540	(3) 12$000
1841		94$080	39$240	—$—	2:201$792	121$500	58$694	4:357$500	—$—	206$160	62$000
1842		—$—	68$210	56$250	2:818$412	—$—	81$315	2:352$040	(2) 214$800	135$680	—$—

(1) Esta parcella, e as duas que se seguem, são Ancoragens de 2$600 réis por cada navio estrangeiro, que não toca primeiro na Ilha do Principe, ou alli não pagou este direito.

(2) Esta ancoragem é cobrada pelo decreto de 14 de Novembro de 1836.

(3) Esta quantia é a unica de Multa Judicial nos cinco annos: as outras duas parcellas são de Multas da Alfandega por contravenção de seus Regulamentos de Fiscalisação.

Em 1844, escrevia ainda Lopes de Lima, sobre o estado de abandono das ilhas de S. Thomé e Principe: (1) "As ilhas de S. Thomé e Principe submersas na miseria estão sendo pezadas á metropole, a quem pouco ou nada utilisam." Data porém d'aqui a mais activa colonisação da ilha de S. Thomé. Quanto pode a alliança de um trabalho perseverante com uma tenacidade ferrenha para resistir aos mil dissabôres do clima e do meio corrupto, attesta-o a enorme prosperidade d'essa pequena ilha, que nos ultimos annos tem produzido uma receita de mais de trezentos contos de réis, com a certeza de attingir o triplo em menos de um decennio! Em 1832 colheram-se na provincia 97:000 kilog. de café.

Dez annos depois já ella produzia 176:256 kilog. (2) A população foi augmentando rapidamente com a introducção do pessoal agricola. Em 1842, para os 2:056 fogos que tinha a ilha de S. Thomé, havia 8:169 habitantes, mais 1:260 habitantes do que em 1836, cujo censo accusa 6:909 almas. Em 1864 havia na ilha 12:858 habitantes, sendo 7:710 livres, (3) 1:073 libertos e 4:075 escravos.

Em 1867 a população da ilha foi calculada em 16:513 almas. Em 1875 computou-se esta população, que tão rapida-

(1) *Ensaios estatisticos*, etc.

(2) Relatorio do Ministro do Ultramar, apresentado ás côrtes em 1870.

(3) Os chamados *forros de S. Thomé* são descendentes das antigas escravas, degradados e judeus que foram iniciar a colonisação da ilha. D. Manuel, em Carta datada em Almeirim a 9 de janeiro de 1515, ampliando os privilegios que antecedentemente lhes concedera D. João II accresentou que — «*Havendo duvida se estas escravas e os filhos que estes degradados e pessoas a que pelo dito seguinte eram dadas e n'ellas haviam filhos se eram nossos captivos ou forros... e para que não haja duvida n'isso por esta declaramos todas as escravas por livres e filhos que d'ellas nascerem por livres e forros para fazerem de si o que bem lhes vier, sem nunca em nenhum tempo serem demandados por captivos.*» Estes privilegios foram ainda confirmados e repetidos por Carta do mesmo rei dada em Lisboa em 24 de janeiro de 1517.

mente tem augmentado, em 27:754 almas para S. Thomé e Principe; e se extrahirmos a pequena população d'esta ultima ilha, que pode calcular-se em 3 a 4.000 habitantes, teremos o excedente para S. Thomé, ou 23 a 24 mil almas. Em 1876 o rendimento de importação é representado por 516:354$534 réis e o de exportação por 343:281$635 réis.

N'este mesmo anno entraram no porto de *Anna de Chaves* 60 navios, sendo 40 de vapor e 20 de vella, e haviam sido registadas na conservatoria mais de 500 propriedades com a declaração do valor de mais de mil contos de réis. (1) A principal cultura da ilha actualmente é a do *cacao*, (2) que, apezar de ter nos mercados da Europa menos preço que o café, compensa ainda assim essa differença de valores na facilidade que offerece a sua manipulação. Tem-se ensaiado ultimamente, com optimos resultados, a plantação da arvore da borracha (*Syphonia elastica*) e cremos que este riquissimo producto colonial virá mais tarde a representar um dos mais apreciaveis factores da extraordinaria riqueza d'aquella ilha. Nos capitulos seguintes explanaremos mais amplamente estes assumptos economicos, aliás tão dignos d'estudo. Antes, porém de tirarmos dos factos apontados as logicas illações que elles nos suggerem, digâmos alguma cousa sobre a estabilidade do preço do café de S. Thomé.

Porque é preciso não nos illudirmos com a risonha perspectiva que nos pintam os que julgam estavel o actual preço do café de S. Thomé. N'um relatorio ha pouco publicado, transcreve-se isto da *History of prices*, de Mulhall — "Na Belgica e na Hollanda é de 175 onças por habitante o consumo do café, na Suecia e na Noruega 88, na Allemanha 83, na Dinamarca 76, na França 52, na Austria 35, na Italia 18, na Inglaterra 15, na Russia sómente 3. Conclue-se d'es-

(1) M. Pinheiro Chagas—*Dicc. Popular*, palavras *S. Thomé*.

(2) Vide, no fim d'este cap., o mappa geral do movimento da alfandega em 1893.

tes numeros que no dia em que as nações europeas, ainda hoje pouco consumidoras de café, attingirem um consumo proporcional ao da França, inferior ainda assim á capitação media da Europa, será necessario que a producção triplique para satisfazer a procura dos mercados.„

Tudo isto realmente é encantador, se olharmos este assumpto pelo suavissimo prisma de que se serviu o auctor do relatorio em questão. Paremos, porém, em algumas considerações mais bem pezadas, que, infelizmente, nos devem conduzir a resultados oppostos.

Em primeiro logar nós não podemos, só pelo esforço da nossa vontade (e antes assim fôra) prever para o café um consumo maior do que o actual. A raiz de chicorea e trinta mil outras formas inventadas para substituir esta bebida tão generalisada ([1]) constituem outros tantos obstaculos á sua propagação. Além de que a Russia e outros paizes onde

([1]) O café denominado *petit-houx* (azevinho) foi introduzido no commercio por Dambourney, em 1761. Em 1772, porque faltou a *chicorea*, muitos fabricantes allemães e hollandezes prepararam o café de favas, de feijão e de varias sementes de *Rubiaceas*. Com o nome de *café de saude*, Frenchard obteve privilegio para uma mistura de arroz, cevada, amendoas e assucar no anno de 1785. Em 1789, o dr. Romain inventou o café de trigo mourisco. Em 1795 espalhou-se o uso do *café de centeio*. Desde então até 1799 introduziu-se o café de bolotas. Em 1800 recommendava-se o café de *giesta*, cujo preparo se acha descripto por Duchesne no *Dictionaire de l'Industrie*. E, successivamente, appareceram nos mercados, em 1800 café de castanhas, em cuja composição entravam cenouras, raiz d'angelica, flôres de mangerona e cascas de laranja amarga; em 1811 Guyton de Morveau descobriu o café preparado com o iris amarello dos peixes, etc. Estas falsificações, que se explicavam pela falta de producção do café, continuam a apparecer em nossos dias, pondo em concorrencia a chimica industrial e o verdadeiro café. Vide *Monographia do Café*, por Paulo Porto Alegre. N'esta ilha ainda hoje muita gente usa, em vez de café, a infusão das sementes da *maioba* (*Cassia Occidentalis*, L.) depois de competentemente torradas e moidas.

o café não logrou ainda introduzir-se em grande escala, não alterarão o gosto actual só porque isso muito nos convém. Mas, demos de mão que o gosto pelo café se estende a toda a Europa na proporção desejada.

Ainda assim, os calculos que transcrevemos peccam por falta de raciocinio. Nós devemos notar que o café produz bem a muitos graus do Equador, em climas temperados e bem differentes. Que as colonias francezas, inglezas, allemãs, e o proprio *Estado Livre do Congo*, teem feito nos ultimos annos enormes plantações, capazes de supprir as faltas que se dessem, no caso da feliz hypothese da nossa transcripção. E, além de tudo isto, que ninguem certamente contestará com provas, resta-nos o mais forte argumento contra a conjectura propicia que se nos deparou no relatorio de que ainda tratamos. E prouvera a Deus que assim não fôsse. Que nós tivessemos o prazer innarravel de ser desmentidos n'estes argumentos. Nós nunca conseguimos, nem conseguiremos tão cedo, infelizmente, ter nos mercados africanos o consumo remunerador que temos no do Brazil. Haja vista a maneira como pedimos ultimamente á Inglaterra para interceder por nós junto do governo que nos lançou na cara a maior de todas as afrontas. Pois bem. O nosso café de S. Thomé, *que é quasi todo consumido no Reino*, continuará a manter os preços actuaes desde que o Brazil, fazendo comnosco o *promettido Tratado de Commercio*, nol-o forneça tão bom em qualidade, quasi por metade do preço actual? Cremos bem que não. E assim será, porque só aquelle grande paiz tem um bom mercado para os nossos vinhos e outros generos d'exportação, que não chegaremos tão cedo a fazer incidir para a Africa.

Amarrados, pois, ao *Tratado de Commercio*, que para nós é uma necessidade creada pelas circumstancias, o café de S. Thomé, terá, pelo menos, que descer ao preço do do Brazil. Hão-de talvez objectar-nos que o Brazil tem já os seus mercados a fornecer, taes como Hamburgo, Londres, etc., e que, por isso, não precisa, *nem póde*, exportar café para Portugal. (1) Mas crêmos que isto é um engano, porque a grande republica sul-americana não nos fornece este producto, que constitue a sua principal riqueza, pela simples razão de que não lh'o pedimos e lhe não convém exportal-o emquanto um proteccional tratado de commercio lhe não der a certeza da venda.

Porque o commercio não tem patria, e muitas vezes vemos até que não tem patriotismo. Haja vista o espalhafato commercio-industrial de 1891, depois do *ultimatum*.

Ora dadas as boas relações diplomaticas em que estamos com aquelle grande paiz, graças á interferencia dos auctores do citado *ultimatum*, é provavel que tudo volte á serena paz podre d'outros tempos, e que até o cambio desça para socego dos paizes que luctam com uma formidavel crise financeira e economica e para mal dos agricultores de S. Thomé; e, sendo assim, é insustentavel no mercado de Lisboa o preço que o café d'esta ilha actualmente conserva. O actual preço d'este genro é altamente anormal; não teve precedentes e só encontra explicação nas razões que apontâmos e n'outras que podem não nos ter occorrido, mas que hão de ser evidentemente de igual ou proxima procedencia. Pensar o contrario é não só dar provas de um pessimo criterio, senão, o que é mais prejudicial, commetter um erro de tal forma que pode comprometter os mais sagrados interesses. Por nossa parte, não nos cançaremos de repetir, que desejamos ser os illudidos.

---

(1) A' data das ultimas noticias do Brazil o café de 1.ª qualidade regulava ao preço de 24:000 réis fracos a arroba.

O de S. Thomé vende-se actualmente em Lisboa a 7:600 réis fortes. Feita a equivalencia das moedas encontra-se a grande differença de preços a que alludimos.

*

*   *

Com estas rapidas considerações fechâmos a introducção a este livro, que escrevemos sob a grata impressão (grata para nós) de tornarmos conhecida a historia dos usos e costumes do habitante de S. Thomé, prehenchendo assim, ainda que mal, uma grande lacuna um aberto. Tem elle apenas o valor, e esse incontestavel, de dizer *coisas novas*.

O *dialecto de S. Thomé*, essa *algaravia* confusa que, pouco a pouco, vai a confundir-se com a lingua de que deriva, ahi fica escripto, porque quasi serviu de base a este estudo. As muitas necessidades que tem a Ilha de S. Thomé, e cuja satisfação, constantemente, mendiga aos poderes publicos, ahi ficam apontadas. Repassado de verdade e do sentimento de bem servir os que teem desenvolvido aquella ilha, só com o esforço tenaz d'uma vontade inquebrantavel, não tem este livro outro fim que não seja o de accordar o marasmo dos que se esqueceram do mais bello e productivo torrão que possuimos. Duras verdades é certo, mas que, patrioticamente, se devem dizer a quem ainda se interesse por coisas d'Africa. Quanto ao objecto principal do nosso estudo, a educação do indigena, praza a Deus que tenhamos concorrido, com tão nua e veridica apresentação, para subtrahil-o á estagnação criminosa em que o deixamos viver, collocando-o ao nivel do verdadeiro cidadão e do chefe de familia. Ferverosamente fazemos estes votos.

Ramalho Ortigão, o grande artista da palavra escripta, referindo-se á causticante critica de Dekker sobre os resultados da administração colonial da Hollanda, diz:

"Só morrem pela estagnação do pensamento os paizes em que não ha sob os delineamentos geraes dos systemas constituidos, mais ou menos occulta pela apparencia das formas exteriores, uma corrente contraria de ideias que lentamente morda a raiz do existente, impellindo a evolução criativa do futuro.„

Nós habituamo-nos a uma indifferença criminosa sobre as nossas coisas. Ou somos servis no meio em que nos collocam as paixões partidarias e a veneração pessoal, ou enchemos d'injurias systematicamente, sem um plano, sem um methodo (que até para injuriar é preciso) os dirigentes e os *dirigidos*. De toda esta destemperada dissolução de costumes tirámos ainda um *Ecclectismo* são que nos serviu de guia em tudo o que escrevemos. Vamos caminhando para o *Scepticismo*, mas temos fé em Deus e nos homens que jámais o attingiremos.

Ainda temos fé, n'este desabar de crenças e de tradicções!...

Consola-nos isso, ao menos...

Lisboa, Junho de 1895.

Designação das mercadorias	Portos do destino		Exportação			Totalidade da exportação		
			Quantidades	Valores	Direitos	Quantidades	Valores	Direitos
Azeite palma	Portugal	L	302	30$200	$302			
Idem	P. portug.	»	90	9$000	1$320	392	39$200	1$622
Aguardente	Portugal	—	—	39$150	$391	—	39$150	$391
Baunilha	»	—	—	40$000	$400	—	40$600	$400
Bambús	»	—	—	1$000	$010	—	1$000	$010
Café	»	K	2.123:937	435:383$600	333:982$992			
Idem	P. portug.	»	10:711	2 142$200	176$013			
Idem	P. estrang.	»	148	29$600	6$660	2.187:777	437:555$400	35:013$361
Café verde	P. portug.	—	—	29$000	$290		29$000	$290
Cacau	Portugal	K	4.039:047	565:466$580	48:468$564			
Idem	P. estrang.	»	12:861	1:800$540	514$440	4.051:908	567:267$120	48:983$004
Idem (capsulas) ..	P. portug.	—	—	5$368	$054		5$368	$054
Coco (miolo)	Portugal	K	14:757	501$738	5$017			
Idem, idem	P. portug.	»	176	5$984	$060			
Idem, idem	Inglaterra	»	1:105	37$570	1$878	16:038	545$292	6$955
Coco em casca	Portugal	—	13:758	68$790	$688			
Idem, idem	P. portug.	—	3:796	18$980	$190			
Idem, idem	P. estrang.	—	5:200	26$000	3$900	22:754	113$770	4$778
Caroço (miolo) ...	Portugal	K	4:034	1:225$850	12$258			
Idem, idem	Inglaterra	»	11:158	278$950	41$842			
Idem, idem	França	»	587	14$675	2$201	60:779	1:519$475	56$301
Casca de tartaruga.	Portugal	»	38	45$600	$456			
Idem, idem	Inglaterra	»	40	48$000	7$200	78	93$600	7$656

Fructas	»	—	—	35$400	$334	—	35$400	$354
Gado vaccum	P. estrang.		307	2:210$000	1:381$500	307	9:210$000	1:381$500
Kola	Portugal	K	16:334	986$040	9$860	16:434	986$040	9$860
Madeira	»	—	—	743$200	7$432			
Idem	P, portug.	—	—	1:209$400	30$246			
Idem	P. estrang.	—	—	7$800	1$170	—	1:960$400	38$848
Plantas	Portugal	—	—	43$600	$436			
Idem	P. estrang.	—	—	82$800	8$374	—	126$400	8$810
Productos zoologicos	Portugal	—	—	70$000	$700	—	70$000	$700
Quina	»	K	148:989	14:888$950	148$989			
Idem	P. portug.	»	65	6$500	$065	149:054	14:895$450	149$054
Reexportação	Portugal	—	—	3:199$480	103$990			
Idem	P. portug.	—	—	770$000	15$000			
Idem	P. estrang.	—	—	266$100	5$292	—	4:235$580	124$282
Sementes	P. portug.	—	—	2$000	$020	—	2$000	$020
Tirados do consumo	Portugal	—	—	2:994$860	45$201			
Idem, idem	P. portug.	—	—	3:919$736	110$007			
Idem, idem	P. estrang.	—	—	92$000	9$900	—	7:006$596	165$108
				1.046:820$541	85:115$528		1.046:820$541	85:963$224

Resumo

Direitos de importação	90:684$855
Idem de exportação e reexportação	85:115$524
Idem de armazenagem	85$813

PARTE I

HISTORIA E TRADICÇÃO

CAPITULO I

PROVENIENCIA DO ACTUAL INDIGENA

Origem do indigena.—Cruzamentos rapidos de raças degeneradas.—Factos historicos.—As antigas populações da ilha guerreando-se e dividindo-se.—Influencia dos cruzamentos sobre a perfeição das raças.—O colonisador portuguez como elemento de desordem.—Primeiros possuidores da ilha.—Mercês do Paço.—Feracissimo terreno e maus elementos de trabalho.—Em S. Thomé não ha *mattas virgens*.—Demonstra-se historicamente esta asserção.—Poderes discricionarios dados pelos antigos Reis aos fidalgos donatarios da ilha.—Implantação da Religião Catholica.—Guerra entre pretos e mulatos.—Começa na metropole a concessão de favores aos colonos destruidores.—A ilha progride apesar da desordem que lavra.—O clero como fautor da rebellião.—Os senhores d'escravos.—Estado desesperado da colonia mesmo no periodo da sua florescencia.—Expulsa-se um governador.—Os *angolares* estabelecem-se, na costa sul da ilha, salvando-se d'um naufragio, em meiados do seculo 16.º.—Panico espalhado por esta nova raça, e seus constantes assaltos á *Povoação* e propriedades.—Fuga dos fazendeiros para o Brazil.—Desmoralisação do indigena.—Os francezes invadem a ilha em 1567—*Révanche* dos seus habitantes.—Novos ataques dos *angolares*.—O cyclone de 1585.—Um governador excommungado pelo chefe da Egreja.—Revolução dos negros capitaneados por Amadôr.—Lastimoso estado da ilha durante a dominação hespanhola. Assalto dos hollandezes em 1600.—Novas fugas de roceiros para o Brazil.—A camara municipal á testa da administração da provincia.—Novas desordens entre as auctoridades civis e ecclesiasticas —É morto a tiro o Deão da Sé.—Excommunhões.—1640 inicia uma era de paz.—Nova invasão dos hollandezes.—Capitulação d'estes a troco de dinheiro.=Recomeçam, em 1677 as intrigas e desordens entre as auctoridades.—Um governador terrivel.—Repetem-se as scenas transactas até ao fim do seculo XVII.—Novo rapto das Sabinas.—Decadencia da ilha em todo o seculo XVIII.—Os *capitães de serra* revoltados contra a auctoridade.—Mudança da capital da provincia em 1753 —Golpe fatal no Senado da camara —A vadiagem apupa a auctoridade.—Cedencia á Hespanha das ilhas de Anno Bom e Fernão do Pó.—A população vadia e desordeira apossa-se da ilha em completo estado de decadencia.

Em S. Thomé não ha hoje, como nunca houve, uma raça perfeitamente caracteristica a que possa chamar-se, com propriedade, a verdadeira raça de S. Thomé, com os seus habitos heriditarios, innoculados na sua propria essencia social, radicados no seu modo de ser. A ilha, descoberta ha quatrocentos e tantos annos, (1) não era habitada. Só alguns annos depois da sua descoberta, alguns colonisadores portuguezes, por ordem do governo, se vieram aqui estabelecer; e os primeiros habitantes pretos da ilha, introduzidos por João de Paiva e outros fidalgos da casa real, eram naturaes da

(1) Sobre a data precisa da descoberta d'esta ilha teem-se apresentado duvidas importantes. «D. Affonso V, em 12 de janeiro de 1473, fez mercê á infanta D. Biatriz de todas as ilhas que se descobrissem, emquanto se proseguisse na busca da ilha que apparecia ás vezes da ilha de S. Thiago (Theophilo Braga—*O povo portuguez nos seus costumes, crenças e tradições*, vol. II, pag. 241) do que parece deprehender-se que, além de S. Thiago, se não conheciam ainda mais ilhas em 1473. Nos livros d'este rei archivados na *Torre do Tombo* nada se encontra sobre a ilha de S. Thomé. No apreciado diccionario de Dezobry et Bachelet, lê-se a pag. 2622: «S. Thomé, ilha da Africa portugueza no golpho da Guiné, a 200 kil. N. O. do Cabo Lopes, por 0°,25′ lat. N. e 4°,24′ long. E.—2000 kil. quad. approximadamente. *O pico de Sant'Anna* (!) tem 2400m. *Esta ilha foi descoberta por Vasconcellos*, no dia de S. Thomé, em 1471.»

Costa de Mina e d'outras localidades do continente africano. A estes, escravos, foram entregues mulheres das mesmas e de procedencias differentes, mesclando-se assim, na sua origem, os typos mais hecterogeneos que deviam servir de base para uma mais larga colonisação. E é assim que hoje vemos quasi em cada freguezia da ilha typos accentuadamente differentes, na apparencia, na indole e nos costumes. Os primeiros portuguezes que aportaram á ilha, estabeleceram-se a N. E., no local hoje e já então denominado *N. S. das Neves*.

O fóco commercial e agricola brevemente incidiu mais para o sul, ficando ali, por longos annos, uma colonia quasi isolada, que se multiplicou, confundindo-se depois com as novas raças d'escravos que a ilha importava. Em outros pontos da ilha, e por causa das continuas rebelliões intestinas, foram-se estabelecendo os escravos fugidos, constituindo pequeninas *republicas*, com a mesma mescla de costumes e de typos. Nem pode explicar-se d'outra forma a constituição d'esta população, ainda hoje tão anomala no seu modo de viver e tão differente nas suas proprias inclinações.

Os primeiros annos da colonisação portugueza não podiam, pois, deixar de ser de acerba amargura para nós, attentas as proprias qualidades do trabalhador que aqui collocámos. Dispendendo a sua actividade em continuas correrias; inutilisando-se para o trabalho pelo proprio odio de raça, que vive ainda hoje, tão acceso, nas diversas tribus africanas; os braços com que contávamos foram, por muitos annos, motores das mais sérias desordens, e, até, por vezes, os assassinos de seus proprios protectores. A feição ethnica d'este povo é, pois, de difficil estudo; e, só remontando á epoca do descobrimento da ilha, acompanhando, nas suas evoluções tempestuosas, o movimento social de todo esse cyclo vicioso, só assim, dizêmos, se podem tirar as illações que deduzimos d'este capitulo. A evolução sociologica, operando-se, ora rapida ora vagorosamente, nada tem perdido da sua essencia.

Poderá ter-se confundido, n'um dédalo inextricavel, o primitivo aspecto de cada uma das castas especialisimas de que esta população deriva, mas essas alterações morphologicas, por qualquer forma que as encaremos, só tendem, e sempre assim aconteceu, a accentuar um typo estranho, confundivel, degenerado. A raça parda, que deveria ser a predominante na ilha, é quasi nulla.

Ao simples exame visual, nota-se no indigena a variedade typica denunciadora do constante cruzamento de raças oppostas. Junte-se a isto a certeza de que o elemento colonisador europeu foi sempre o mais desmoralisador e retrogrado, e vejâmos, na sua negrura repellente, os quadros evolutivos, com pequeninas scentelhas de luz, que a historia da ilha nos apresenta, como a genesis da mais falsa das civilisações, se esta palavra se pode empregar n'este caso.

*

* *

E' quasi ponto assente, apezar das duvidas que a este respeito aprezentam o nosso celebre historiador João de Barros e outros, [1] que esta ilha foi descoberta no reinado de D.

(1) J. de Barros, *Decadas*.

Segundo Gerardo Pery (*Statistique du Portugal e de ses colonies*, edição de 1848) foi Fernam Gomes o descobridor d'esta ilha.

No *globo de Behaim*, ao lado das ilhas de S. Thomé e Principe, lê-se: «Ces iles furent découvertes par les vaisseaux que le roi du Portugal envoya vers ces ports du pays des Maures, l'an 1484.» (*Notice sur le chevalier Béhaim*, Murr, traducção de Jansen, citado por A. Magno de Castilho nos seus *Études historico geographiques*) No *livro das ilhas*, fl. 147 v., encontra-se uma carta pela qual D. Affonso V concedia a Fernam Gomes a posse do terreno da Guiné e seu commercio; mas este documento não nos pode levar a qualquer conclusão. E' porém evidente que esta descoberta foi anterior a 1486, porque em 1485 foi a ilha doada a João de Paiva.

Affonso V, o *Africano*, por Pedro de Escobar e João de Santarem, no dia 21 de dezembro de 1471. Era deshabitada, como dissemos, e n'este estado se conservou, até 1485, data em que, reinando já D. João II, foi doada a João de Paiva, fidalgo da real casa, foi erecta em capitania e com direito a todos os privilegios que lhe outhorgou a Carta de 24 de Setembro d'aquelle anno, a primeira que se publicou para esta ilha.

No sentido honroso de colonisal-a, o mesmo Augusto Senhor, em 1493, concedeu-lhe muitos privilegios e regalias, fazendo então mercê da ilha a Alvaro de Caminha, que muito se interessou pelo seu progredimento. Os primeiros colonos, que desembarcaram em *Agua Ambó*, freguezia das Neves, foram incitados ao trabalho, por este donatario, a quem o rei forneceu, como colonos, os degradados e os filhos dos judeus que haviam sido arrancados a seus pais, "*mandando-se dar a cada um uma escrava para a ter e se d'ella servir.*„ (Lopes de Lima, *Ensaios estatisticos* etc. Liv. das Ilhas fl. 199 v.º)

Em pouco tempo, apezar das differentes raças que operavam, arroteou-se uma razoavel porção do fertillissimo terreno da ilha, e montaram-se fabricas de serracão de madeiras, que se exportavam em grande quantidade. Ainda hoje se encontram muitos vestigios de engenhos d'assucar; ([1]) e este facto, junto ao da exportação crescente de madeiras, é, na nossa opinião, prova sufficiente para negar a existencia actual de *mattas-virgens* na ilha, mórmente se attentarmos no rapido progresso agricola que ella attingiu mais tarde em quasi toda a sua extensão. Por carta de 4 de janeiro de 1500, concedia D. Manoel a Fernão de Mello, tambem fidalgo da sua casa, a ilha de S. Thomé, "*dando-lhe poder e alçada até de morte natural.*„

Só em 1504 se erigiu a primeira freguezia na ilha, e esta

([1]) N'esse tempo a canna saccharina era a principal cultura da ilha, que se iniciou com artifices vindos da Madeira.

denominou-se de *N. S. da Graça* e tambem *Ave-Maria;* existindo já n'essa epoca os chamados *frades de Santo Eloy.* Um grande incendio que, em 1512, reduziu a cinzas a unica povoação da ilha, prostrou na mizeria os seus habitantes e fez nascer, a par da pequena discordia que já existia, uma verdadeira revolta da fome, amotinando-se as differentes raças aqui existentes para collaborarem no augmento da guerra que, em 1517, enleiou mulatos e pretos n'uma lucta medonha. Tinha suggerido o odio de raça. A população total da ilha começava a odeiar o elemento branco e a dirigir ao throno repetidas queixas contra as auctoridades. O Alvará de 10 d'Agosto de 1520 recommendou o bom tratamento dos filhos dos judeus e seus descendentes e permittiu "*que os mulatos pudessem servir quaesquer officios como os brancos.*„ Este mandado do throno, que se repetiu no Alvará de 27 d'agosto de 1546, mostra bem a revolução intestina que se avolumava, e quanto, com pessimos elementos colonisadores, a ilha se foi, paulatinamente, afundando n'um barathro de malquerenças.

No emtanto, a fertilidade do solo era tal, e tão grande a affluencia de colonos e escravos á ilha que, em 1534, Clemente VII erigiu em cathedral [1] a egreja matriz de *N. S. da Graça.* Cresceram os elementos que haviam degladiar-se — o padre, o branco, o escravo, o pardo — o captivo e o livre.

Estava cimentado o terreno sobre o qual se havia erguer uma raça cruzada, partilhando de todos os defeitos physiologicos e espirituaes das raças abastardadas de que se compunha a colonisação da ilha. O caudal da intriga alastrava-se. Agora a multidão não se queixa só das auctoridades civis;

---

[1] O mesmo Santo Padre, a pedido de El-Rei D. João III, tinha erigido em bispado, dois annos antes, a matriz de Cabo Verde, elegendo seu primeiro bispo D. Braz Netto, clerigo secular. (Catalogo dos bispos de Cabo Verde, Lopes de Lima).

diz tâmbem que geme sob a pressão auctoritaria dos ecclesiasticos. Alguns colonos, verdadeiros intrusos, descendentes espurios de differentes castas, haviam enriquecido em pouco tempo, attingindo o zenith da ambição a que essas consciencias aspiram. Dispondo de muitos escravos e de grande influencia, conquistada pelo terror, entre as populações vadias, parece que tentavam manietar o exercicio da legalidade, impondo-se pela força. (1) "*Mortes, incendios, assaltos, raptos, roubos, forças contra os officiaes publicos, desprezo contra os governadores ou capitães*,„ eis o quadro desolador que a ilha nos apresenta.

As proprias auctoridades degladiavam-se terrivelmente, n'uma intriga baixa e repugnante, esquecendo por completo o cumprimento dos seus deveres.

Do alto do seu orgulho tremendo, os habitantes de S. Thomé chegaram a *regeitar* um governador, allegando, ao despedirem-n'o (2) "*que era muito novo para governar homens tão barbados.*„

Campeava o suborno; tryumphava a ameaça da força. O alvará de 15 de janeiro de 1548 exigiu a fiança de 1000 cruzados (quantia avultada n'esse tempo) aos escrivães de direito, afim de prover n'estes cargos homens de probidade, que não viciassem os autos e não receptassem as escripturas dos respectivos cartorios.

A ilha progredia sempre, apesar de tudo isto. Em 1540, calcula-se, naufragou na costa do sul um navio carregado d'escravos naturaes de Angola. Os naufragos ahi se estabe-

---

(1) *Chronologia de S. Thomé*, por Raymundo José da Cunha Mattos.

(2) C. Mattos *(Chronologia)*.

Mais tarde foi *expulso* outro governador por ser jnlgado *muito velho*, e, portanto, incapaz de prehencher os deveres do seu cargo, segundo o consenso unanime dos povoadores da ilha.

leceram, isolados; e é d'essa gente, que logo se manifestou d'instinctos perversos, (vide C. Mattos) que descendem os chamados *Angolares*. Sem recursos, n'uma terra estranha, talvez inculta; por esta razào, ou por um accentuado espirito de malvadez, esta nova colonia atacou os proprietarios da ilha, saqueou o que poude, matando e trucidando para attingir o *consummatum* dos seus desejos malevolos. (1) A maior parte dos fazendeiros, atterrados pelo estado calamitoso da ilha, e sabendo do progresso em que o Brazil caminhava, retirou para ali, desamparando as propriedades e levando comsigo todos os seus haveres.

Auzentando-se o principal elemento trabalhador d'esta colonia, o seu decrescimento material fez-se logo sentir, occupando cabalmente o campo abandonado a cafila de salteadôres que tanto perturbava o seguimento dos progressos locaes. N'estas intermittencias de prosperidade e decadencia, afundava-se o decóro da auctoridade e crescia assustadoramente o mal que havia annos germinava. O Alvará de 9 de novembro de 1559 prohibiu que, dentro da povoação, existissem mulheres publicas. Era incrivel a dissolução de costumes; e os elementos de que a população se compunha, longe de se aperfeiçoarem no sentido regenerador d'um modo de viver mais consentaneo com as multiplas necessidades da ilha, alargavam a sua esphera de acção e caminhavam, a passos largos, para o abysmo que se abria a seus olhos. Em 1567, os corsarios francezes invadiram a ilha e atacaram os seus habitantes, commettendo toda a casta de barbaridades. Este povo, que

(1) È extraordinario o que a respeito das continuas invasões dos *angolares* encontramos em varios documentos officiaes, que as confirmam. Porque não se explica, senão por uma ridicula fraqueza da parte do indigena e do colono, que *duzentos homens apenas* puzessem em debandada os milhares d'habitantes da ilha, protegidos pelas auctoridades.

TYPOS DE S. THOMÉ

A mulher *angolar*.

cavava a sua propria ruina, nem soube nunca, como outros povos quasi selvagens, repellir uma affronta estrangeira! Educado sob a mais requintada superstição religiosa, victima do proprio meio polymorpho que o compunha, apenas soube *envenenar as aguas e o vinho de palma* (1) para vingar-se dos francezes, que haviam arrombado os templos, roubando as alfaias, vasos sagrados e mais objectos de valor que ali existiam!

Sete annos depois, deu-se o mais terrivel dos ataques dos *angolares*, que destruiram plantações e engenhos de assucar, atacando e arrazando a propria cidade (2). O fogo da discordia ateava-se cada vez mais; e a população, victima dos seus proprios instinctos e dos maus elementos colonisadôres que sempre teve para a guiar, mais se soterrou ainda na miseria com o violento cyclone que, em 1585, passou por aqui, destruindo, quasi por completo, os edificios da ilha.

O governo da metropole não cessava de recommendar aos seus delegados a maxima cordura no exercicio dos seus cargos. Baldado empenho! Parece que as mais puras consciencias e maculavam á chegada, e que, perdendo o decóro que a propria lei lhes impunha, se tornavam os factores principaes da anarchia que lavrava. O bispo D. Francisco de Villa Nova excommungou, em 1594, o governador Duarte Peixoto, por simples questões temporaes em que se disputava a supremacia de cada um. No meio d'este espectaculo tumultuoso, surgiu, no anno seguinte, o negro Amadôr, que se intitulou Rei de S. Thomé, arvorado em Atila furibundo, á frente dos da sua sua côr, revolucionando a ilha inteira, matando e saqueando furiosamente. Este estado de coisas reflecte bem em si o estado geral do nosso paiz com a perda da sua indepen-

(1) *Chronologia de S. Thomé*, C. Mattos.

(2) Segundo a tradicção, que não cremos verdadeira, os primitivos *angolares* eram antropophagos.

dencia. Durante a gerencia intrusa da Hespanha, a ilha soffreu as maiores calamidades que é possivel suppôr, como já tivemos occasião de dizer.

Em 1600 o almirante Pedro Van-Der Don, como tambem já dissemos, commandando uma esquadra hollandeza, atacou a ilha, fazendo n'ella os maiores estragos. O Prelado andava então em guerra aberta com o cabido; e accentuavam-se, cada vez mais, as dessidencias entre as auctoridades e a incompatibilidade de convivio entre as raças componentes da população indigena.

Atterrados pela guerra promovida pelo preto Amador [1] e paralysados na sua actividade pelos desmandos e abusos das auctoridades, os principaes fazendeiros da ilha continuaram a fugir para o Brazil, abandonando casas e haveres á cubiça insaciavel dos invazôres e dos indigenas.

Nem mesmo submettidos a uma tutella de ferro estes pensaram no bem da sua patria! Os governadores queriam submetter, pela força, as auctoridades que lhes entravavam o exercicio de seus cargos. As duas formidaveis potencias — cabido e camara municipal — levantavam-se-lhes sobranceiras e offereciam-lhes a resistencia mais tenaz e vergonhosa.

Em resultado d'esta sequencia de conflictos, foi morto, a tiro, o Deão Dr. Francisco Pinheiro d'Abreu, em 1626; alguns governadores foram depois excommungados por insubmissão á auctoridade temporal do cabido, e os proprios ecclesiasticos, foram, por muitas vezes, *degradados para a ilha do Principe.*

Quando no nosso paiz echoou o grito fagueiro de *Liberdade!* a população da ilha, talvez cançada de tantos disturbios, de tantos latrocinios, pareceu renascer para o trabalho

---

(1) Este terrivel negro apregoava o odio de raça, e, apresentando-se como candidato ao logar de «*Rei de S. Thomé*,» chegou ainda a usar d'este pomposo titulo.

e para a paz. Breve lampejo de luz que rapidamente se apagou... Festejou-se delirantemente a acclamação de D. João IV, e um governador sensato, escolhido por S. M. para pôr côbro ao estado paralysador em que a ilha se encontrava, chamou a si todas as auctoridades, e iniciou, momentaneamente, um periodo suave de harmonia e progresso. Ainda não estava completamente affastada a influencia hollandeza, quando, em 3 d'outubro de 1641, uma nova esquadra d'esta nação, trazendo já bastante gente de desembarque, invadiu novamente a ilha, tomando a fortaleza por capitulação. Debaixo d'esta influencia nefasta viveram estes povos até 1644, epoca em que os hollandezes retiraram, tal vez por lhes não servir presa tão... *avariada*. Segundo um chronista, os hollandezes receberam "*grandes sommas de dinheiro para se renderem... por capitulação*„; não se sabendo se essas fabulosas quantias foram dadas vergonhosamente pelos habitantes da ilha, se, mais vergonhosamente ainda, pelas proprias auctoridades.

Restabelecido o exercicio da auctoridade portugueza, houve, por pouco tempo, um como adormecimento nas luctas que affectavam os interesses locaes.

Os caracteres não se modificaram; condensaram-se talvez, na imposição de um rapido silencio, os odios que germinavam; e em 1677 era este o estado da ilha: (1) — "O governador queria ser prelado, o cabido queria ser governador, o ouvidor queria ser soldado, e todos elles queriam ser tudo„.

O quadro é rapido, mas verdadeiro. Resalta n'esta esplendida descripção a continuação dos factos tristissimos que sempre aqui foram norma de governar; e vê se, através do cahos das coisas publicas, a contínua effervescencia de odios e vinganças que estavam inveterados no animo de todos.

A Camara Municipal, em 1638, tomou as redeas do gover-

(1) *Chronologia de S. Thomé*, C. Mattos.

no, não sem o protesto vehemente dos muitos funccionarios e particulares que aspiravam á suprema magistratura da provincia. Creando novos elementos de força, esta collectividade, que tinha no seu seio os elementos mais depravados, tornou-se despotica e vingativa.

As proprias auctoridades, umas por emulação, outras por satisfação ao seu espirito mesquinho de intriga, desconsideraram o Senado da Camara, fazendo, pouco depois, nomear governador da provincia um importante proprietario de *Praia Melão*, chamado João Alvares da Cunha; acto este que o povo inconsciente acclamou, porque acclamava ou deprimia tudo consoante a vontade dos *dirigentes*.

Este governador encetou a sua gerencia mandando prender Manuel Rodrigues Velloso "*por lhe ter chamado mulato, em sua auzencia*„; ordenou que elle fosse espancado, e sentenciou-o a levar açoites pelas ruas publicas. E taes actos de despotismo se commetteram durante o seu governo, que o throno interveio nomeando-lhe successor, trazendo este comsigo ordem de prisão para João Alvares da Cunha [1].

Até ao fim do seculo XVII a ilha continuou no mesmo lastimoso estado de decadencia moral. Os *angolares*, proseguiam nas suas constantes correrias. Os escravos das roças revoltavam-se contra os patrões, por causa dos maus tratos que soffriam. A lei era postergada pelos poderosos *senhores*, e até pelos que tinham a indeclinavel obrigação de a executar. Havia a perfeita hegemonia da illegalidade. Os raptos feitos pelos *angolares* em 1693, constituem um episodio original no meio d'estas convulsões permanentes. Queriam propagar a

---

(1) Correm na ilha algumas lendas sobre a prisão d'este importante proprietario, que, pelo pouco interesse que despertam, omittimos.

A sua prisão foi feita por meio de um estratagema bem urdido, porque só assim se realisaria, diz a tradicção; tal a força de que dispunha o poderoso agricultor...

TYPOS DE S. THOMÉ

O *forro* — *policia rural.*

sua especie, e não tinham mulheres. Foram roubal-as ás roças, empregando para esse effeito os actos de maior barbarie. Os naturaes de S. Thomé, commandados pelo *capitão de serra* Matheus Pires abalançaram-se, talvez pelo seu caracter ciumento, a ir batel-os; e conseguiram-n'o, não sem bastante custo, porque aquelles foram sempre homens valentes e destemidos. Destruiram-lhes as aldeias e arrazaram-lhes as plantações de mandioca e outros productos alimenticios. Entretanto, a discordia recrudescia entre os capitulares, porque os conegos pardos protestavam contra a nomeação de conegos pretos. As auctoridades desprestigiavam-se, avolumando a revolta intestina.

Finalmente, com os primeiros alvôres do seculo que nascia, veio a nova invasão franceza, que saqueou e queimou a cidade, roubando o cofre real e os demais haveres da provincia; e rebentou a revolta dos negros Minas, que mais tarde foram mortos por pretos de outras procedencias.

O seculo XVIII passou-se n'uma acceleração de factos estupendos, cuja ennumeração entristece. Passemos rapidamente sobre esse sudario de vergonhas, que tanto ennegrecem as paginas obscuras da historia d'esta ilha, para alcançarmos o seculo presente, o que mais nos interessa, porque n'elle se operaram, principalmente, nos ultimos trinta annos, as beneficas transformações que hoje collocam a ilha economicamente n'uma situação prospera e desafogada.

Os antigos *capitães de serra*, dispondo da policia rural, *em nome do Rei*, formavam então uma força temerosa para a ilha.

As disposições legaes que regulavam as funcções d'esse grande corpo de *segurança publica* (1) eram então, como ainda

(1) A policia rural então tinha uma organisação duvidosa, perfeitamente anarchica, que lhe dava uma feição guerrilheira e d'ella fazia o principal elemento da desordem.

hoje, impotentes para conter a discordia de consciencias tão desencontradas que havia mais de dois seculos tanto contribuiam para levar a ilha ao auge do seu abatimento moral.

Em 1735, essas forças, colligadas, revoltaram-se contra o governador e auctoridades militares, praticando, no furor selvagem de uma ira hedionda, as maiores atrocidades.

Em 1744 amotinou-se o *regimento d'ordenanças*. As desavenças entre o governo local, os bispos e o senado da camara davam-se quotidianamente.

A capital da provincia foi mudada para a cidade de Santo Antonio da ilha do Principe, por alvará de 15 de novembro de 1753, a instancias de um governador, *para vingar-se dos insultos que recebera em S. Thomé durante a sua gerencia.*

O decreto de 23 de julho de 1770 apeou a camara do governo da provincia. Taes os motivos que levaram o governo central a usar de um procedimento tão energico! A ralé do povo vadio e desordeiro apupava nas ruas a auctoridade que passava.

Governava a provincia Vicente Gomes Ferreira quando, n'este anno, se deram as vergonhosas questões por causa das

Sobre esta questão da força publica, que tanto se impõe pela sua magnitude, escreve com o excepcional bom senso que resalta das suas obras, o grande propugnador da abolição da escravatura, Sá da Bandeira:

—Para que a prosperidade das nossas colonias possa desenvolver-se é preciso que n'ellas haja segurança completa de pessôas e propriedades; e afim de que isso se realise, é indispensavel que n'ellas haja tropa disciplinada.

. . . .

«Para S. Thomé e Principe, continúa o illustre estadista, devia criar-se uma forte companhia de negros de Angola, com officiaes e officiaes inferiores brancos. (Sá da Bandeira, *O trabalho rural africano*, pag. 170).»

ancoragens do governo ([1]), celebres questões que mais atearam o fogo da discordia entre as auctoridades que se chocavam. Os rendimentos da ilha iam desapparecendo, emquanto o descredito se avolumava cada vez mais. Em 1778 cederam-se á Hespanha as ilhas de Fernão do Pó e Anno Bom, ficando S. Thomé quasi em estado de abandono.

O torrão fertilissimo que no seculo XVI attingiu um tão alto grau de producção ([2]), jazia inculto, entregue á vadiagem que inçava as mattas e attacava traiçoeiramente os poucos trabalhadôres que existiam!

A emigração constante para o Brazil tinha consummado esta verdadeira obra de destruição ([3]). A decadencia moral dos habitantes que restavam não pode discutir-se.

Sem meios de colonisação, livres para uma ociosidade criminosa, conquistada tantas vezes com a destruição e com a morte, esta gente não podia deixar de attingir o ultimo grau da depravação, visto que o solo uberrimo da ilha estava quasi abandonado em seu proveito havia tempo.

([1]) Vide *Chronologia de S. Thomé*, C. Mattos. Mais tarde as *ancoragens* foram consideradas propinas dos governadores.

([2]) Tendo em vista estudar apenas o caracter moral do antigo habitante da ilha, não nos demoraremos na descripção da sua passada florescencia, o que pode ler-se em Lopes de Lima *Ensaios estatisticos*, etc.

([3]) «A India primeiro, depois o Brazil, fez-nos deixar a Africa, nosso mais natural campo de trabalho. Mas a colonisação do Brazil, a exploração de suas minas, e bem depressa, o interesse de todas as outras potencias que houveram o seu quinhão da America, foram os maiores inimigos da civilisação da Africa.»

(Sá da Bandeira, *relatorio apresentado á rainha, D. Maria* II, precedendo o decreto de 10 de dezembro de 1836, que aboliu o trafico da escravatura em toda a monarchia portugueza.)

CAPITULO II

O INDIGENA NO SECULO PRESENTE

Considerações preliminares. — A ilha no auge da sua decadencia. — Providencias regias para reprimir a vadiagem. — A Inglaterra. — Influencia da *guerra peninsular* sobre as colonias. — Os nossos *fieis alliados*. — Sodomia e *jogos lesbios*. — Introducção da planta do café. — Continua a anarchia. — Materialismo constitucional. — Carradas de legislação. — Volta a capital da provincia para esta ilha em 1852, e d'aqui parte a sua nova epoca de prosperidade. — Augmento da população. — Falta d'instrucção e mau senso governativo. — Manda-se catechisar o povo desenfreiado. — O mesmo estado degradante da população. — 33 e 46 absorveram-nos a attenção que deviamos dar ás colonias. — Desprezo pelos nossos dominios do ultramar. — Imaginação ardente dos portuguezes e sua falta de senso pratico — Mais leis ás fornadas. — Sahe o *Boletim Official* e entra no porto o primeiro paquete que encetou carreiras regulares com a metropole (1857-1858). — Impulso particular á agricultura. — A promessa de liberdade ao escravo, e mau uzo que elle fez d'essa liberdade. — Suas revoltas constantes. — Pensa-se em hygiene tres seculos e tanto depois da descoberta da ilha. — A escravatura ha 50 annos. — A ilha encarada sob o aspecto moral dos seus habitantes é uma perfeita photographia do passado. — Amotinam-se os povos da costa do norte. — A variola em 1864-1865. — O governo descura a salubridade publica. — Trata-se de reprimir a vadiagem que cresce. — Assassinio d'europeus. — A França exige satisfações ao governador de S. Thomé por actos de esclavagismo praticados aqui. — Antiga tendencia para a *má-lingua*. — Augmento da população e progressos na agricultura. — Permanece o indigena primitivo no seu aspecto ethnico. — A mesma colonisação européa desmoralisadôra (1875). — Pede-se instrucção e bons exemplos.

O seculo actual é, evidentemente, o que mais chama a nossa attenção para o estudo sociologico que traçâmos. E' o seculo da observação e da experiencia. Desvenda-se o homem primitivo. Estudam-se-lhe os caracteres, os costumes, e até (é maravilhoso!) as feições psychologicas mais reconditas. A anthropologia e a linguistica, a biologia, a hygiene etc., attingem, rapidamente, um alto grau de aperfeiçoamento, actuando sobre o modo de ser da civilisação, e tornando accessiveis os problemas que tempos antes pareciam indesvendaveis. A Africa, principalmente no ultimo quartel d'este seculo, deixou de ser para o mundo civilisado *O Mysterioso Continente Negro*. Fez-se uma colonisação activa, regular, intelligente: — iniciou-se uma era de prosperidades. Acabou-se a *casta* — fez-se a sociedade universal. Destruiram-se os preconceitos — ergueu-se a egualdade do Direito. Vagarosamente, é certo, as diversas camadas sociaes, teem caminhado para a sua perfectibilidade. A' acção fatalmente evolutiva d'este aperfeiçoamento intellectual e moral, tem-se chamado ao convivio da Europa os povos menos civilisados, e tem-se desbravado os continentes onde a féra humana, o homem rudimentar, arredado do convivio social, jazia accorrentado á sua estupidez primitiva.

N'este caminhar esplendido do progresso mais radiante, as grandes como as pequenas sociedades teem produzido transformações subitaneas dignas do mais acurado estudo. A abolição da escravatura é a maior gloria d'este seculo. Mas nem todos os povos sabem usufruir a sua liberdade. A coerção ao trabalho regular é ainda um meio e um dever de civilisar o selvagem. Não se atterra um pantano enorme n'um momento. No meio a que nos restringimos, a podridão cresceu; fez-se o charco enorme d'onde jorrou uma geração mestiça e corrompida — foi preciso quasi um seculo para começar o atterro d'esse pantano, o que equivale a dizer—a limpeza d'essas consciencias.

A ilha de S. Thomé resentiu-se fatalmente do grande movimento evolutivo da civilisação, e progrediu. Morosamente, n'uma ascensão forçada para o grande ideal scientifico que brilhava, fascinou-a essa luz; mas essa fascinação foi como o accordar d'um sonho mau.

O principio d'este seculo mostra a derrocada moral da população indigena e a decadencia completa, como consequencia, do estado agricolo-commercial da ilha. Hoje que este seculo tão brilhante marcha para o seu occaso, a ilha de S. Thomé torna a erguer-se do seu abatimento criminoso, e o seu estado actual pronostica-nos um futuro muito ridente. A conquista universal da sciencia libertadôra, havia forçosamente fazer sentir aqui os seus effeitos beneficentes. Uma colonisação activa e honesta, em primeiro logar; a regulamentação conscienciosa dos deveres das auctoridades; a attenção especial que alguns, ainda que poucos, governadores, durante este ultimo periodo, teem dispensado a esta colonia, embora sem o appoio do poder central; são a razão do seu estado verdadeiramente prospero. Ha muito a fazer, mas muito se tem feito. Da prosperidade material d'uma nação advem a perfectibilidade moral de seus habitantes.

Germinaram e cresceram bem alto os desregramentos das gerações antigas. O sangue transmittiu-se, e pouco se purificou. Aos actuaes colonos, ás auctoridades actuaes, cumpre a lavagem d'essa mancha que tantas consciencias oblitera. A propriedade só tem valôr n'um meio pacifico e honesto. Não basta que arroteêmos as terras e lhes colhâmos os fructos, quasi a tiro, para depois, sem olhármos á forma como adquirimos alguns haveres, irmos gozar para o nosso paiz as honras de um *cráchá* e os beneficios d'uma bôa fortuna. A constituição legal da familia [1] e da sociedade são os primeiros deveres d'um colono, e reprezentam a mais stricta obrigação da auctoridade vigilante. As raças transmudam-se, dezenvolvem-se, especialmente com os bons exemplos de quem as dirige

Quando falhem estes elementos primordiaes de uma bôa organisação social, as raças africanas, tão mescladas (aqui especialmente) tão propensas, por fatalidade organica, á pratica da immoralidade, do vicio e da rebellião, hão de permanecer, se não progredir, no estado de ignorancia e devassidão em que as encontámos na epoca das descobertas. Abrâmos, pois, com estas considerações, a breve pagina historica da ilha de S. Thomé no seculo actual.

*

* *

Governava a provincia João Baptista Silva de Lagos em 1800. Das notas officiosas d'este governador tirámos o cabedal sufficiente para suppôr a miseria, o rebaixamento moral, a devassidão e a fraqueza a que esta ilha tinha chegado n'essa epoca de tão triste recordação. Minguavam os braços trabalhadores e cresciam as reprezalias do vadio infrene. A auctoridade havia perdido o prestigio, que raras vezes conquistou, em beneficio dos ociosos que infestavam a ilha. Mais uma vez o governo da metropole lançou as suas vistas para esta colonia, fazendo expedir a portaria de 14 de janeiro de 1817 (depois da sahida d'este governador, que se julgou impotente para reprimir a vadiagem) obrigando a citada portaria á pena de prisão os vadios que tantos estragos iam fazendo nas plantações rachiticas que ainda restavam.

[1] «O casamento é n'uma sociedade o mais importante serviço prestado á moral e á saude publica.» (Ramalho Ortigão — *As Farpas.*)

S. Thomé, como todo o nosso hyperbolico dominio colonial, resentiu-se das consequencias da fatalissima invasão franceza. Segundo um chronista da ilha, por esses tempos (1807 a 1814) *eram permanentes as hostilidades dos inglezes*, e tornou-se eminente a perda do nosso dominio em favor da sua cubiça voraz. Era o fatal auxilio da *nossa alliada*. N'este estado periclitante da soberania portugueza, na metropole e nos proprios dominios do ultramar, é evidente que a ilha se atascou n'um tremedal de intrigas e de crimes; e d'ahi lhe proveio a sua ruina manifesta.

As raças degeneradas que existiam encontraram, bem descoberto, o seu campo d'operações. A immoralidade descia do palacio do governo á cubata do escravo rebelde.

Em 1805, diz um manuscripto que consultámos: [1] "*os governadores entregavam-se á sodomia, e as mulheres da mais alta nobreza* (nobreza da terra, é claro) *transplantando para aqui a antiga Lesbia, entregavam se aos prazeres mais dissolutos e vergonhosos.*» Já a esse tempo o benemerito governador da provincia, aqui fallecido, como tantos outros, devido ás pessimas condições hygienicas da ilha, o marechal de campo João Baptista Silva de Lagos, havia introduzido a planta do café (*coffea arabica*) o preciosissimo producto que é hoje um dos seus principaes elementos de riqueza. [2] A pasmosa fertilidade do solo apenas continuava a encontrar contra o seu desenvolvimento a falta de bom senso na administração e as luctas permanentes entre uma tão pequenina sociedade com tão grandes elementos de desordem. O decreto de 15

(1) C. Mattos na sua *Chorographia de S. Thomé* refere-se tambem a estes factos.

(2) Na camara municipal existe um retrato d'este governador, commemorando este importante facto. Silva de Lagos falleceu aqui em 1822.

de novembro de 1753 havia mudado a capital da provincia para a ilha do Principe, como já dissemos, por vingança de um governador offendido.

Não admira, pois, que, segundo as estatisticas, esta ilha exportasse, em 1861, 10:000 arrobas de cacau a mais que a de S. Thomé, ferida ainda por aquelle ultimo golpe. Até meiados d'este seculo, estacionou, se não cresceu, este estado enervante, que talvez o esforço pessoal dos colonos que vieram então aqui estabelecer-se fizesse levantar, com uma coragem e um denodo dignos do maximo louvor. Apesar das luctas acerbas entre o clero e a auctoridade civil, luctas que fizeram expedir, n'um materialismo constitucional digno do nosso respeito, a portaraia de 13 de janeiro de 1849, declarando, "*para pôr côbro a abusos, que os governadores se não ingerissem em negocios espirituaes*", apesar d'isso, dizemos, (e a doutrina d'este documento bem mostra que a lucta continuava), é d'essa epoca que parte a verdadeira colonisação sensata da ilha, e foi desde então que ella começou a produzir com alguma regularidade. Havia sido posta em vigor a Carta Constitucional da Monarchia Portugueza, por portaria de 11 de fevereiro de 1842. Cinco annos depois davam-se aos habitantes da ilha as regalias do codigo commercial; até que, em 1854, se lhes outhorgou, na qualidade de "*cidadãos d'Evora*", honra que Sua Magestade lhes havia conferido no primeiro foral da ilha, o nosso liberalissimo codigo penal. (1)

Em 1852 tornou a capital da provincia a ser a cidade de S. Thomé, em razão da sua promettedora prosperidade. Abriase um amplo caminho á colonisação que se estabelecia. A população da ilha augmentou consideravelmente, e a estatis-

(1) Deve notar-se que a implantação rapida das nossas leis aqui só produziu o desprestigio para a auctoridade, porque essas leis favoreceram uma liberdade de que constantemente se abusava.

Cidade de S. Thomé.
Palacio do governo e ponte *Pinheiro Chagas*.

tica de 1869 accusava já 18:000 almas approximadamente. No emtanto, a feição turbulenta de toda essa gente não havia ainda desapparecido. A instrucção era... um mytho; o bom senso administrativo continuava a ser um problema de difficil solução. Alguns colonos europeus attendiam mais aos seus interesses e ás suas regalias do que á pratica do bem para regenerar umas gerações tão decadentes. A portaria de 13 de abril de 1858 ordenou *que se ensinasse doutrina christã* em todas as aulas. (1) As aulas que existiam eram. . o que são ainda hoje. A catechése, por mais perfeita, não conseguia affastar essa gente desordenada do anfractuoso caminho que seguia.

Com pequenas alterações apreciaveis, o estado da ilha n'esta epocha, era, infelizmente, quasi o seu estado primitivo—no que respeita a moralisação, a ordem, a bons costumes. (2)

O nosso estudo especial, portanto, parte precisamente d'esta data até á epoca actual. No breve esboço historico que antecede apresentámos apenas os factos mais preponderantes para nos ajudarem nos delineamentos que vamos traçar da população de S. Thomé. Não avolumámos esses factos. A sua natural singeleza é o mais forte argumento de que podê-

(1) Foi esta uma das mais *approveitaveis* providencias que o governo tomou, a respeito d'esta ilha, n'aquelles tempos!

(2) Esboçando o triste quadro da nossa administração ultramarina, diz o sr. Oliveira Martins:

«Ora nem para sabios administradores nem para guardas pacientes e firmes nos fadou a natureza. Não fallando agora n'essa famosa historia da India, os factos da nossa administração colonial são um tecido de vergonhosas miserias».

«Não se exgotaria a materia ainda quando se enchessem bibliothecas dos casos ridiculos, horrorosos ou simplesmente patifes da historia da nossa administração colonial. (Oliveira Martins – *O Brazil e as colonias portuguezas.)*

mos lançar mão como premissas para uma conclusão irrefutavel. As tradições que nos legaram os colonisadores, as auctoridades e os elementos confluentes d'essa colonisação e d'essas auctoridades, são um vergonhoso estendal d'intrigas e de rebaixamentos, sem um reflexo apenas d'um dos grandes sentimentos que são o caracteristico das raças mais perfeitas. A ilha que, no maior periodo da sua florescencia, havia produzido uma receita annual de duzentos e tantos contos de réis, talvez n'um esforço supremo da propria natureza virgem contra a força esmagadora e egoista dos seus *colonisadores*, apparece-nos, no principio d'este seculo, como um cemiterio de vidas (1) e... de consciencias!

O espirito colonisador dos antigos portuguezes, havia desapparecido por completo. O nosso paiz, até meiados d'este seculo, não poude distrahir a sua attenção das luctas fratricidas que o atormentavam.

As suas colonias, portanto, não podiam deixar de ter a existencia ephemera em que então jaziam. Havia-se já emancipado o Brazil, a primeira colonia que o comprehendeu. O restante e formidavel dominio portuguez, vivia como não podia deixar de ser, a sua vida primitiva e brutal, crivada de todas as protuberancias moraes da selvagerie, com poucos dos predicados que só uma colonisação regrada e scientifica, fomentada por toda uma nacionalidade, lhe podia dar. O paiz que não civilisa (2), não pode exigir dos po-

(1) Como adiante veremos, nem a mas leve medida hygienica aqui foi posta em pratica durante os primeiro seculos d'occupação.

(2) Sá da Bandeira, mostrando no seu livro *O Trabalho Rural Africano*, que o colonisador portuguez nunca correspondeu á missão nobre que lhe cumpria desempenhar em Africa, cita um officio do ministro da marinha Francisco Xavier de Mendonça Furtado (2 d'abril de 1768) ordenando ao governador d'Angola que não utilisasse o serviço de gente pobre «sem lhe pagar estipendio para a sua subsisten-

vos que submette uma boa orientação moral, porque lh'a não deu; e essas gerações ignorantes não são, por isso mesmo, culpadas do seu estado degradante. Até aqui é o nosso fogoso espirito meridional, mais propenso á gloria das descobertas que ao intuito pratico da colonisação, que impéra.

O nosso espantoso imperio aziatico, a nossa Africa, ligando-se de Oriente a Occidente (²), todo esse... *historico* dominio portuguez, que faz o nosso justo orgulho, são a demonstração d'este corollario. Vejâmos attentamente o que, nos ultimos cincoenta annos, se tem feito a favor d'esta colonia, e tirêmos já, por conclusão, que o seu estado moral, n'este periodo, não póde deixar de reflectir a sua decadencia, quasi constante, desde a epoca em qne ella foi descoberta.

*

* *

Os decretos de 14 de setembro de 1844, 11 de setembro de 1851, 19 de novembro de 1855 e 11 de agosto de 1860, estabeleceram e regularam convenientemente os serviços de saude publica. Definiram-se as attribuições das differentes auctoridades; abriram-se escolas, e deu-se-lhes uma organisação mais adquada ás exigencias e á indole d'este povo. No dia 3 de outubro de 1857 sahiu á luz o primeiro numero do *Boletim Official* da provincia. Em 29 de outubro de 1858 tocou

cia» e bem assim que procurasse «examinar e cohibir as violencias que se fizeram n'esta materia»

Vê-se em uma memoria escripta em 1782 que o presidio de Ambaca não tinha então a terça parte da povoação que antes tivera devida essa diminuição aos roubos e violencias soffridas pelos povos, *e feitas pelos brancos* (Liv. cit., pag. 50).

(²) Vide a este respeito o *Diccionario da provincia de Moçambique*, publicado em 1887 pelos srs. Joaquim José Lapa e Alfredo Cró Ferreri.

aqui o primeiro paquete que encetou carreiras regulares entre esta colonia e a Europa [1]; e este facto é só por si o attestado do progredimento em que a ilha caminhava. O europeu tomára a direcção suprema do commercio e agricultura. Ao antigo barão de *Agua Izé*, João Maria de Souza e Almeida, um africano distinctissimo [2] e a Manuel José da Costa Pedreira, se devem, em primeiro logar, esses impulsos titanicos, que tanto fizeram levantar, ha 40 annos, o nivel moral d'esta gente e a ilha inteira do seu abatimento desoladôr. Que d'esforços e fadigas não representam o trabalho improbo d'esses e d'outros homens a quem S. Thomé, mais que aos poderes publicos, deve a prosperidade de que hoje gosa?

Annos de martyrio atroz, n'uma lucta continua com a população reagente, que tinha ainda em si a innoculação do *virus* peçonhento das desordens passadas; sem o apoio da anctoridade, que caminhava na sua róta de desprestigio e demolição — este o triste quadro onde nos surgem, victoriosos, esses emeritos trabalhadores a quem os revezes da sorte e os multiplos dissabôres de todos os dias não conseguiram paralysar na briosa senda encetada.

Aos primeiros reverbéros da aurora da liberdade que despontava, succedeu um verdadeiro periodo de cannibalismo. Quasi sempre a liberdade se alevanta, luminosa e esplendente, sobre montões de ruinas. Houve um rapido momento de torpôr e susto. Os escravos, inconscientes da liberdade que se lhes promettia, assassinaram os patrões e empregados

---

[1] Este paquete foi o *D. Estephania*, da *Companhia União Mercantil.*

[2] Se nos guiassemos pela adulterada tradicção indigena, teriamos que modificar ou substituir a opinião que, em presença dos factos, fazemos d'este grande trabalhador.

europeus, espalhando na ilha um panico geral. [1] A iniciativa particular, no emtanto, não esmorecia. Parece que todas estas desgraças lhe avigoravam mais as forças e a dispunham para o trabalho honesto, n'um brioso *struggle for life*, sem trepidar um momento, sem vacillar no caminho a seguir. Abafados estes tumultos, a ilha continuou a progredir rapidamente, como se deduz dos respectivos mappas estatisticos. Em 1868 contava approximadamente 17:000 almas, distribuidas por 272 milhas quadradas, o que dá um quociente de sessenta e tantos habitantes por milha quadrada. A maior parcella d'esta cifra era representada pelo trabalhador, que repentinamente se colligou com a vadiagem.

Os decretos de 30 de novembro, 1, 2, 3 e 14 de dezembro de 1869, [2] creando alguns serviços publicos na provincia, e organisando, em boas praxes legaes, o desmantellado machinismo do governo provincial, satisfizeram, em parte, muito satisfatoriamente, as exigencias de momento. Depois, na sua faina ardente de legislar, o nosso paiz fez introduzir no ultramar todo o embroglio produzido pela imaginação phantasista dos nossos homens publicos, pondo principalmente em vigor aqui o refugo da legislação metropolitana.

Como argumento politico-social não podemos lançar mão d'outro mais concludente. Ha nos decretos de 1869, como dissémos, alguns pontos em que o legislador acertou, por mero acaso, ou porque talvez n'esses tempos se consultassem os funccionarios superiores da provincia e os individuos que, pela sua excepcional competencia, devem sempre

---

[1] Deve-se á desgraçada precipitação do governador Gregorio José Ribeiro, e á sua falta d'energia n'essa occasião, o numero de victimas que houve ainda em 1875 triste facto este que logo se manifestou desoladoramente na importancia agricola da ilha.

[2] Entre as series de leis decretadas em 1869, ha o dec. de 9 de dezembro d'aquelle anno, que creou as colonias penaes no ultramar.

ser ouvidos n'estes assumptos. Mas as leis caducam, envelhecem, perdem a opportunidade, á maneira que os pontos onde se hão de executar marcham, n'um intravavel movimento evolutivo, creando novas necessidades e tornando inopportunas medidas que, tempos antes, seriam muito viaveis. Vê-se que os esforços eloquentissimos do nobre marquez de Sá da Bandeira para a abolição da escravatura, abriram no animo do negro uma falsa ideia de liberdade, que o levou ao crime e ao odio ao trabalho, e dá-se-lhe essa liberdade, repentinamente. Felizmente que essas epocas passaram. Mas o que sempre consideraremos uma prova de mau senso governativo é o não se legislar para cada colonia em especial; porque em cada uma d'essas colonias ha tendencias especialissimas e praticas differentes; e assim se vão amalgamando nas secretarias ultramarinas todas as leis archaicas que o nosso paiz já não pode supportar!

Ora, se um povo não tem aptidões moraes para receber a liberdade que se lhe dá, de chofre; eduque-se esse povo paulatinamente; conduza-se, como se elle fôra uma criança, pelo caminho do dever; ensine-se-lhe a acatar os principios sagrados da legalidade; e dêem-se-lhe, depois, todas as prerogativas, todos os benesses que elle merecer; mas só depois de elle estar apto para reconhecer todos esses beneficios. O contrario, o que tem sido a nossa norma official nas colonias, onde ainda vigora o codigo administrativo de 1842, e onde se amontoam milhares de portarias e decretos obtusos, sem proveito para nenhuma d'ellas, só produziu ali, quando uma activa população se acentuava e a ilha se erguia do seu marasmo entorpecedor, uma babel nos serviços publicos, e, por consequencia, a repetição de scenas equivalentes ás que ficam narradas nas paginas que antecedem.

Mas passêmos ainda um rapido relance d'olhos sobre o estado da ilha no periodo que decorreu de 1860 a 1875, data esta em que aqui foram, finalmente, coroados os esforços brilhantes de Sá da Bandeira, sendo completamente abolida a condição servil d'escravos e libertos. Ficará essa breve narrativa historica a servir-nos d'argumento nas considerações que possamos omittir quando nos referirmos propriamente aos treze annos decorridos desde então até hoje. Uma fatalidade natural deu ás primitivas raças que aqui se estabeleceram o cunho da ignorancia, e, com esse distinctivo, toda a accumulação de maus sentimentos que deprimem essas raças.

Chocaram-se, dividiram-se, cruzando-se; e, ou permaneciam no seu estado semi-barbaro, ou, com a falsa civilisação que lhes incutiam, iam aprendendo, no proprio rebaixamento moral dos funccionarios dirigentes, a aperfeiçoar os vicios que n'ellas eram innatos. Radicados estes sentimentos demolidores, repetimos mais uma vez, difficilmente se podia abrir, d'um golpe, a senda rutillante que o progresso d'estes tempos na Europa impunha a todas as nações coloniaes. Grandemente culposo é este retardamento da instrucção d'um povo agrilhoado á sua propria ignorancia e á influencia nefasta dos seus educadores; tristissimas illações podemos tirar das narrativas historicas que temos arrancado aos proprios documentos officiaes!

A população da ilha, em 1844, accusava umas 9:000 almas, segundo a estatistica d'esse anno, certamente incompleta, especialmente no que respeita ao numero d'escravos, porque os *senhores* se tornavam remissos em dar notas exactas dos que possuiam. Vinte annos depois, como já vimos, duplicava este numero. Tinha sido creada, na então *capitania de S. Thomé*, por Alvará de 11 de setembro de 1811, a *Junta de Melhoramentos da Agricultura*, junta que nunca funccionou, apezar das expressas recommendações contidas nas Portarias Regias de 27 de dezembro de 1851 e 29 de setembro de 1857; e, se funccionou, foi, como tantas outras commissões,... em relatorios...

Apesar do augmento da população, e de se reconhecer que era então mortifero o clima da ilha, só em 1857 se providenciou para que se criassem logares de cirurgião e boticario (Port. reg. de 10 de Janeiro d'aquelle anno). O commercio da ilha restringia-se quasi ao trafico da escravatura [1] e tão odiosamente elle se exercia, que o governo central fez expedir a Port. de 19 de dezembro de 1835, e outras posteriormente, recommendando ao governador da provincia a maxima energia na sua repressão. Do cruzeiro da estação naval d'Angola veio uma embarcação a S. Thomé para reprimir este trafico (Port. de 2 de julho de 1858). Tirou-se aos militares compromettidos n'este delicto o privilegio do fôro, e declarou-se que estes crimes não admittiam fiança (Portarias de 30 d'agosto de 1858 e 28 d'outubro de 1864). Este procedimento do nosso governo é sobremaneira honroso para nós, que só commettemos sempre o erro palmar de não incutir no animo pervertido d'essa gente desordenada os perfeitos sentimentos liberaes, por meio d'uma instrucção regrada, e com os exemplos da moderação e da justiça na administração das nossas colonias, tão desprotegidas sempre e tão theoricamente governadas.

Herdeiros de tão ignobeis tradições, os habitantes da ilha não se affastaram um apice da tortuosa estrada em que erravam, no periodo de que tratâmos. A portaria de 30 de junho de 1860 providenciou contra os repetidos casos de envenenamento de funccionarios, crimes estes que, como se julgava, representavam a vingança barbara dos indigenas desorientados.

---

[1] Não se nos leve á conta de indiscripção o apresentarmos este vergonhoso facto historico. È um poderoso argumento imprescendivel; representa elle uma mancha, que o nosso paiz, na vanguarda do mundo civilisado, foi dos primeiros a lavar; mas como argumento ethnologico, mostra, bem evidentemente, a feição ethica do povo que foi educado sob tão ruins principios, e do qual estamos tratando.

No seu relatorio de 19 de outubro de 1861, o governador Mello apresenta o estado cahotico da ilha, e pede á metropole que o auxilie, facilitando-lhe a acquisição de braços. Em julho d'esse anno, os povos residentes no littoral do norte amotinaram-se, tentando assassinar os escravos que haviam fugido a seus *senhores*, constituindo novas *tribus* dos mais temiveis vadios. Existia então um batalhão de milicias; mas tão insubordinado, que representava uma força negativa (port. de 29 de maio de 1861). A epidemia de variola que em 1864-1865 assollou a ilha, mais contribuiu para suster a sua marcha progressiva. No relatorio já citado do Dr. José Corrêa Nunes, cirurgião-mór da provincia, fazem-se as mais asperas arguições ao governo, por falta de energia na execução das medidas sanitarias que deviam ser adoptadas.

Transcrevemos aqui os primeiros considerandos da Port. provincial de 14 de janeiro de 1867, porque elles só por si demonstram como tinha augmentado consideravelmente a vadiagem de que tratâmos:

"Attendendo a que não convem deixar ociosos individuos que, entregues a si mesmos, procuram gosar dos beneficios da civilisação, lezando as pessos que trabalham, extorquindo-lhes o prodncto d'esse trabalho;

"Attendendo a que na provincia existem muitos individuos a quem a lei colloca debaixo da vigilancia especial da policia, individuos que não gosam de direitos politicos, e que, quasi sempre, usam mal dos direitos civis que ainda teem;

"Attendendo a que, além d'estes, existem outros individuos que, nascidos em paizes estranhos á nossa civilisação e ignorantes dos nossos costumes, foram trazidos subrepticiamente para a provincia e aqui subrepticiamente escravisados, e foram depois restituidos pelas auctoridades, quando ellas d'isso tiveram conhecimento, ao estado de liberdade que lhes competia; e, não sabendo esses individuos procurar o seu trabalho nem o seu logar na sociedade, são por consequencia obrigados pelos instinctos brutaes que as necessidades physicas lhes dictam, e pela ignorancia da nossa organisação legal, a aggredirem os bens das pessoas que teem propriedade estabelecida;

"Attendendo a que existem tambem na provincia individuos de côr preta que os governadores d'outras colonias para aqui teem mandado por não convir a sua estada nas ditas colonias, umas vezes por motivo de segurança politica das mesmas ou de parte das mesmas possessões, outras vezes por motivo de tranquillidade publica das ditas;

"Attendendo a que existem na provincia individuos naturaes d'ella, que, despresando os meios de trabalhar, se entregam á vadiação e ao jogo, sendo esta a unica fonte de receita da sua subsistencia„ etc., etc.

Seguem as medidas legaes e energicas para reprimir a vadiagem, medidas de difficillima senão impossivel execução no meio da anarchia permanente das proprias auctoridades. No anno antecedente tinham sido assassinados tres europeus proximo do Ilheu das Rolas *(Bolet. Official* n.º 25 d'aquelle anno.)

O almirante francez, Viscomte de la Langle, abria assim o seu officio, datado de 21 de junho de 1867, dirigido ao governador de S. Thomé, no qual se queixava dos negreiros que exerciam o seu odioso mister na costa do Gabão: "*Les evazions de gens nés au Gabon et retenus en esclavage dans les îles portugaises de Saint Thomé et du Prince deviennent de plus en plus frequentes.*„ Os factos que aponta este officio fizeram, talvez, produzir a portaria que transcrevemos, e, em seguida, uma explicação formal ao almirante francez. E ainda bem que o illustre governador da provincia soube dar uma satisfação official ao representante da França, e demonstrar-lhe que, só a occultas da auctoridade, se commettiam os abusos apontados no seu officio.

Este governador (Estanislau Xavier d'Assumpção e Almeida) veio administrar a provincia quando ella atravessava uma crise medonha. Attribuem-se-lhe alguns actos de muita violencia, mas é certo que, sendo esta a segunda vez que governava esta colonia, esta lhe deve bastantes serviços, que não devemos esquecer. As diversas facções em que se dividia a rastejante *politica* indigena adoptaram o antigo lemma de apostrophar o principio sagrado da auctoridade. Raro se encontram nos archivos officiaes da provincia palavras elogiosas para os governadores que sahem. Pelo contrario, segue-os quasi sempre o rastilho d'um processo judicial; e são villipendiados, n'uma vozeria infernal, pelos proprios aulicos que, dias antes, os bajulavam como chefes da provincia. Principios heriditarios que, estamos certos, n'um porvir não distante, hão de desapparecer para sempre, e nascerá então uma opinião publica digna de attender-se.

Documentos como os que vêmos disseminados pelos diversos numeros dos *Boletins officiaes*, n'uma linguagem violentissima; actas como a da sessão da junta geral do districto, de 19 de novembro de 1868, descompondo um governador que saia da provincia, não honram, rebaixam e aviltam os seus signatarios, para quem a historia não pode deixar de ser inexoravel.

A agricultura, apezar do depreciador estado moral da ilha, progredia rapidamente. (1) O cacau attingira nos mercados da Europa, em 1853, o preço de 4$200 réis por arroba, preço a que nunca, até então, tinha chegado o café (*Boletim Official da Provincia*, n.º 17 de 1858). A manutenção d'este preço accordou alguma inciativa particular.

No emtanto, as diversas classes de que se compunha a po-

(1) Em 1867 creou-se a agencia do Banco Nacional Ultramarino, sendo governador da provincia Estanislau Xavier d'Assumpção e Almeida, e operaram-se outros melhoramentos de grande importancia como—uniformisação da moeda, creação do monte-pio official, etc.

pulação indigena e européa vimos encontral-as, atê 1875, no mesmo estado anarchico em que as deixámos no principio d'este seculo, tornando-se assim um obstaculo á livre expansão do trabalho de que tanto carecia esta ilha, tão rica de sólo e sempre tão desprotegida dos poderes publicos.

"Estes *cidadãos d'Evora* não se unem, fogem; não se auxiliam, desamparam a terra que os viu nascer. Odeiam-se uns aos outros e não acreditam em dedicações, em amor á familia ou ao seu paiz. Nunca se associaram para o bem commum.„

Isto escrevia o sr. Ferreira Ribeiro no seu *Relatorio do serviço de saude da provincia*, referindo-se ao estado verdadeiramente calamitoso em que esta ilha se achava ha pouco mais d'um seculo. Descrevendo os caracteres moraes dos seus habitantes na epoca em que viu a luz aquelle relatorio (1869) diz ainda aquelle incançavel trabalhador: "Não se unem, não se associam com o fim de fazer prosperar o commercio e a agricultura—vivem isolados e sempre inclinados ás exagerações. Governados e governadores teem-se accusado d'um modo indigno. São ainda effeitos do viver passado.„ ([1]) E assim encontrâmos a ilha em 1875. Toda a obrigação é acompanhada de direitos para o seu cumprimento.

([1]) No relatorio apresentado ao parlamento em 12 de janeiro de 1863 pelo então ministro da marinha, Mendes Leal, leem-se estas palavras que bem justificam o presente estado moral do povo de S. Thomé:

«Não se resurge de taes e tão antigos desastres, sem grande e largo esforço.»

Com effeito, emquanto novos elementos civilisadores se não estabelecerem na ilha, e emquanto a auctoridade se não impuzer ao respeito geral pela moderação e regrada sensatez dos seus actos, nós crêmos improficua qualquer tentativa vasada nas columnas do *Diario do Governo* ou n'esses impressos chamados *Boletins Officiaes* em que, hebdomadariamente tem que sahir, por força, dez ou doze columnas de prosa legislativa.

E' um principio elementar de dirito natural. A liberdade, segundo a phrase de Spuller, é o unico campo onde se semeia a instrucção. No meio d'uma oppressão terrivel, sob a prepotencia rechaçante de *senhores* e auctoridades venaes, exigir que florescesse uma sociedade perfeita, seria o maior dos absurdos.

Com pesar arrancámos aos escaninhos da historia nevoenta d'esta colonia as paginas de lama que ahi ficam. Sem ellas, porém, este estudo seria incompleto, por falta de base. Hemos traçado, com este leve esboço historico-social, os perfis fundamentaes da raça ou raças que primeiro povoaram a ilha, influencias estranhas e condições moraes dos colonisadores que aqui collocámos. Transparece, certamente, em todo esse quadro, que, pela maior parte, tem a demonstração de que é veridico nas *cartas regias*, *alvarás*, *portarias* e *decretos* que citámos, a inconcussa verdade das deducções que attingimos. Os mappas que se seguem, (1) para conclusão d'este capitulo, conteem a summula do que expuzémos.

Publicâmos tambem, n'este logar, a parte mais interessante do foral da ilha de S. Thomé, a titulo de curiosidade, porque elle mostra e explica mais uma das conclusões a que chegámos—o constante favor do poder central em proteger as colonias, sem as civilisar para poderem reconhecer esses favores. Lançados, pois, estes argumentos preambulares, vamos entrar propriamente no estudo que nos propozémos fazer—*sobre o estado actual da ilha, seu grau de florescencia, e condições ethnicas das raças que a povoam.*

---

(1) O catalogo dos governadores até 1842 extrahimol-o do livro, hoje muito raro, de Lopes de Lima – *Ensaios estatisticos das ilhas de S. Thomé, Principe,* etc.

RELAÇÃO CHRONOLOGICA DOS GOVERNADORES DE S. THOMÉ

1586—Francisco de Figueiredo. Grande consternação em S. Thomé pelo incendio de 1585, e continuação da guerra do matto com os *Angolares*. Este Governador viveu poucos mezes.

1587—Miguel Telles de Moura. Notaveis desavenças entre o Governador e o Bispo *D. Fr. Martinho*, o qual se retirou em 1590, e o Governador falleceu em 1591.

1591—Duarte Peixoto da Silva. Finou-se logo em 1592, e succedeu-lhe interinamente o Bispo *D. Fr. Francisco de Villanova*.

1593—D. Fernando de Menezes. Teve desordens com o Bispo *D. Francisco*, que o excommungou [1] em 1594, e logo em 1595 se rebellou com os negros o negro *Amador*, que se intitulou *rey*, e foi justiçado em 1596.

1597—Vasco de Carvalho. Pouco durou no governo. Não se sabe se morreu, ou se se ausentou.

1598—João Barbosa da Cunha. Governou interinamente. Invasão dos Hollandezes da Esquadra do Almirante *Van der Don*, que saquearam a Cidade de S. Thomé em 1600.

1601—Antonio Maciel Monteiro. Succedeu interinamente a João Barbosa da Cunha, que veio a Portugal... Grande emigração de proprietarios para o Brazil... Desordens entre o Bispo e o Cabido.

1604—Pedro Botelho d'Andrade. Foram concedidos aos moradores de S. Thomé os privilegios de *cidadãos d'Evora*, em 1606; mas nem por isso descontinuou a emigração.

1609—D. Fernando de Noronha. Durou só um mez. Suc-

(1) Lopes de Lima foi decerto mal informado quanto á excommunhão d'este governador, porque é certo que o Bispo D. Francisco de Villa Nova excommungou o governador Duarte Peixoto e não este.

cedeu-lhe interinamente, por eleição popular, *J. Barbosa da Cunha*, que já assim tinha succedido a P. Botelho.

1609—Constantino Lobo Tavares. Accrescentamento das congruas ao Cabido. Morreu em principios de 1611, e ainda governou quarta vez (terceira por eleição popular) *J. Barbosa da Cunha*.

1611—D. Francisco Telles de Menezes. Falleceu logo. Grande insolencia do Cabido capitaneado pelo Deão *Luiz de Barros*.

1611—Luiz Dias d'Abreu (Ouvidor). Governou por Alvará de successão. Teve desavenças com o Cabido, que o excommungou. Foram todos reprehendidos pela Côrte, mas continuou a desordem.

1613—Feliciano Coelho de Carvalho. Durou só trez mezes.

1613—D. Fr. Jeronymo de Quintanilha (Bispo). Governou por Alvará de successão. Finou-se em 1614; e tomou novamente o governo o Ouvidor *L. Dias de Abreu*.

1616—Miguel Corrêa Baharem. Governou desatinadamente, viveu mal com todos, e morreu em 1620.

1620—D. Fr. Pedro da Cunha (Bispo). Governou por Alvará de successão, até que, observando uma procissão nocturna de Judeus, partiu logo para Lisboa *horrorisado*, entregando o governo a *Felix Pereira*, Fidalgo da Ilha.

1623—Jeronymo de Mello Fernando. Motim do Cabido (apoiado pelo Governador!) contra o Governador do Bispado, o Deão Doutor *Francisco Pinheiro de Abreu*, a quem assassinaram.

1627—André Gonçalves Maracote (Capitão General). Devassa do acontecido;... Excommunhões no Juizo Ecclesiastico... Frouxidão no Governador, que viveu mal, e morreu em 1628. Succedeu-lhe, por nomeação do Senado, *Luiz Pires de Tavora*.

1632—Francisco Barreto de Menezes (Capitão General).

Falleceu logo; e succedeu novamente, por nomeação da camara, *Luiz Pires de Tavora*, segunda vez. Guerra dos Hollandezes no Golpho de Guiné.

1636 — Antonio de Sousa de Carvalho (Capitão General). Só durou tres mezes, abominado. Por nomeação do Senado succedeu-lhe, 1.º o *Deão Filippe Tavares*, e depois *Lourenço Pires de Tavora*, terceira vez... Tomam os Hollandezes *S. Jorge de Mina* em 1637. L. Pires de Tavora é chamado a Portugal em 1640.

1640 — Manuel Quaresma Carneiro (Capitão General). Falleceu logo. Succedeu-lhe, por nomeação do povo, seu sobrinho *Miguel Pereira de Mello e Albuquerque*... Acclamação do Senhor Rei D. João IV. Tomam os Hollandezes a Fortaleza e a cidade de S. Thomé em 1641. O Governador capitulou, e veio para Portugal, aonde morreu preso. Succedeu-lhe, por nomeação do Senado, *Paulo da Ponte*, que bloqueou os Hollandezes, do lado da terra.

1642 — Lourenço Pires de Tavora (d'esta 4.ª vez nomeado por El-Rei D. João IV. — *Governador Capitão Mór*). Expulsou (1) os Hollandezes logo da Cidade, e da Fortaleza em 1644. — Concedeu-se aos moradores a livre cultura do gengibre dourado (Alvará de 10 de julho de 1641); e o commercio livre na Costa de Mina, *devendo os navios ir pagar os direitos no Castello Portuguez de Axem* — (Alvará de 15 de dezembro de 1641.)

1656 — Christovam de Barros do Rego.

1661 — Pedro da Silva (Capitão General).

1669 Paulo Ferreira de Noronha (Capitão General). Casou na terra com uma senhora nobre, e lá se estabeleceu. Foi chamado a Portugal em 1671, e ficou governando o Senado da camara.

(1) Vide pag. 63.

1673 — Julião de Campos Barreto (Capitão General). Teve grandes desavenças com o Cabido, que o excommungou por faltas de pagamento. Houve em S. Thomé grandes desordens. Foi rendido por

1677 — Bernardim Freire d'Andrade (Capitão General) que fez optimo governo. O commercio reanimou-se... Fundou de combinação com o seu successor o forte de *Ajudá* em 1680, e recolheu ao Reino.

1680 — Jacintho de Figueiredo d'Abreu. Auxiliou o seu antecessôr na fundação do forte de Ajudá. Finou-se em 1683. A camara dividiu-se em bandorias, estando á testa de uma d'ellas o Ouvidor. O bando opposto elegeu para governador *João Alvares da Cunha*, o qual, investido na posse do governo, praticou innumeraveis desatinos, e chegou a correr sangue dentro da Sé, d'onde os conegos tiraram o Santissimo Sacramento para a egreja da *Madre de Deus*... Fundou-se o Hospicio dos Capuchos Italianos, em 1684.

1687 — Antonio Pereira de Brito Lemos (Capitão General). Prendeu, e remetteu a Lisboa, o poderoso *João Alvares da Cuuha*, (1) que teve sentença de degredo para a Ilha do Principe, por cinco annos, e pagou 1:600$000 réis para as despezas da Relação... Falleceu este Governador no fim de oito mezes, e foi eleito pelo Senado o ouvidor *Bento de Souza Lima*.

1689 — Antonio Pereira de Lacerda (Capitão General). Teve grandes desavenças com o Ouvidor *Bento de Sousa Lima*, que remetteu preso a Lisboa, aonde morreu.

1693 — Antonio Pereira de Berredo (2) (Capitão General). Prendeu por Ordem Real o seu antecessór, que mandou para Lisboa, aonde foi sentenciado, e sequestrados seus bens para

(1) Vide nota da pag. 64.

(2) Durante a gerencia d'este governador effectuaram os *angolares* os raptos a que nos referimos a pag. 64.

perdas e damnos ao Ouvidor... Fez mui bom governo; e castigou exemplarmente uma nova revolta dos *Angolares*. Morreu no fim de um anno, e ficou governando a camara.

1695 — José Pereira Sodré (Capitão General). Fundou-se a Alfandega na Ilha do Principe, e a Fortaleza da Ponta de Mina, com guarnição paga pela *Companhia de Cacheu e Cabo Verde*. Falleceu este Governador em 1696, e ficou governando a camara, e o Tenente General *João da Costa Mattos*, apesar da opposição da mesma camara.

1697 — Manuel Antonio Pinheiro da Camara (Capitão General). Foi transferido da Capitania de Cabo Verde para esta, e por ultimo foi rendido. Muito commercio com o *Gabão*, feito pela Companhia de Cacheu.

1702 — José Corrêa de Castro. Saqueam os Francezes a Ilha do Principe, e os navios da Companhia em 1706; e a de S. Thomé em 1709... Motim dos negros Minas — suffocado.

1709 — Vicente Dias Pinheiro. Falleceu ao cabo de oito mezes. Succedeu-lhe a camara, a qual manteve uma guerra civil contra o ouvidor, com artilheria assestada de parte a parte, etc.

1715 — Bartholomeu da Costa Ponte (Capitão General). A camara sublevou a plebe contra o Governador; sitiou-o na Fortaleza; obrigou-o a fugir em um navio inglez; e ficou governando em logar d'elle em 1716.

1717 — Antonio Furtado de Mendonça. Chamou a si o monopolio de todo o commercio. Em 1720 embarcou os seus escravos, e immenso cabedal, e abandonou a Ilha sem licença. Ficou governando a camara. Franqueam-se os portos d'estas Ilhas ao commercio estrangeiro em 1721.

1722 — José Pinheiro da Camara (Capitão General). Mudou-se a Feitoria fortificada da Ilha do *Corisco* para o *Cabo de Lopo Gonçalves* em 1723, sendo o deposito na Ilha do Principe: esta Feitoria pertencia a *João Dessaint*. . Este

Governador é o mesmo que em 1712 largára aos francezes, sem resistencia, sendo Governador de Cabo Verde, a Cidade da Ribeira Grande.

1727 — Serafim Teixeira Sarmento (Capitão General). O Bispo D. Fr. João de Sahagum applaca as desordens do Cabido, e reprime os excessos dos Capuchos Italianos... Este Governador já o tinha sido de Cabo Verde.

1734 — Lopo de Sousa Coutinho (Capitão General). Motim dos Soldados das Villas contra o Governador, em 1735: foi suffocado.

1736 — D. José Caetano de Souto Maior (Capitão General). Novo motim dos Soldados contra o Sargento Mór em 1739: foi reprimido a custo.

1741 — Antonio Ferrão de Castello Branco (Capitão General). Durou só dois mezes. O seu antecessor quiz continuar no governo; mas a camara não consentiu, e tomou a si a governança.

1744 — D. Francisco Luiz da Conceição (Bispo). Chegou com Alvará de successão: morreu na mesmo anno. Querendo a camara assumir a governança, amotinou-se o Regimento de Ordenanças, praticou horriveis attentados, nomeando para Governador o Coronel *Francisco d'Alva Brandão*, que em 1745 foi expulso por ordem regia. Succedeu o Senado, processaram-se os cabeças de motim, e foram 13 d'elles justiçados.

1747 — D. Francisco Luiz das Chagas (Bispo). Por alvará de successão. Falleceu logo, e governou o Senado... Incendio assollador na Ilha do Principe.

1751 — Antonio Rodrigues Neves. Só durou dois mezes. Succedeu-lhe o Senado da camara... *Mudança da Capital para a Ilha do Principe, cuja povoação foi erigida em Cidade de Santo Antonio em 1753.*

1754 — Lopo de Sousa Coutinho (Capitão General) 2.ª vez. Desembarcou quasi morto, e expirou logo. Continou a camara a governar... Criação dos capitães-móres de S. Thomé em 1755.

N'este mesmo anno foi 2.ª vez nomeado D. José Caetano de Souto Maior; *porém morreu na viagem*. Durante este intervallo houve notaveis desordens entre o Senado da camara, os Ouvidores, o Cabido, e os grandes proprietarios, segundo o costume antigo de S. Thomé.

1758 — Luiz Henriques da Motta e Mello (Capitão General). Continuam as commoções em S. Thomé. O Governador foi chamado á Côrte em 1761, e entregou o governo ao Senado da Ilha do Principe. Foi determinado que os navios do Brazil, que viessem traficar na Costa de Mina, pagassem meios direitos na Ilha do Principe (1763).

1767 — Lourenço Lobo d'Almeida Garcez Palha (Capitão General). Governou em socego anno e meio; falleceu, e foi succedido pela camara da Ilha do Principe.

1770 — Vicente Gomes Ferreira (Capitão Mór). Foi decretado em 23 de julho de 1770 *que o Senado da camara nunca mais pudesse governar as Ilhas*... Começam as questões sobre *ancoragens*.

1778 — João Manuel da Azambuja. Entrega das Ilha de *Fernão do Pó* e *Anno Bom*, aos Commissarios de Sua Magestade Catholica... Falleceu o Governador, e succedeu-lhe em

1782 — Christovão Xavier de Sá. — Por Alvará de successão. Fez bom governo, e foi rendido em

1788 — por João Rozendo Tavares Leotte. Notaveis desavenças do capitão-mór de S. Thomé *João Baptista Silva de Lagos*, e do Ouvidor *A. P. Bastos Lima Varella Barca*, com o governador, que foi rendido por Ordem Regia, e remettido preso para a Bahia.

1797 — Ignacio Francisco da Nobrega Sousa Coutinho. Finou-se logo; e succederam-lhe interinamente, 1.º o mestre de campo *Manuel Monteiro de Carvalho*, 2.º o Ouvidor *Varella Barca*, 3.º o mesmo Ouvidor, e o Sargento Mór *Manuel*

Francisco Joaquim da Motta, porque o primeiro foi suspenso e preso, e o segundo deposto pelo chefe de divisão *Francisco de Paula Leite*, em virtude da devassa tirada pelo juiz syndicante, que com elle fôra na nau Vasco da Gama. Assumiu então o governo o Bispo *D. Francisco Raphael de Castello de Vide*, que governou residindo, ora em S. Thomé, ora no Principe, — e tendo adjunctos — em S. Thomé o mestre de campo *João da Costa Cravid*, e o capitão-mór *João Ferreira Guimarães*, — e na Ilha do Principe o mestre de campo *Manuel Monteiro de Carvalho*, e o Ouvidor geral interino *Joaquim Pedro Lagrange*.

1799 — João Baptista Silva de Lagos. Escandalosas desavenças entre o Governador e o capitão-mór de S. Thomé *João Ferreira Guimarães*. Tomam os francezes a Ilha do Principe, que largam mediante uma capitulação redigida em termos desusados... Introducção da cultura do café nas Ilhas.

1802 — Gabriel Antonio Franco de Castro. O seu governo foi uma continua borrasca, até que foi suspenso, e logo rendido. Estabelece-se a *Companhia de José Antonio Pereira*.

1805 - Luiz Joaquim Lisboa. Guerra dos francezes (1807). Isentam-se os navios do Brazil da obrigação de virem a estas Ilhas, e pagar os meios direitos (1808). Tratado de commercio com o rei *Calabar* (1809)... Decadencia do commercio pela abolição da escravatura (1811). Este Governador fez algumas reformas uteis, e propoz algumas medidas de fomento, que não foram adoptadas, até que falleceu em 1817; e ficou governando interinamente *Filippe de Freitas*... Introducção da cultura do cacau em 1822.

1824 — João Maria Xavier de Brito. Este Governador foi achar as Ilhas na mais extrema miseria; pois além da ruina do commercio e agricultura, acabára a prestação de 9:000$000 réis annuaes, que d'antes recebia do cofre da Bahia desde 1808. Propoz tambem algumas medidas palliativas até que foi rendido em

1830 — por Joaquim Bento da Fonseca. Este governador foi ali proclamar e sustentar o governo intruso de D. Miguel, até que foi preso em 1834. Os actos da sua governança constam de uma sentença que corre impressa. Succedeu-lhe o Governo Provisorio em Nome de Sua Magestade a Senhora D. Maria II.

1836 — D. Fernando Corrêa Henrique de Noronha. Adoeceu logo, e voltou para o reino no mesmo navio em que fôra... Seguiram-se graves desordens; e governaram successivamente, em 1836 o Governo Provisorio; em 1837 o Governador Militar *Leandro José da Costa*; em 1838 o Governo Provisorio, com o Governador Militar, e *J. J. de Urbanski*; e em 1839 o Governo Provisorio, o Militar, e *José Fernando da Costa*.

1839 — Bernardo José de Sousa Soares Andrêa.

1842 — José Maria Marques. Cumpriu bem as ordens de Sua Magestade; fez tremular a bandeira bicolôr no porto de *S. João Baptista de Ajudá*, abandonado ha longos annos; reformou a Pauta das Alfandegas, e organisou o orçamento e o recenseamento.

1857 [1] — Geria a provincia o conselho governativo na falta de governador, conforme a expressa determinação da lei, [2] visto que, até então, os governadores, por seu motu proprio, delegavam as suas attribuições em quem lhes parecia, o que deu em resultado, sempre, os mais graves conflictos, devido á affluencia de pretendentes ambiciosos a este cargo de tão difficil execução.

---

[1] Os documentos officiaes que poderiamos consultar para nos illucidarem nos successos da ilha no periodo que decorreu desde 1842 a 1857 foram destruidos pelo incendio que n'estes tempos houve na camara municipal e outras repartições

[2] O decreto de 1 de dezembro de 1869 regulou convenientemente as disposições legaes que existiam a este respeito (Vide art.º 8.º e seus § § do cit. dec.)

1860 — Governava Luiz José Pereira e Horta. Este funccionario comprehendeu o meio que vinha administrar, e mostrou-se d'uma austeridade espartana e d'uma energia digna de todo o louvor. Pouco tempo administrou os difficeis negocios da provincia, por isso mesmo. N'este mesmo anno, foi nomeado governador da provincia

1860 - João Manuel de Mello, antigo governador da ilha do Principe. O estado moral dos habitantes da ilha depreciou-se bastante durante o tempo em que a capital da provincia foi a cidade de Santo Antonio da ilha do Principe, tendo como razão o seu abandono até 1852, epoca em que, novamente, tornou a ser capital da provincia a cidade de S. Thomé.

Da serie interminavel de portarias provinciaes lançadas a publico pelos *dois* governadores que houve n'este anno, resalta o estado de abatimento e desordem em que estes povos viviam.

1861 - Toma conta do governo da provincia, em 20 de abril, José Pedro de Mello. Houve durante a sua gerencia serios conflictos entre o pessoal da alfandega e o da repartição de saude, por causa das visitas sanitarias a bordo, intervindo o pro-vigario, como herdeiro das tradições turbulentas dos antigos bispos. Este governador, que deu bastas provas de muita energia e bom senso, deixou o seu nome vinculado ao facto de proteger a agricultura, importando trabalhadores da provincia de Angola, então governada pelo general Calheiros.

1862 — Entra na posse do governo José Eduardo da Costa Moura. Pelas más condições hygienicas da ilha e pela confusão tremenda que reinava entre os seus habitantes, foi este governador obrigado a sahir para e Reino, pouco depois da sua chegada, entregando o governo ao official do exercito João Baptista Brunachy, acto que foi sanccionado pelo governo da metropole, apesar de illegal.

1863 — João Baptista Brunachy, durante esta interinidade, executou medidas de alto alcance administrativo, mas que, infelizmente, não conseguiram demover as circumstancias tristemente precarias em que a população da ilha se debatia, no que respeita a moralidade e bons costumes.

1864 — Estanislau Xavier d'Assumpção e Almeida assumiu a posse do governo provincial. Homem de rara energia, suscitou immediatamente a animadversão geral. Creou regulamentos escolares, marcou os limites das freguezies e estipulou definitivamente as obrigações da policia-rural e da urbana, além d'outros melhoramentos de menos importancia.

1865 — João Baptista Brunachy reassumiu, agora definitivamente, as funcções de governador, limitando-se á confecção de algumas portarias inexequiveis em estylo mais ou menos apreciavel.

1867 — Entra, interinamente, na suprema administração da provincia, o sr. Antonio Joaquim da Fonseca, conseguindo com os agricultores alguns melhoramentos de reconhecida importancia para a ilha.

1867 — Estanislau Xavier d'Assumpção e Almeida, assumiu, pela segunda vez, as funcções de governador da provincia, seguindo, com apreciavel hombridade, o caminho que anteriormente traçára.

1869 — É nomeado governador Pedro Carlos d'Aguiar Craveiro Lopes. Houve durante o seu governo as mesmas scenas que se repetiram em todos os governos transactos, sendo impotente o bom senso de que deu provas para paralysar o estado tumultoso em que a população da ilha sempre viveu.

1872 — João Climaco de Carvalho, toma conta das redeas do governo, em 7 de outubro. Homem de uma grande probidade e de um inexcedivel zelo pelo serviço, esmoreceu ante o estado desoladôr da população que se intrigava, rebaixando a auctoridade; e aqui pôz termo á existencia. Succedeu-lhe o governador

1873—Gregorio José Ribeiro. Tomou posse do seu cargo em 28 de outubro. Este governador assistiu á abolição extemporanea da condição servil de escravos e libertos n'esta provincia, (1875) não podendo aliás por uma grande precipitação, que não deslustra os seus sentimentos humanitarios, reprimir os muitos crimes que então se deram e a crise agricolo-commercial que esse facto promoveu.

1876 — Estanislau Xavier d'Assumpção e Almeida, governa a provincia pela terceira vez. Um dos factos mais salientes da sua administração foi a *submissão* imposta aos *angolares* em 1878, acto este que fez approximar da auctoridade local este povo, até então mysterioso, e tão temido pelos restantes moradores da ilha. Attribuem-se-lhe, durante a ultima phase do sua gerencia, arbitrariedades que, por completo, carecem de demonstração.

1879 — O snr. Francisco Joaquim Ferreira do Amaral toma as redeas do governo, em 28 de setembro d'este anno. A sua gerencia foi apenas de tres mezes; e a curta permanencia d'este illustre africanista aqui explica-se pela manifesta incompatibilidade do seu caracter com os habitos degradantes da gente que vinha governar.

Succedeu-lhe em

1880 — o snr. Vicente Pinheiro Lobo Machado de Mello e Almada, que tomou posse do seu logar em 3 de janeiro d'este anno. A administração do sr. Vicente Pinheiro distingue-se especialmente pelo vigorosissimo impulso que deu á instrucção publica, até ahi tão descurada.

1882 — Francisco Teixeira da Silva governou a provincia, no meio do maior socego, até

1884 — epoca em que o sr. Custodio Miguel de Borja lhe succedeu, assumindo as funcções do seu cargo no dia 24 de maio d'este anno. Durante a sua sabia gerencia se conseguiu a vassalagem á corôa de Portugal do ex-rei de Dahomey, vassalagem meramente ficticia, mas que, em todo o caso, attestou a bôa vontade de acertar e o acrisolado patriotismo d'este governadôr.

1886 — Entra no exercicio de governador, em 25 de setembro, o sr. Augusto Cesar Rodrigues Sarmento, que se dedicou especialmente ao estudo inglorio do nosso inglorio dominio em Ajudá, tratando aliás d'este assumpto com muita proficiencia e bom senso. Em 9 de março de

1890 — succedeu-lhe o sr. Firmino José da Costa. Durante o seu governo se deu a *celebre guerra da Pedrôma*, triste *pavorosa* em que a malidicencia indigena e o mau senso popular tanto collaboraram. Finalmente, em o dia 26 de junho de

1891 — o snr. Francisco Eugenio Pereira de Miranda occupou o espinhoso cargo de governadôr d'esta provincia, onde ainda se conserva.

Tem reinado um esplendido socego, apenas obumbrado pelo exercicio permanente das linguas viperinas e mais predicados de indigenas, colonos e mais partes da população, que, por necessidade e quiçá por dever heriditario, continuam como as Vestaes a alimentar o fogo sagrado da eterna bernardice. Foi decretado o tributo de sangue, para reprimir a vadiagem, que se dezenvolve, faltando apenas a regulamentação d'estes serviços, para se executar o que se legislou. A instrucção do povo, a moralidade, os uzos e costumes de indigenas e europeus... são o que eram... ha muitos annos...

Arrebaldes da cidade de S. Thomé.
Typos das ruas. As habitações.

NOTA ESTATISTICA DO RENDIMENTO DA ALFANDEGA D'ESTA ILHA DURANTE OS ANNOS DE 1868 A 1892 (1)

1868	30:591$000
1869	48:856$000
1870	58:689$000
1871	69:420$000
1872	70:407$000
1873	79:455$000
1874	91:272$000
1875	103:354$000
1876	93:385$000
1877	76:641$000
1878	82:380$651
1879	75:720$115
1880	93:209$850
1881	105:696$135
1882	80:838$411
1883	82:528$426
1884	96:089$318
1885	89:593$299
1886	87:377$988
1887	118:442$831
1888	130:785$000
1889	143:110$850
1890	148:665$737
1891	161:158$642
1892	163:932$072

(1) Para não alargarmos demaziadamente este capitulo, não dâmos os mappas das importancias dos generos importados e exportados pela alfandega n'este lapso de tempo, o que claramente se deduz dos algarismos aprezentados.

PROVISÃO DO DESEMBARGO DO PAÇO (1)

(Registada no Livro n.º 137 do archivo da Secretaria do Governo)

D. João por Graça de Deus Rei de Portugal e dos Algarves d'aquem e d'além mar em Africa Senhor de Guiné da conquista navegação a commercio da Ethiopia, Arabia, Persia, e da India etc.

Faço saber, que por parte dos juizes, e vereadores da Ilha de S. Thomé e mais nobreza, e povo d'ella me foi representado por sua petição, que da Torre do Tombo lhe era necessaria a copia authentica, do foral da dita Ilha de S. Thomé; e me pediam lha mandasse dar na forma de extilo e visto o seu requerimento se lhe deferiu com a Provisão seguinte:

D. João por Graça de Deus Rei de Portugal, e dos Algarves d'aquem e d'além mar em Africa, Senhor de Guiné etc.

El-Rei Nosso Senhor a mandou pelos Doutores, Antonio de Beja e Noronha, Luiz Guedes Carneiro ambos do seu conselho e seus desembargadores do Paço, José da Costa Pedrozo, a fez em Lisboa a nove de dezembro de mil setecentos e quinze e pagaram sessenta réis, Manuel de Castro Guimarães a fez escrever e sendo passada pela chancelaria, foi apresentada ao Guarda Mór da Torre do Tombo, e em seu cumprimento, se buscaram os livros, e papeis d'ella, e na gaveta setima da Ordem de Christo da casa da corôa entre muitos papeis antigos e auxillios se achou um caderno de pergaminho escripto de letra antiga em que se continha em todo elle o Foral da Ilha de S. Thomé apontado pelos sobreditos do theor seguinte:

D. João por Graça de Deus Rei de Portugal e dos Algarves d'aquem e d'além mar em Africa, Senhor de Guiné e da

(1) Por muito extenso, não publicâmos na integra este documento, dando apenas á estampa a parte que nos pareceu mais interressante.

conquista da navegação e commercio de Ethiopia e Arabia, Persia, e da India etc.

A quantos esta nossa carta de foral, dada da terra e conselho da nossa ilha de S. Thomé virem, fazemos saber que por athé ora não ser dado foral aos moradores da dita ilha sómente eram dadas aos que começaram a povoar algumas cartas de privilegio pelos Reis passados, e ora querendo nós dar foral á dita ilha mandámos que nos fossem trazidas todas as cartas e privilegios que tinham, as quaes nos trouxeram e foram mostradas por Francisco Lopes, e mestre André, que os moradores da dita ilha mandaram com sua procuração, para acerca d'elle, requererem sua justiça, e por os ditos procuradores, e bem assim pelo procurador de nossos feitos, terem algumas duvidas ácerca de algumas cousas que tocavam a este foral, os mandámos ouvir de sua justiça por alguns letrados do nosso desembargo e ouvidos deram sua determinação nas ditas duvidas, e depois de determinadas, e nós vista a dita determinação, e assim todos os apontamentos que por parte da ilha nos forão pedidos, e querendo fazer graça, e mercê aos moradores d'ella assim os que ora são como os que ao diante foram lhe démos o foral seguinte:

. . . .

Item nós poderemos dar as terras da dita ilha a quem nos approuver para que as aproveitem dentro em cinco annos, e não as aproveitando no dito tempo, nós as poderemos dar a outrem, e depois que aproveitado fór se se deixar de aproveitar outros cinco annos isso mesmo o poderemos tornar a dar a quem nos approuver, apraz-nos de lhe confirmarmos as terras que forem dadas de sesmaria [1] por nossos capi-

---

[1] A *lei de Sesmarias* foi dada em côrtes e publicada em Santarem em 1375 por El-Rei D. Fernando.

No livro 67 d'El-Rei D. João III (fls. 37 v.) encontrámos uma «*Carta de Sesmaria* de um terreno e matto maninho de um terreno a *Anna de Chaves.*»

tães, e officiaes que nosso poder tivessem assim e da maneira que lhe foram dadas e pelas demarcações que nas ditas cartas forem contheudas, e isto posto que sejam já as ditas terras vendidas, ou trespasssadas em outras pessoas, e havemos por bem de lhas confirmar mostrando as proprias cartas por onde lhe as ditas terras forem dadas, ou as pessoas de que as houveram.

Outrosim queremos, e nos praz que vindo o caso que arredêmos os tratos ou partes d'elles ou os mandemos feitorisar por nossos officiaes, não exceda nem embargue taes arrendamentos, feitorias, nem tratos, esta licença e a liberdade que damos aos moradores da dita ilha.

Outrosim nos praz que d'aqui em diante para sempre os moradores da dita ilha sejam isentos, e libertados de nos pagarem em todos nossos reinos e senhorios, dizimos de todos os assucares, e mercadorias que da dita ilha trouxerem, assim das que em ella comprarem e houverem por escambo de outras cousas suas por qualquer maneira que seja;

E quanto ao mel que sahe do dito assucar que elles serão obrigados da sua propria custa a coserem, e pagar o quinto d'elle, em assucar lavrado, e elles, ou aquelles a quem o venderem e darão sempre conta, e recado do que d'elle fizerem, para se arrecadar o dito quinto, fazendo fundamento de cada cem arrobas que houverem de suas novidades; venha ao dito Senhor um quarto de mel como se pagava em tempo dos Estimos que é a só favoravel para o povo, segundo a informação que o dito Senhor tem; e os ditos lavradores ou pessoas que lhe os ditos melles comprarem, não tirarão de suas casas os assucares que d'elles fizerem, sem primeiro terem pago o quinto d'elles, pela maneira que se ha de fazer dos assucares de cannas, e sob as penas.

E se algumas pessoas carregarem melles para fora da dita ilha, serão obrigados pagar ao dito Senhor o quinto em assucares de melles lavrados, do que no tal mel se montar.„

PARTE II

ETHOGRAPHIA SANTHOMENSE

CAPITULO III

A ACTUAL SOCIEDADE INDIGENA. PAYSAGENS E PERSPECTIVAS DA ILHA

Divisão da população e seus traços caracteristicos. — Apresentam-se o *dandy* e o vadio.— Exceptua-se o indigena civilisado do meio deprimente que se analysa.— O indigena que não trabalha é, ao mesmo tempo, um janota e um geometra distincto.— Propensões para *letrado* que se lhe divisam. — A multiplicação dos peixes.— O *fôrro*.—Seus vicios heriditarios.— O *tônga*.— Diz-se o que no Reino se affirma sobre as colonias. — Calcula-se em mais de 30.000 almas a actual população da ilha.— Notas demonstrativas d'esta hypothese.— Deduzem-se os factos principaes que motivam o estacionamento da população indigena.—Pede-se a execução da lei do recrutamento militar, e indicam-se as medidas a seguir para a repressão da vadiagem.— A falta de braços é, e tem sempre sido, a morte moral e material da ilha.—Pedem-se medidas preventivas, n'este sentido.—A agricultura é a *alma* da ilha. —Pede-se ao governo que a proteja no proprio interesse do paiz. —Ha duas terças partes da ilha por cultivar, mercê da falta d'educação do *fôrro* e orgulho desmesurado dos colonisadores poderosos.– Falta d'estradas publicas, de pontes e viaductos, e suas consequencias fataes.— Quanto tem custado ao paiz o pouco que existe, sem utilidade.— Invocam-se opiniões insuspeitas para provar o abandono a que tem sido votada esta colonia.— Os *eternos* projectos nunca executados.— A felicidade do dr. Pangloss encarnada no animo d'esta gente.— Os rendimentos publicos crescem na proporção das necessidades geraes nunca satisfeitas.--

Aspecto geral da ilha.— A poesia dos *obos*.— Paysagens e phenomenos atmosphericos.— Tempestades.— Sua rapida dispersão.— As regiões alpinas, e rapido exame ao polygono da ilha.— Acima das nuvens.—Vulcões extinctos.—Cascatas e *pontes que Deus fez*.

Em tres classes geraes se póde dividir a população da ilha — *naturaes do paiz*, *serviçaes e trabalhadores d'outros pontos d'Africa*, e *colonia europêa*. Entre os primeiros, descendentes das raças cruzadas que descrevemos, ha propriamente tres classes especiaes que convém distinguir—*a dos civilisados*, constituindo, como descendentes dos grandes proprietarios, a nobreza da terra, e que é o seu nucleo social mais apreciavel; *a classe media*, d'onde sahem os empregados publicos e os pequenos proprietarios; e, finalmente, *a dos forros* ([1]), a geração mais decadente da ilha, servindo-lhes a exhuberancia do terreno para alimento d'uma ociosidade sem limites. ([2]) Todos estes grupos, descendendo,

([1]) Esta raça, a mais degenerada, destaca-se especialmente das primeiras duas classes em que dividimos a população indigena pela forma dolichocephala do craneo e por todos os demais caracteristicos certificadores d'uma procedencia inferior. Provém directamente de antigos escravos, depois libertos, e d'aqui lhe vem a denominação de *forros*, como já dissemos.

([2]) «Na Serra Leôa, assim como nas demais colonias inglezas, não ha trabalho forçado. Individuos de diversas tribus independentes, algumas d'ellas habitando a grande distancia d'aquellas colonias, concorrem a ellas durante a epoca dos trabalhos, para os quaes se ajustam livremente.» (Sá da Bandeira, *o trabalho rural africano*, pag. 85.) Nas colonias portuguezas, porém, o negro não trabalha senão forçadamente.

D'onde provém esta reluctancia pelo trabalho, que, como acabamos de ver, se não manifesta em outros pontos d'Africa? Cremos que da falsa orientação que damos ao indigena das nossas colonias, ora amedrontando-o com o espectro de leis de que elles só comprehendem a parte coercitiva, ora dando-lhes uma liberdade demasiada que elles se permittem interpretar a seu modo e, infelizmente, tão desvantajosamente para nós.

TYPOS DE S. THOMÉ

A policia militar. Guarda da 2.ª estação policial.

mais ou menos directamente, de antigos colonos portuguezes, embora com os constantes cruzamentos o não attestem na côr, conservam nos traços physionomicos a perfeita denuncia da sua descendencia. Affastando-se extraordinariamente dos typos africanos primitivos, de cerbero reduzido, nariz achatado e pelle muito negra, como nol-os descrevem Lubbock, Du Chaillu e outros ethnographos distinctos, apresentam-nos bastos exemplares com todos os caracteres anatomicos approximados de raças mais perfeitas na hierarchia organica, apesar da sua côr d'um fulvo carregado. Ha alguns casos de albinismo, cremos que muito raros. Os *angolares*, que representam um typo inferior na sua proveniencia, são, no emtanto, os indigenas que mais dignos de estudo se tornam, porque, consolidando a sua raça, n'uma adversidade permanente, despertada pela sua propria ignorancia, tiveram que recorrer á agricultura e á industria para prover aos seus meios de subsistencia. Separando, pois, esta hoje laboriosa população, que habita o littoral do sul da ilha, faremos d'ella o objecto d'um capitulo especial.

O *serviçal* representa o typo mais rasteiro da sua tribu, d'onde foi arrancado, ou como prisioneiro de guerra ou como criminoso. A influencia mesologica torna-o geralmente susceptivel de regeneração, mormente depois de convenientemente decretado o trabalho por meio de contracto. O proprio contacto permanente com individuos de origens diversas; uma certa nostalgia, que tantas vezes n'elle transparece; tudo o obriga a coadunar-se com as exigencias do trabalho regular que d'elle se exige e a adaptar-se a um meio bem differente d'aquelle d'onde sahiu. (1) *A colonia europêa* especialmente desde 1881, data em que se prohibiu a entrada

(1) Ha ainda na ilha naturaes de Serra Leôa, Acrá, etc., mas em tão pequeno numero que não merece a pena referirmo-nos a elles.

de degradados na ilha, representa o sensato trabalho dirigente na agricultura e no commercio. O burocrata, geralmente comprehendido n'esta classe, com excepção de distinctos funccionarios superiores, é o typo verdadeiro do amanuense, de *frack* engraxado e... sem manga d'alpaca. Conquistar um *nichosinho* no reino ou substituir a penna pela enxada — eis o seu alvo modesto, tantas vezes sonhado nas noites abrazadoras do Equador. Todo um mundo pequenino, com pequeninas ambições, a arder na febre a que conduz a magreza do vencimento... Apertando a sua aspiração nas venturas sonhadas, o escrevente, o amanuense, e ás vezes tanto o pequeno como o grande funccionario, encaram *isto*, *officialmente*, como um simples *apeadeiro da estrada da vida.* (1) Attingir o *terminus* da viagem, galgar a *estação central* — o socego recheiado de dinheiro — eis a méta dos seus desejos. O commerciante e o agricultor nunca constituiram, com poucas excepções, a familia legal — base de toda a prosperidade d'uma colonia.

Affazem-se ao clima, á *vida de matto*, ao trabalho insano (e esta é a sua explendida gloria) e almejam pelo dia da sahida, para não mais lançar um olhar de saudade para a sua verdadeira *terra da Promissão.* Algumas criancinhas de duvidosa paternidade (2), ficam, mais tarde, a relembrar com os seus os nomes d'essas entidades que passaram. São os attestados vivos d'uma constituição social baixissima. De ordinario, até ha poucos annos, a metropole quando não exportava para as colonias os seus criminosos, mandava, para colonisal-as, salvas as raras e apreciaveis excepções, os indi-

(1) Vide o que o sr. Vicente Pinheiro, no seu livro já citado, diz a este respeito a pag. 221.

(2) Estes casos frequentissimos devem-se mais á infidelidade das *sans* (senhoras) do que á vontade d'estes individuos, devemos declaral-o, em homenagem á verdade.

viduos que, mais tarde, viriam forçadamente. A emigração expontanea, com apreciabilissimas excepções, era composta dos arruinados, dos estragados na vida orgiaca, dos *infimos* da sociedade. A reproducção dos seus actos reflectia-se na educação do indigena e, até, na estatistica mortuaria. E, de facto, não podemos hoje dizer que ás sabias medidas governativas se deve o pequeno passo que o indigena tem dado na estrada do progreso, e que as condições sanitarias da ilha mudaram com os insufficientes meios adoptados — o que se transformou foi a propria sociedade, que creou novos elementos civilisadores — e começou a desprezar a orgia pelo trabalho. S. Thomé chegou a ser a verdadeira terra dos degradados, a execravel *Costa d'Africa* de que na metropole se falla com tanto horror. Segundo o recenseamento de 1881 havia na ilha 526 homens e 46 mulheres europeus, e d'estes, 240 homens e 10 mulheres eram degradados e 56 soldados deportados.

Annos antes, a população europea era, quasi na totalidade, composta d'estas ultimas parcellas. Com taes elementos, perfeitamente perdida para o convivio social, esta prejudicialissima colonia suicidava-se nos desregramentos aviltantes d'uma perfeita vida de bandidos. A preponderancia do catholicismo havia-se apagado ha muito; e essa mesmo não correspondeu jámais á nobreza da sua missão. (1) Foi, como já demonstrámos, com estes elementos que se formou o conjuncto maninho da sociedade actual, cuja degenerescencia benefica e almejada vagarosamente se accentua.

(1) Referindo-se á educação ministrada nas escolas primarias pelos sacerdotes (em 1842), diz Lopes de Lima, no seu livro que já temos citado, a pag. 59: «Estas escolas de educação popular aonde com o A B C apprenderão os rapazes a doutrina christã e as maximas de bem viver, explicadas pela tão respeitavel voz do seu Pastor espiritual, ir-se-hão aperfeiçoando *na proporção que se forem melhorando as egrejas com sacerdotes instruidos e decentes.*»

O indigena civilisado é, de ordinario, tratavel, delicado e honesto. A colonia europêa em nada é superior a este grupo de individuos que, desgarrando-se do pernicioso *meio* em que nasceram, se tem tornado dignos de occupar altos cargos publicos e da estima e respeito geraes. Alheios completamente ao modo de viver semi-selvatico de seus patricios, teem partilhado da civilisação europea; e não é d'estes, portanto, que temos de tratar. Ha entre elles, quer os comparemos anthropologica ou socialmente, uma grande linha divisoria.

Na sua maior parte educados na Europa; tendo a perfeita concepção da lei, e sabendo, por isso, usufruir os seus direitos de cidadãos; todos estes individuos se tornam dignos do nosso respeito, porque reprezentam a perfeita transmigração do *meio* e o producto apreciabilissimo do que, de mais perfeito, suppurou da alluvião de raças que aqui se tem confundido. Obedecendo ainda ás influencias climatericas; ao sopro, felizmente brando, que as antigas rajadas d'intrigas ainda bafejam sobre a ilha; talvez ao proprio instincto heriditario, ou ao influxo da mesma colonisação improcedente; as excepções que este grupo aprezente são assim perfeitamente justificadas. A *classe media* é deveras apreciavel porque, animada d'um excepcional espirito d'imitação, cahe nos exageros mais attrahentes á vista do observadôr. O proprietario de cem metros de terreno, com casa coberta de zinco, e possuidor d'um d'esses mizerrimos solipedes de Cabo Verde que a custo arrastam os salientes ossos, é um *pachá*, erecto e sobranceiro, que nos não cumprimenta nas estradas e que, só por delicadeza, tira o chapeu nas procissões. Quando funccionario, a somma do vencimento com o producto da rocinha, mal salvarão o encargo exigido pelo alfayate ao *janota* e ao *D. Juan*.

A sua cotação no *dandysmo* é aquilatada pelo numero de mulheres que conseguir subjugar pela influencia da sua actividade psychica e dos seus dotes corporaes e, mais ainda, pelas demonstrações do seu poder de argentario.

Na cidade é o passeiador de *frack* d'abas compridas, ondeantes, collarínhos altos, chapeu de côco cobrindo-lhe por completo a nuca. Nos seus *dominios* é o plebeu de chinellas d'ourello, sem meias, camiza d'Oxford desabotoada—um *sans façon* de morgado d'aldeia. Recebe apenas os amigos mais intimos, fazendo-os esperar na *úba* (muro) os necessarios quinze minutos, para calçar umas meias encarnadas; e, depois da competente palestra, guardadas as necessarias distancias, despede o hospede com a arrogancia d'um cidadão de Tuy que diz—*bá cum Deus*...

Este homem tem sempre um pretexto para poder vadiar; e isto para satisfação da sua consciencia que pede... isso mesmo:—ou tem roça, que não trabalha, ou finge que trabalha em roça alheia, arrendada, o que equivale a usufruir os terrenos .. dos vizinhos. E' eleitor, ás vezes quarenta maior contribuinte, porque tem uma *cubata* na cidade, e é sempre *homem de influencia* nas redondezas. Superior, na gradação social, ao *forro* (1) vadio, faz requerimentos nas horas vagas, e, conjecturando geometricamente, descobre que dez varas de *frente* requerem cincoenta nos *fundos* da sua propriedade. A dez varas de alargamento por anno, reprezenta esse serviço apenas 4 annos de *trabalho* quotidiano, o que não é muito, attento o alto valôr actual da propriedade e o desejo que ha em conseguil-a. Estas pequenas glebas por trabalhar são um perfeito *maná*—sahem d'ellas, ou por via d'ellas, annualmente, tantas arrobas de generos como as que ellas poderiam produzir em dez annos, assim arroteadas... negativamente. E' facil a percepção do mysterio—*é a mul-*

(1) Esta classe de individuos é por alguns tambem conhecida como fazendo parte da dos *fórros;* é, porem, evidente que ha entre ambas uma differença consideravel.

tiplicação dos peixes. O *forro*, o mais perfeito specimen do vadio sujo, é, só por si, quem fornece assumpto para as centenas de processos crimes que se deslindam annualmente nas duas varas da comarca. E' o *heróe* dos batuques, o jogador de ([1]) *tchó-tchó*, e ao mesmo tempo reprezenta o maior numero na força de *policia rural.* Casaco e calças de riscado de muitas côres, chapeu de palha, ([2]) descalço, cachimbo de barro ao canto da bocca, e o indispensavel cacete de *inglélé.* E' este o passeiadôr que encontrâmos nas estradas; que partilha astuciosamente das nossas colheitas; e que, como auctoridade policial, é ainda capaz de nos dar duas cacetadas no proprio domicilio. O *forro*, qnando se dá o luxo d'umas botas pretas capazes de lhe envolver os pés espalmados, e de um chapeu de côco, comprado, por bom preço, n'alguma *loja do matto* com o producto do seu *trabalho* nocturno, torna-se um Lovelace emproado, tem sorrisos expansivos para as lavadeiras que nos despedaçam a roupa nas pedras dos ribeiros, e chega a fazer, n'um dia, tantas *conquistas* quantas, em toda a sua vida, poude fazer o nosso Affonso d'Albuquerque.

E' este o miseravel que nós vêmos cabecear, embriagado, ás portas das tabernas, para depois ser apanhado pela policia e conduzido como um fardo ao calaboiço da guarda. E' o mesmo que nos volta as costas quando lhe pedimos para nos fazer o mais insignificante favôr, retribuindo-o, e nos diz, com um olhar de desprezo – ([3]) *á mi nà çá 'sclávu fô*. . .

É este, finalmente, o gatuno desaforado que furta o cacáo e o café nas roças de quem trabalha, e quasi sempre, o auctor dos crimes horripilantes, felizmente pouco communs, que

([1]) Jogo de seixos.

([2]) Usam muitas vezes chapeus de *matêba* (Borassus æthiopium, Mart.) fabricados pelos *angolares.*

([3]) A traducção litteral é — *eu não sou escravo.*

nos annaes juridicos tanto ensombram a vida, hoje relativamente pacifica, d'esta colonia. Entre esta classe de individuos tão prejudiciaes á ilha, e que tão uteis lhe podiam ser, comprehende-se ainda o *tônga*, [1] partilhando de todos os defeitos do *fôrro* e seguindo, em tudo, os seus costumes depravados. O *tônga*, familiarisando-se, desde creança, com esta gente, que não conhece a escola, e apprende no proprio exemplo deprimente de seus maiores a seguir o caminho do vicio e da ociosidade, está, para assim dizermos, confundido tão intimamente com o *fôrro*, no seu modo de ser, que difficilmente se distinguirá a não ser pelos traços physionomicos inconfundiveis. A permanente ociosidade em que vivem em commum, irmanou-os por tal forma; jungiram-se tão perfeitamente as inclinações que a ambos affecta; que, tendo fallado do *fôrro*, desnecessario se torna descrever o *tônga*, que, além d'isso, representa um pequenissimo numero na totalidade da população.

Abrangendo, n'um golpe de vista retrospectivo, o conjuncto marulhento da população da ilha, que, n'um breve estudo taxonomico apresentámos, vêmos:

— que, passando por diversos cruzamentos, parte da população derivante da raça branca, tem attingido um certo grau de aperfoiçoamento moral muito apreciavel;

— que pouco se modificaram com esses cruzamentos e com a influencia benefica d'elles resultante outros individuos mais arredados do convivio social;

— que permanece, ha quasi 4 seculos, a ultima classe em que dividimos a população indigena — o vadio;

— que o elemento europeu — o funccionario e o colono —

---

[1] São conhecidos por este nome os pretos que descendem do cruzamento do *filho de S. Thomé* com indigenas de outras partes d'Africa. Mais propriamente, esta classificação refere-se aos que são resultado do cruzamento do indigena de S. Thomé com o de Angola.

que, hoje, arrastada pela fome talvez, vae comprehendendo que desappareceu a nebulosa deixando a descoberto um esplendido campo d'operações commerciaes e agricolas, o unico talvez que pode libertar-nos da crise angustiosa em que nos despenhámos.

Graças a esta transformação, em parte forçada pelas circumstancias do erario, a colonisação europêa começa a fazer-se em bases mais solidas, e o esplendido torrão africano revive ao impulso phrenetico d'este apreciavel movimento. Referindo-nos a esta ilha, o perfeito especimen da *colonia fazenda*, e antes de entrarmos mais detalhadamente na minuciosa descripção ethnologica que emprehendemos, devemos abraçar, n'um exame rapido, o conjuncto das suas bellezas naturaes, da sua riqueza promettedora, e tambem as necessidades cuja satisfação, de momento, nos suggere lembrar a quem competir. A sua população é hoje superior a 30:000 almas. Bem que pareça exagerado este calculo, temos dados seguros para o firmar. (1)

Restringindo a nossa apreciação ao movimento da popula-

---

na de Chaves A população total é de 21:000 hab., sendo 18:300 na ilha de S. Thomé e 2:700 na do Principe.»

Ora o *Pico de S. Thomé* está averiguadissimo que tem uma altitude maxima de 2.400 metros acima do nivel do mar; e ignora-se ainda o que seja o tal *Bico* da Ilha do Principe. Em S. Thomé não ha nenhuma *Angra de S. Julião.* As serpentes a que se refere o auctor d'este livro d'ensino é a *Naja haje*, L., var. *Nigra*, Bocage, que nunca attinge mais de 4 metros. A *fortificação de S. José* que o sr. Deusdado ali nota é um precioso monumento que existiu... no tempo dos Affonsinhos. Finalmente, a população da Ilha de S. Thomé é, desde 1889 ou 1890, de 30:000 almas, e o geographo concede-lhe apenas o numero bicudo de 18:300!

(1) Em 1812 a população da ilha não excedia 12.000 almas. Segundo J. A. das Neves (*Descobrimentos e possessões dos portuguezes na Africa, Azia etc.*, Lisboa, 1830, pag. 149) na epoca da sua maior florescencia no sec. 10.º chegou a contar 50 000 hab.

ção nos ultimos deseseis annos, vemos que depois da crise de braços operada em 1875-1876 pela abolição da escravatura, ella decresceu, tendo como causa o desregramento dos recem-libertos, que, por assim dizer, se suicidaram n'uma permanente orgia de vadios, e a falta de colonisadores, de quaesquer procedencias, em substituição dos muitos que desampararam a ilha assustados por esta crise. O recenseamento de 1878 acusa já a existencia de 18:000 almas. N'este mesmo anno, uma assustadara epidemia de variola devastou uma grande parte da população indigena, incluindo muitos serviçaes. Nos cinco annos, porém, que decorreram de 1876 a 1881 deram aqui entrada 7:419 serviçaes, o que, apezar dos estragos d'aquella terrivel doença, fez augmentar ainda a população.

Para se avaliar a intensidade crescente no augmento de braços importados, basta dizer que, desde janeiro de 1889 até maio do anno actual, vieram para a provincia, devidamente contratados, 7:462 serviçaes. Considerêmos ainda que muitos trabalhadores teem sido angariados sem contracto, e, finalmente, que a população europea, que, ha 4 annos não excederia 1:000 almas, é hoje superior a 1:500. A mortandade, nos ultimos dez annos, póde computar-se em 16 %, [1] o que é realmente assustador; mas o numero de nascimentos tem sido relativamente superior, especialmente nos ultimos annos, em que as condições hygienicas da ilha teem melhorado um pouco, e o proprio indigena tem modificado sensivelmente o seu modo de viver.

Ora, sendo a população da ilha em 1888, conforme os melhores calculos, de 22:000 a 24:000 almas, e acceitando que ella tenha augmentado, ainda que pouco sensivelmente, até hoje, o que é innegavel, temos a população actual assim representada, muito approximadamente:

---

[1] Segundo os calculos officiaes feitos na administração do concelho.

Europeus..........	1:500
Indigenas (pretos e mulatos)	12:500
Serviçaes.....	14:500
Gregorianos, [1] *tongas* e pretos de diversas procedencias	1:500
População total..................	30:000

Os snrs. Francisco Mantero e Jeronymo José Carneiro, no projecto que aprezentaram ao governo, em 1890, para a construcção e exploração de uma grande linha ferro-viaria n'esta ilha, fizeram o calculo da população, *em 1889*, com a provada competencia que teem sobre o assumpto, pela seguinte maneira:

Totalidade da população, segundo o arrolamento de 1878................			18:266 almas
Serviçaes entrados na provincia, provenientes de Angola, de 1876 até 30 de setembro de 1889.......	13:000		
Idem de diversos pontos...........	1:200	14:200	
A deduzir:			
Serviçaes para a ilha do Principe.....	1:200		
Idem, introduzidos até 1878, já incorporados no arrolamento d'este anno	1:266	2:466	
			11:734
Total dos habitantes.........			30:000

[1] Assim se ficaram chamando os antigos escravos libertados no governo de Gregorio José Ribeiro. Em 1882 calcula-se que existiam uns 3:5oo.

Para prehencher as perdas pela mortalidade, temos os serviçaes introduzidos de setembro a dezembro de 1889, os nascimentos, a immigração de outras raças e procedencias, nos 11 annos decorridos desde o 1.º de janeiro de 1879 a 31 de dezembro de 1889.

Assim pois, o calculo de 30:000 habitantes em caso algum póde ser ficticio, havendo até fundadas rasões para suppôr que seja inferior á realidade.

Admittimos a media de 1000 habitantes para o augmento annual n'este meio decennio, o que não é exagerado. Ainda mesmo que os nascimentos não supprissem os obitos, este augmento não seria exagerado, porquanto é certo que se pode computar em mais de 1000 o numero de individuos de diversas procedencias que, n'este periodo, aqui tem vindo estabelecer-se annualmente. Dado o movimento da população, obitos etc., do nosso calculo vê-se: 1.º - que a população indigena pouco tende a augmentar, porquanto, sendo o seu numero calculado em 12:000 almas no recenseamento de 1878, não pode o nosso calculo falhar muito, porque é evidente ser o numero de serviçaes actualmente superior ao de indigenas. A hypothese contraria, ou ainda a igual no computo d'estes numeros, daria ainda assim resultados em favôr da nossa supposição no calculo geral;

2.º — que o numero de serviçaes tem augmentado, e assim succederá emquanto a ilha progredir. Se notarmos que o maior contingente na mortandade geral é, proporcionalmente, fornecido pelo indigena, e que o serviçal se, em algumas roças morre n'uma percentagem elevada, (17 a 18 0/0) n'outras, como *Saudade*, *Nova Moka* e *S. Nicolau*, essa percentagem nunca excede 5 a 6 0/0 annualmente, não nos admiraremos de que este grupo de individuos reprezente hoje a mais numerosa parcella da população da ilha, porque as faltas que se dão são immediatamente suppridas com a introducção de novos trabalhadores;

3.º — que os *gregorianos*, ([1]) uns temendo a coerção ao trabalho se internaram nos mattos, perecendo ahi de fome, e outros se mattaram por suas proprias mãos para assim conquistarem de vez a sua *carta de alforria*, e, por estas razões e pelas que ao principio apontámos, existem hoje em numero muito reduzido - calculâmos menos de metade dos que se suppôz existirem em 1882;

4.º finalmente, que a colonia europea triplicou n'estes ultimos annos. Considerando, em separado, a população indigena, a que faz o objecto principal do nosso estudo, devemos ainda destacar dos algarismos que a reprezentam, uns 2000 *angolares*, que dizem existir em maior numero, do que não vacillâmos em duvidar. Do numero que fica (10:500) ha a deduzir a pequenissima parcella da raça parda e o primeiro grupo em que dividimos a população indigena; e, por esta forma, comparando este calculo com o feito no recenseamento de 1878, temos, para a classe de que nos occupâmos as seguintes hypotheses:

Em 1878 existiam ([2]).............	8:000	*forros*
Em 1893 existem..................	9:000	„
Differença para mais em 1893.......	1:000	

Vemos, pois, bem claramente que os dois ultimos grupos em que dividimos a população indigena —*forros* e parte da

([1]) A prova d'esta asserção está tambem em que de 6:000 libertos (ou *gregorianos*) que existiam em 1875 se calculava em 1881 existir apenas metade e hoje menos d'um terço.

([2]) O sr. Vicente Pinheiro, no seu livro já citado, aprezenta-nos, em 1878, o calculo da existencia de 12:140 habitantes. Ora deduzindo d'este numero, como diz aquelle snr., os europeus, os *angolares*, que ali estavam comprehendidos, os mulatos, os *tongas* e indigenas do Principe, parece-nos não exagerar, em diminuição, os numeros que aprezentâmos.

classe media, ou tende ao estacionamento, como já dissémos, ou augmenta n'uma proporção diminutissima, o que, segundo a opinião auctorisada de distinctos medicos que aqui teem exercido clinica por largos annos, se explica pela vida sedentaria a que se entregam e pelo uzo immoderado de bebidas alcoolicas e excesso de prazeres venereos. (1) Perguntâmos, portanto, já n'este logar, se a execução da lei do recrutamento, coagindo o vadio ao trabalho, e a execução de outras medidas que n'elle despertassem desprezo pela vida crapulosa em que se arruina, não se evidenceiam como necessidades de primeira ordem, que só ao governo cumpre supprir? Crear uma população indigena laboriosa, furtando-a aos habitos deprimentes em que tem vivido para que tenda a augmentar, insinuando-lhe que o trabalho não avilta, como é sua crença geral, é talvez o unico meio de que o governo deve uzar para prevenir a crise da falta de braços que necessariamente ha de dar-se, quando da provincia de Angola os não pudermos trazer.

O trabalhador que, a custo, vamos buscar a Acrá, Serra Leôa, etc., cioso da sua altiva nacionalidade, e sem as obri-

(1) Na ilha do Principe, a população indigena tende a desapparecer. Só as festas de S. Lourenço, que duram 3 ou 4 mezes, reprezentam um elemento destruidor de primeira ordem ao qual convinha pôr côbro.

— Quatrefages (*Esp. humaine*, pag. 315) dá as seguintes notas sobre o mysterioso phenomeno do definhamento das raças negras em que predominou o cruzamento com os europeus. «Cook calculava os sandwiches em 300:000. Em 1861 só restavam 67:000. Na Nova Zelandia achou 400:000 maorís dos quaes em 1858 restavam apenas 56:000. A' mesma data as Marquezas tinham apenas 2:500 a 3:000 habitantes, reliquias de 70 a 80:000 registrados por Proter. Taiti contava 240:000 pessoas que em 1857 estavam reduzidas a 7:212. Outrotanto acontece nas ilhas Tongas, em Vavau, em Fidji.»

gações estipuladas n'um contracto, porque o não quer ([1]), é completamente incapaz de supprir a falta do actual serviçal. N'uma colonia onde tudo o que ha feito se deve á iniciativa particular, é justo que hoje o governo proteja a agricultura, evitando a repetição d'essas medonhas crises que tem, n'um momento, anniquillado o trabalho de tantos annos. O calculo da população actual ahi fica. Terá erros de proporção entre as diversas classes, como todas as estatisticas os teem, mas na totalidade, cremos não ter errado muito. Distribuida assim esta população por uma area de 270 milhas quadradas n'uma circumferencia de 72 milhas ([2]), é triste que ainda se possa dizer, com verdade, que nem um terço do terreno da ilha está cultivado. ([3]) O preço do resgate dos serviçaes, n'estes dois ultimos annos, duplicou, e ainda assim nunca são satisfeitos com promptidão os pedidos que constantemente se fazem. Ora, se os 8 ou 9 mil habitantes da ilha que se entregam á vadiagem, ou vivem, em pequenos tratos de terreno inculto, uma perfeita vida de larapios, coincidissem para o augmento da producção na razão directa do

---

([1]) Nem as leis do seu paiz o auctorisam nos termos em que o fazemos com o preto d'Angola.

([2]) Lopes de Lima «*Ensaios estatisticos.*» Este calculo não é feito em bases seguras.

([3]) Pode-se affiançar que nem uma terça parte da ilha está cultivada, porque na freguezia de Nossa Senhora das Neves, que abrange um perimetro quasi igual a metade da ilha (desde a *Ribeira Peixe* á *Ribeira Funda* ou *Ribeira Palma)* ha apenas alguns trabalhos em inicio. Na propria area que se diz cultivada, (desde a *Ribeira Affonso* ao limite da freguezia de Guadalupe, percorrendo no interior o *Rio Agua Abbade)* habita o *forro*, que tem as suas propriedades por plantar, e a maioria das roças de europeus que se encontram n'este circuito teem ainda grande quantidade de terreno por arrotear. Este anno (1893) teem-se principiado grandes derrubadas ao norte e a oeste da ilha, sendo por isso certo qne no primeiro lustro a seguir ella deve ter, pelo menos, duas terças partes da sua area total cultivada.

serviçal, quasi toda a ilha estaria hoje arroteada. Estes pequeninos *nabábos* de breu, levam o seu egoismo espantoso ao ponto de nem quererem vender os terrenos que possuem, completamente incultos. O Estado arrendou e vendeu já todas as roças que lhe pertenciam; de forma que as duas terças partes da ilha que estão por cultivar pertencem, podemos calcular, uma d'ellas ao pequeno agricultor vadio e a outra aos poderosos agricultores [1], que tambem não vendem, nem trabalham todo o terreno que possuem, allegando, talvez com razão, a falta de braços. Porque não decreta o governo a obrigação de cada proprietario dar começo ao cultivo dos terrenos que possue, n'um prazo qualquer, fazendo perder o direito a esses terrenos, em favor do Estado, ao individuo ou individuos que transgredirem essa disposição?

Este assumpto foi tratado na Camara Municipal este anno; mas crêmos que *altas razões politicas* se oppozeram a que seguisse seus tramites a representação n'este sentido apresentada áquella collectividade por um de seus dignos membros.

A agricultura é hoje a unica fonte da riqueza que possuimos. O commercio alimenta-se d'ella, e, portanto, todos os rendimentos publicos d'ella proveem. Pois bem. A ilha não tem estradas para que o agricultor conduza á cidade os seus generos d'embarque [2]; o governo, a quem ella já hoje não

---

(1) Depois d'escripto este capitulo, soubemos que alguns d'estes agricultores estão vendendo parte dos terrenos que possuem. Deviam, porém, tel-o feito ha mais tempo.

(2) As veredas tortuosas e escarpadas por onde os agricultores fazem a conducção de generos para a alfandega, por meio de carros de bois, durante a epoca das chuvas tornam-se completamente intransitaveis. Os bois attascam-se no lamaçal, e ahi morrem asphyxiados. Os carros partem-se d'encontro ás pedras, e os generos, muitas vezes, avariam-se por forma que perdem parte ou todo o seu valor. Então o agricultor faz carregar os productos da roça á cabeça dos serviçaes, que mais doloroso é ainda ver esmagados sob esse pezo percorrendo ás vezes vinte, trinta kilometros e mais.

TYPOS DE S. THOMÉ

O antigo escravo *(Gregoriano)*.

exige sacrificios, porque está n'uma situação economica desafogada, mercê do trabalho particular, não intervem na acquisição de serviçaes e não favorece, antes por vezes se tem opposto, á expansão do seu trabalho regular.

E se pensarmos no que, até hoje, esta colonia deve aos poderes publicos, achâmos quatro *monumentos* que, relativamente, custaram bem mais que quatro das celebres *maravilhas do mundo*. O palacio do governo, sempre em concertos; a estrada da cidade á villa da Trindade, nunca concertada; a alfandega, ha pouco acabada; e o hospital, sem concerto possivel. Estes edificios e esta estrada, todos insufficientes, têm custado á provincia mais de 600 contos de réis!

Os rios que, nas epocas pluviaes, engrossam extraordinariamente, arrastando na corrente impetuosa algumas vidas annualmente, não teem, com excepção d'uma pequena ponte no *Agua Grande*, viaductos ou pontes de qualquer natureza. Só o rio *Manuel Jorge*, nos ultimos dez annos, tem dado um contingente de 20 victimas ou mais, em holocausto á imprevidencia e descuido da nossa descurada administração colonial.

"Nada se faz infelizmente, dizia a direcção da Associação Commercial d'esta cidade, no seu *Relatorio* [1] d'este anno; em vez d'estradas e pontes, temos direitos prohibitivos (refere-se á nova pauta alfandegaria decretada em abril do anno passado) a elevação do preço das cousas mais essenciaes á vida e a ameaça constante de novos impostos.„

"Quando se vê o estado de S. Thomé, diz o sr. A. José de Seixas (no seu livro publicado em 1881, A Questão Colo-

(1) Referindo-se ainda a este assumpto, com muita proficiencia, lê-se no mesmo relatorio:

.. «Um outro assumpto que deve merecer toda a vossa attenção, e que esta direcção não esqueceu de tratar, é o da viação publica, tão descuidada entre nós que pode dizer-se chegou ao ultimo periodo de abandono e desleixo.»

NIAL), que não tem população oriunda de colonos primitivos ([1]), que está desaproveitada, como temos demonstrado, sendo relativamente de limitada extensão, achando-se ás portas de Portugal, não se tomam a serio as indicações dos progressos materiaes e moraes que todos os dias se guindam em discursos e relatorios com respeito ás vastas possessões d'Africa, quando em tal estado se deixa jazer S. Thomé.„

Com effeito, vejâmos o que o governo tem feito em favor da viação publica, o mais momentoso assumpto que anda a resolver, desde 1877, epoca em que para aqui enviou a primeira expedição de Obras Publicas. *Projectou* a estrada para a villa da Trindade; e os governadores que se seguiram ao governador Brunachy, que tambem mandou fazer um *projecto*, empregaram toda a sua actividade, durante bastantes annos, em construir a mesma estrada, com os mesmos e com projectos differentes. Póde-se ainda hoje dizer que o estado da ilha, a este respeito é o que era em 1881, como nol-o descreve o auctor da *Questão Colonial*. Esta celebre estrada, a unica que o governo tem a seu cargo e á qual, segundo se affirma, presta a maior attenção para ser conservada, tem custado á ilha e ao paiz mais de cento e cincoenta contos de réis, e, no emtanto, é completamente intransitavel durante a maior parte do anno.

Tem sido estudada muitas vezes, especialmente em vesperas de eleições, uma estrada de circumvalação, para a factura da qual continua a existir sempre no orçamento provincial a mesma insignificante dotação d'obras publicas, que raro chega para os concertos nos edificios de que já fallámos.

A portaria provincial n.º 292, de 10 de novembro d'este

([1]) Discordâmos do auctor n'este ponto, porque é certo que a actual população indigena é oriunda de colonos primitivos, isto é — dos primitivos colonos que aqui introduzimos; a menos que estas palavras não pretendem ter outra significação.

anno, ordena que se proceda aos estudos d'uma estrada que, ligando a cidade com as freguezias de Guadalupe e Angolares, ponha em communicação com a capital da provincia alguns proprietarios de *terrenos encravados* que existem n'esta ultima freguezia. Os habitantes da ilha já nem queimam foguetes em honra d'estas noticias. Habituados á indifierença glacial dos governos, vivem, afinal, como o Doutor Pangloss, muito felizes, n'este mundosinho, inferior ao de Micromegas, mas muito mais ditoso, porque se contenta com a sua sorte.

As receitas da provincia, no anno economico de 1891-1892, foram de 230 contos de réis; e esta cifra tende a augmentar consideravelmente. Ao trabalho particular se deve tudo isto. Quando já este anno o ex-ministro da marinha, sr. Ferreira do Amaral, accedendo ao pedido do deputado pelo circulo e dos agricultores principaes da ilha, fez elevar a dotação d'obras publicas a 40:000$000 réis, ficou a provincia extatica diante da regia benevolencia, e não sabemos se d'esta vez se queimaram foguetes. E' certo que esta dotação desappareceu, (1) allegando o ministro que "S. Thomé tinha a restricta obrigação de concorrer para sustentar as outras colonias, visto que, até agora, essas outras assim procederam para com ella." Isto é o que nos consta como certo; mas não o asseverâmos, em homenagem ao bom senso do legislador.

Saibâmos depois d'isto, que o que se chama *cidade de S. Thomé* é uma agglomeração de cubatas e casas de madeira escavacadas, onde realçam, na sua magestade de pedra e cal, os edificios já citados; que as sete *villas*, sédes de outras tantas freguezias que ha na ilha, teem perfeitamente a appa-

(1) Tendo deliberado não alterar o texto d'este livro, que foi concluido em fins de 1893, não podemos deixar de o fazer n'este ponto, porquanto é certo que a dotação d'obras publicas a que nos referimos tem figurado nos ultimos orçamentos. Registâmos, porem, as palavras do ministro.

rencia de *senzallas* [1]; que não ha força publica sufficiente; que não ha o mais pequeno vestigio do trabalho official; e, assim, corroborados por testemunhos insuspeitos, teremos concluido que a ilha de S. Thomé nada deve aos poderes publicos.

*

* *

Esta ilha, porem, se nada deve, como demonstrámos, aos poderes publicos, deve á natureza tudo o que ella lhe podia dar de mais surprehendente. Quasi assente sobre a linha equatorial, a sua magestosa vegetação, attestando a natureza uberrima do seu solo, [2] infunde o respeito e o

---

(1) E' conhecida por este nome, em Africa, a agglomeração de cubatas onde residem os pretos. Algumas d'estas *senzallas*, com uma pequenina egreja de pedra e cal ou mesmo de madeira, constitnem o que se chama *villa* em S. Thomé

«Em uma nota da sua versão das *Fabulas de Lafontaine* diz Filinto Elysio: Eu ouvi algumas vezes chamar *senzalla* ao conciliabulo e sitio em que (segundo a crença do vulgo) se ajuntam na noite de sabbado as bruxas é feiticeiras, onde apprendem os arcanos mais profundos da bruxaria; dos quaes é ali lente de borla preta o *Cão Tinhoso*, a quem ellas adoram, e a quem em signal de adoração beijam o trazeiro. E perguntando-lhe eu porque razão lhe chamavam *senzalla*, me responderam que pela muita parecença que tinham ellas negras e os demonios tambem negros com as casas dos pretos, que no Brazil se chamam *senzallas* (Theophilo Braga, «*o povo port.*» etc., vol. II pag 129).

(2) Segundo A. J. Gonçalves Guimarães, o solo d'esta ilha compõe-se de «differentes variedades de basalto e de lavas basalticas associadas a dolerites, namesites, trachytes, tuffos, wachés, e argilas mais ou menos ferruginosas.» O distincto engenheiro belga, Diderrich, ao serviço do *Estado Independente do Congo*, examinou, por nosso pedido, o terreno d'esta ilha, na roça *Saudade*; e notou que elle é de natureza vulcanica e se compõe de «silica, argila, protoxido de calcio, magnesia, ph. de soda e potassa, productos de decomposição.» Esta analyse é verdadeiramente superficial, e apenas d'ella damos noticia porque reprezenta a opinião d'um africanista distincto, e nunca para estabelecer paralello entre esta e a do dr. Guimarães.

pasmo das coisas incomparaveis. Vista do mar, é menos agradavel qua a do Principe na variedade das suas prespectivas e no frondoso arvoredo que franja os penhascos que se debruçam sobre o Oceano; mas é sempre mais magestosa, mais altiva na sua grandeza de Rainha do Golpho dos Mafras. Os reconcavos das suas formosas e muitas bahias, entrando, especialmente na parte sul, pelas pequenas planicies verdejantes, que, como enormes degraus, parecem dar accesso aos montes ponteagudos que, pouco a pouco, se vão erguendo, até attingir as nuvens que cambaleiam em seus socalcos; a orgulhosa fixidez do *Pico de S. Thomé*, que, como baze do systema orographico da ilha, parece erguer a sua cabeça auctoritaria de 2:400 metros [1] acima d'esse perenne jardim que em baixo se balouça á mercê das ventanias; todo esse conjunto glauco, formidavel de belleza, suspende qualquer conjectura do espectadôr para o deixar n'um momentaneo extase adoravel. De natureza vulcanica, os seus montes que, ora parece elevarem-se, phantasiosamente, até ás nuvens, ora nos dão a illusão de uma conflagração geologica permanente, e parece irem-se escondendo no proprio solo d'onde se elevaram, deixam-nos ver os seus contornos, d'um verde escuro matisado, nos cambiantes de uma luz que, cremos, só é dado ver nos paizes tropicaes.

A atmosphera saturada de vapores, deixa pela manhã nas folhas do arvoredo milhões de perolas de mil côres, que o sol egoista vem depois roubar para o seu thesouro. O quadro que então se observa é deveras surprehendente. Como pequeninas stalactites, pendem das folhas tremulantes essas

---

[1] A verdadeira altitude d'este pico parece não estar ainda bem observada como já dissemos, pois temos ouvido affiançar a individuos que a elle tem subido, munidos de bons Aneroides, que ella varia entre 2:142 e 2:400 metros. Affiança o dr. Matheus Sampaio que quando ali subiu, em 1880, não encontrou vestigios de anteriores ascenções.

gotas de chrystal, que a luz transmuda em côres diversas, n'umas *nuances* que estontecem e enebriam docemente. Nos *óbós* (mattas) onde a vegetação é mais luxuriante e compacta que nas plantações, ao entontecimento do sentido visual junta-se a melodia estranha e exotica do *San Niclá* ([1]) (*Papafigo, S. Nicolau*) que assobia, do *óssóbó (Chrysoccys auratus)* que parece chorar, da *cécia* (pombo verde) ([2]) que soluça, do *pádé* (pardal) ([3]) que trina umas canções novas, d'uma alegria ingente.

A Natureza gigante, suggestiva, nova, eleva a alma menos contemplativa. Ha um não sei quê de mysterioso e de sobrenatural em tudo isto, que se vê e se não descreve com facilidade. Altas serras cortadas a pique, em perfeitas parallelas, tapetadas d'alto a baixo de alguns fetos gigantes ([4]) e outros muitos arbustos coloridos, apertam em baixo, onde a vista a custo alcança, as aguas sussurrantes dos riachos que vão correndo para o mar. Mais ali, o leito d'estes riachos estorce-se, apertado por alterosas montanhas, que parece terem-se confundido n'uma lucta titanica, e o veio de aguas brancas lá vae serpenteando, apertado aqui para despenhar-se com fracasso n'uma explendida cascata; mais livre acolá, marulhando uns sons que só se sabem sentir. Cruzam-se em todas as direcções dezenas d'estes regatos, alguns muito caudalosos, correndo todos, como que a custo, entre a massa compacta do arvoredo que encobre o solo.

As arvores collossaes, erguidas como sentinellas no cimo dos oiteiros alterosos, parece que levantam os braços se-

---

([1]) *Oriolus crassirostis*, Hartl.

([2]) *Treron crassirorostris*, Frazer.

([3]) *Polyospiza rufobrunnea*, Gray.

Esta ave é muito semelhante ao nosso rouxinol.

([4]) Segundo o sr. Adolpho Moller, em S. Thomé ha apenas os seguintes fetos — *Cyathea Welwitschii*, Hook. e *Cyathea Manniana*, Hook.

culares sobre o formidando exercito que as rodeia para regerem a orchestração divinal produzida pelo vento que as açoita.

De repente, formam-se os mais densos nevoeiros que temos visto. Estas arvores gigantes tomam, por effeito da conhecida illusão d'optica, as proporções mais phantasticas que pode imaginar-se, infundindo ao mesmo tempo nm sagrado respeito contemplativo e uma fortissima commoção emocionante. Dissipam se, n'uma marcha vertiginosa, esses nevoeiros, como a desfazer-se, a diluir-se em fumo branco pelos socalcos das montanhas verdes, abrindo aqui e ali clareiras luminosas, onde o sol vae fixar o seu olhar em braza. A constituição physica do solo, extraordinariamente accidentada, começa a manifestar-se á maneira que os nevoeiros vão correndo: abrem-se os valles profundissimos; brilham, como fachas de prata luzente, os regatos tortuosos; descobrem-se as chrystas dos morros pyramidaes; a ilha inteira, como uma noiva candida, parece despir-se do seu véo de *tulle* pardacento. O pacifico mar do Equador, lá está em baixo, com a sua orlasinha branca de espumas em roda da ilha, e parece juntar-se mais além ao céo d'anil...

N'um momento, porém, tolda-se o céo de nuvens negras; o horisonte estreito desapparece, e a chuva começa a cahir impetuosamente. O estrondo dos trovões, echoando pelos valles, infunde um respeito atterrador. Em poucas horas, as aguas dos rios crescem espantosamente, arrastando arvores enormes na corrente possante, e levando-as, n'um arrastar estrugidor e forte. O mar enfurece-se, como que a desafiar a tempestade que se desenvolve. E, rapidamente, surge outra vez o sol, rutillo, faiscante, apresentando agora a ilha como que emergida do oceano que brama por todos os lados. Branquejam as casinhas das roças; ha veios d'agua das levadas, fóra do leito, pelas plantações anninhadas entre os *óbós* altaneiros; aqui e ali, as povoações apparecem como que esmagadas pelo arvoredo que cahe sobre ellas; e a tempestade finda.

Com esta pasmosa rapidez se formam e se dessipam aqui as tempestades...

*

O aspecto da ilha, examinada da zona alta, é indiscriptivelmente bello. Ao sul as montanhas são menos alcantilladas do que ao norte; os morros menos ponteagudos; mas a vegetação é um pouco mais variada e estende-se até á beira-mar. O norte da ilha, desde a freguezia de *Guadalupe* até aos terrenos de *Diogo Vaz* especialmente, apresenta, no seu aspecto menos fecundo, um agradavel contraste que quebra a monotonia collossal da vegetação da sua parte opposta. Alguns montes escalvados se veem pela primeira vez. Á beira-mar, os terrenos são pedregosos. Os rochedos que pendem sobre as aguas do oceano, d'uma côr ahénea, com pouquissima vegetação, dão a ideia maravilhosa de formidaveis nemolithos. Costeando a ilha, depara-se-nos o *Ilheu das Rolas*, quasi assente sobre o *Equadôr*, semelhando uma florzinha desprendida pelo vento do proximo ramilhete, que parece ondular á mercê das vagas azues onde a vista se perde.

As *Sete pedras*, os ilheus de *Sant'Anna*, em frente da villa d'este nome [1] e o das *Cabras*, com os seus dois morros elegantes, á entrada da bahia de *Anna de Chaves*, parecem mover-se com as ondas preguiçosas que vem depois beijar a fimbria de prata do vestido verde da ilha.

Subindo pelas encostas de *Macambrará* até *Santa Maria*, onde existem grandes plantações de *cinchônas* bem desenvolvidas, presenceia-se d'essa attitude de 1:400 metros sobre o nivel do mar um espectaculo soberbo.

---

[1] Presenciámos, do mar, que este ilheu é atravessado por uma caverna, á flôr da agua, por onde esta passa com estrondo, desfazendo-se em espuma.

Cidade de S. Thomé.
Foz do rio *Agua Grande*.

Em muitas occasiões a chuva cahe torrencialmente mais abaixo nos terrenos de *S. Nicolau*, *Minho*, *Saudade* etc., conhecendo-se ali que este phenomeno se dá pelo estampido retumbante dos trovões e porque a nossos pés se estende um perfeito lençol de nuvens que o sol illumina a flux. N'algumas occasiões, pequenas nuvens passageiras, desfazem-se em catadupas a pouca distancia, estando nós perfeitamente livres de ser tocados pela agua qne ellas despejam. Repentinamente, essas nuvens são transportadas pelas ventanias, e, obedecendo á attração dos *óbós*, vão cahir sobre elles, innundando-os. Estes phenomenos meteorologicos; presenciados a curtissima distancia, emquanto os raios perpendiculares do sol se projectam sobre as folhas lindissimas das *quineiras*, no logar em que nos achâmos, são de um pinctoresco indiscriptivel.

Quando a tempestade sobe, o ribombo do trovão ali dá a idéa d'uma convulsão geologica, fazendo estremecer, n'um echo prolongado, o ponto em que nos achâmos. Por momentos, chegâmos a temer uma d'essas convulsões subterraneas que tantas victimas tem feito, e ás quaes se deve evidentemente a emersão d'esta formosissima ilha do seio impenetravel do oceano. A uns cem metros acima está a *Lagôa Amelia* (1), uma das maiores cratéras de vulcões extinctos que conhecemos (2).

(1) Durante a epoca da *gravâna*, (maio a setembro) esta *lagôa* está completamente secca. É uma cova enorme, circular, de uns trezentos metros de diametro, toda bordada de lindas *cinchonas*.

(2) Lopes de Lima, auctor dos *Ensaios estatisticos* das possessões portuguezas, a quem já nos temos referido, escreve a respeito da constituição geologica d'esta ilha (obra cit., pag. 12). «A ossada d'estes montes é de rochas, granito, quartzo, e silex: não ha n'elles vestigios vulcanicos» Este como muitos outros erros que notâmos nas suas obras explicam-se, especialmente n'este caso, pelo nenhum conhecimento pratico que este distincto official tinha d'alguns pontos que descreveu. Lopes de Lima nunca desembarcou em S. Thomé.

Segue-se o *Caminho do Pico*, uma vereda estreitissima sobre despenhadeiros enormes, no fundo dos quaes se precipitam, com estrepitoso rumor, as aguas dos muitos rios que ali teem suas nascentes. Dos lados a mesma, sempre a mesma vegetação frondente, d'uma magestade melancholica e suggestiva... Por toda a parte, os rios vão formando cascatas e pequenos lagos lindissimos, e, n'alguns pontos, as chamadas pelos naturaes — *pontes que Deus fez* ([1]). Por toda a ilha, em todas as direcções, disseminadas, as cubatas cobertas *d'andalla* onde vivem os pequenos agricultores e onde se alberga a vadiagem perniciosa. As roças dos europeus e algumas de indigenas, formando como que pequenas povoações, intercallam-se entre esses milhares de cubatas que o arvoredo quasi encobre. Finalmente, a vida mais buliçosa se manifesta n'este riquissimo e adoravel torrão, no formigar incessante de trinta e tantas mil almas em movimento...

([1]) A mais bonita d'estas pontes que conhecemos é a que existe na *Roça Saudade*, a 17 kilometros da capital da provincia· Estas pontes são o resultado do embate das aguas contra massas de basalto, onde cavaram arcos caprichosissimos. A de que tratâmos eleva-se, na forma quasi perfeita d'um arco de volta abatida, sobre uma cascata que, em baixo, forma um pequenino lago. Na parte superior do arco, ergue-se um renque de arvores collossaes cobertas de trepadeiras, e a vegetação dos lados parece suffocar aquella obra esplendida da natureza.

SITUAÇÃO

Distancia do mar.. . . . . 10832 m.

» da cidade de S. Thomé.... ..... 10800 m.

Altura do terraço sobre o solo.. .... $4,^{m}50$.

Observ

Janeiro de 1890 a Dezembro de 1891		Pressão athmospherica media	Temperatura em gráos centigrados						Humidade relativa media	Chuva	
			Media	Media da maxima	Media da minima	Maxima absoluta	Minima absoluta	Variação maxima		Total	Maxima em 24 horas
1890	Janeiro	707,6	21,1	25,4	16,8	28,0	15,2	12,8	80	179,2	64,0
	Fevereiro	707,4	21,7	26,3	17,0	27,4	15,5	11,9	78	247,8	96,7
	Março	707,7	21,2	25,9	16,6	27,0	14,8	12,2	82	337,5	79,1
	Abril	708,1	21,3	25,7	16,9	28,6	15,8	12,8	85	408,0	84,4
	Maio	708,7	20,9	25,3	16,5	27 0	14,2	12,8	79	62,1	18,4
	Junho	709,2	18 9	23,5	14 4	25,6	12,5	13,1	78	0,8	0,4
	Julho	709,5	17,3	21,9	12,6	24,6	9,9	14,7	77	1,4	0,9
	Agosto	709,0	17,7	22,7	12,7	24,5	9,9	14,6	75	2,3	1,2
	Setembro	708,5	18,8	22,5	15,1	25,3	14,0	11,3	89	236,8	52,7
	Outubro	708,7	19,3	23,2	15,4	25,0	13,7	11,3	87	491,1	85,2
	Novembro	708,2	20,3	24,6	16,0	26,3	14,6	11,7	86	230,2	66,5
	Dezembro	707,4	20,2	24,6	15,7	26,2	14,6	11,6	84	466,8	108,2
		708,3	19,9	24,3	15,5	26,3	13,7	12,6	82	$2664,0^{m}/_{m}$	—
1891	Janeiro	706,8	20,5	24,8	16,1	26,3	13,7	12,6	84	208,1	81,0
	Fevereiro	706,8	20,9	25,3	16,4	26,5	14,5	12,0	83	138,2	41,1
	Março	706,8	21,2	25,8	16,7	27,2	15,1	12,1	82	179,9	65,4
	Abril	706,9	21,1	25,8	16,4	27,2	15,0	12,2	84	363,9	73,1
	Maio	707,4	20,4	25,1	15,7	27 2	14 0	13,2	83	41,3	12,1
	Junho	707,7	19,0	23,9	14,1	25,6	11,7	13,9	81	0,2	0,2
	Julho	708,3	17,9	22,5	13,3	24,5	11,2	13,3	84	3,6	1,5
	Agosto	708,6	17,0	21,8	12,3	23,6	8,7	14,9	83	0,4	0,1
	Setembro	708,0	18,4	22 8	14,0	24,2	12,8	11,4	91	105,3	15,8
	Outubro	707,1	18,9	23,7	14,1	25,4	13,4	12,0	89	392,1	49,9
	Novembro	707,1	19,7	24 7	14 8	27,3	13,5	13,8	87	283,3	59,6
	Dezembro	706 8	20,2	25,0	15,4	26,6	14,2	12,4	87	176,9	71,0
		707,4	19,7	24,3	14,9	26,0	14,1	12,8	85	$1893,2^{m}/_{m}$	—

O observatorio acha-se collocado no angulo nordeste de um terraço para seccar

Os instrumentos estão collocados em uma casinha de paredes duplas de venezian localidade. Está collocado sobre uma meza forte de $1^{m},10$ de altura.

Barometro — Aneroide de 120 millimetros O. Divisão em $^{1}/_{5}$ $^{m}/_{m}$ = $0^{m},0002$. É co observatorio do Infante D. Luiz. Altura sobre o terraço 1,40 m. Desde 1892 foram as obse

Thermometros — maxima de Negretti e Zambra (Londres). Divisão em graus in

minima de » » » » » »

Altura sobre o terraço em ambos os thermometros de 1,50 m.

CAPITULO IV

A HABITAÇÃO E A FAMILIA

O celibato do europeu e do indigena. — Pequenas transformações sociologicas. — Breves considerações sobre este assumpto. — A mulher em S. Thomé. — A familia e o cazamento *á moda da terra.* — *Crescite et multiplicamini.* — O ciume entre os indigenas. — Comidas da terra. — Mostra-se como os poderes publicos são os unicos culpados do estado de decadencia moral dos habitantes da ilha.—Aprezenta-se ainda o *fôrro.*—Requer-se a descentralisação administrativa. A *cubata do fôrro* — O que ella encobre — Quartos adjacentes, cozinha e quintal.—Coios de vadios.—Familias interminaveis.— O *boudoir* das *sans.*— Palestras junto á *uba.* — Messalinas de breu. — A *san* da roça e a da cidade. — Seus vestuarios. — Trajos domingueiros. — Conta-se a historia d'umas botas de pellica.— A habitação do indigena da *classe média.* — Uma roça d'estes individuos. —Costumes antigos. — Organisação militar n'estas pequeninas fazendas. — O *harem.* — Concubinas e eunuchos. — *Cumê dêntchi.*— Amôr e força. — O indigena reprezentante da auctoridade administrativa — O que é a policia rural. — O sr. Regedor preto. — O indigena burocrata. — Aprezenta-se o *magistrado* em audiencia. — Tabellas elasticas. — Os Santos Evangelhos. — O artigo 10:995 do Codigo Penal. — Não ha pena sem multa. — Justiça de Salomão. — O *carúrú,* o *idjógó,* o *sôuô* e a *muhâmba.* — Bichos de páus constituindo um dos melhores petiscos do indigena. — Fructos indigenas. — A *cola.* — *Galinhas do matto.*

O colono europeu, até ha poucos annos, desprezou sempre os mais rudimentares preceitos hygienicos. Alguns agricultôres abastados vivem ainda hoje em mizeraveis cabanas, sem luz e sem ar, accorrentados ao dezejo avaro que os persegue. Isto provêm, mais directamente, da não contistuição da familia, porque, infelizmente, os tortura uma unica aspiração a de enriquecerem para, no seu paiz, gozarem o fructo do seu trabalho. N'este ponto da constituição da familia, S. Thomé, tem avançado, no emtanto nos ultimos annos, a uma altura apreciavel, a ponto de constituirem excepção os factos com que abrimos este capitulo. O indigena, seguindo o exemplo do europeu, vai adoptando o cazamento catholico.

Segundo o recenseamento de 1878, havia na ilha 255 pessôas que adoptaram este estado. (1) N'este numero poucos ou nenhuns europeus estavam ainda comprehendidos, porque, como já demonstrámos, a procedencia d'esta raça, até então, não era garantia de moralidade e nem de segurança publica. A influencia do clero, n'uma sociedade que, desde o reinado de D. João II, nasceu livre, é quasi nulla, depois de alguns seculos de improductiva catechése, n'este sentido altamente moralisador e que reprezenta a pedra fundamental da organisação de um *meio.* As uniões sexuaes sem regra e sem freio, diz Letourneau, o concubinato, a polygamia, dão a ideia perfeita, a feição intellectual e o grau de decadencia da ele vação moral d'um povo.

Temos, portanto, ainda aqui o indigena na esteira do procedimento do europeu, desprezando o cazamento, perdendo, ou não chegando jamais a adquirir, o amor ao lar, e a ter por elle os devidos cuidados. Assim, constituindo-se em per-

(1) É claro que esta cifra não reprezenta uma verdade incontestavel, antes d'ella duvidâmos, pela difficuldade que sempre houve em bem fazer o serviço d'estastica; aqui e em toda a parte.

feitas tribus nomadas, dezamparavam hoje a casa que hontem construiram, abandonavam a familia e seguiam para os mattos, onde sempre encontravam a alimentação de que careciam. Actualmente que a propriedade é disputada, o indigena, embóra não chegue a ter dedicação pela familia e pelo terreno que houve por herança ou por compra, é, forçado pelas circunstancias, a permanecer na area que lhe compete, o que certamente não satisfaz os seus instinctos, mas reprezenta um passo no caminho do progresso moral e material que se lhe indica. A *san* de S. Thomé, educada n'estes falsos principios, tem sido, como em todas as sociedades primitivas, uma perfeita escrava do homem, que a explora e maltrata, e que a obriga ao trabalho para sustento da sua ociosidade. (1) Sem a mais leve noção de dignidade e pudôr, foi sempre considerada como um objecto de prazer, sem direito a quaesquer regalias; e d'ahi lhe veio a asquerosa lubricidade que publicamente ostenta. D'esta illegal constituição da familia tem nascido sempre a maior anarchia, porque o ciume é o mais saliente caracteristico que temos observado no indigena. Pode mesmo dizer-se que o furto e o ciume são as causas principaes e, quasi exclusivas, da criminalidade entre elle. Existe a familia adoptiva; e esta, com procedencias e denominações inextricaveis, confunde-se e intriga-se com a verdadeira familia. As pessôas mais *honestas* (porque isso é aqui um signal d'honestidade) sustentam um perfeito harem. Um *ecclesiastico* natural da ilha, fallecido ha poucos annos, deixou alguns bens de fortuna, cuja posse foi disputada por mais de *quarenta filhos*. É claro que este elevado numero não reprezenta em cada unidade um direito. A explicação do estranho

(1) D'esta opinião é o sr. Ferreira do Amaral no relatorio que antecede a lei do recrutamento referendada por s. ex.ª e que, como já tivemos occasião de dizer, ainda não foi posta em pratica.

facto está, talvez, na adopção de que fallámos e no embuste capcioso de mães *ad hoc* com a mira no espolio do fallecido.

O que é realmente admiravel é a harmonia, pelo menos apparente, em que vivem estas concubinas atras, na mesma cubata, para *servirem e amarem* o mesmo *sultão*. Se entre ellas ha scenas de ciumes, o que acreditâmos, tão recatadamente ellas se desenvolvem, talvez com receio do *marido* commum, que rarissimas vezes tivemos conhecimento de taes factos.

Pelo contrario, o indigena menos *feliz*, ou menos abastado, é constantemente vigiado pela *companheira* unica, e não raro ha no *ménage* verdadeiras scenas de pugilato, por infidelidade ou manifesta desconfiança. Na alimentação e no vestuario pouco tem tambem progredido.

A alimentação do indigena, attentas as suas pessimas qualidades de trabalhador, restringe-se ao que a natureza mais facilmente lhe fornece vegetaes e peixe fumado, temperados com azeite de palmeira (*Elaeis guineensis*).

Com estes ingredientes fazem diversos *manjares* mais ou menos appeteciveis, que adiante descreveremos. No vestuario, que o fallecido chefe do serviço de saude d'esta provinvincia, dr. José Corrêa Nunes, no seu relatorio de 1865, [1] diz ser "decente e hygienico, á moda dos creoulos do Brazil,„ differe extremamente, e veste-se, segundo as classes, de riscado, de flanella ou de qualquer outra fazenda. A raça mixta de que tratâmos recebeu, com os primeiros colonisadores, elementos de civilisação que não tiveram as raças aborigenes, attenta a restricção da area em que esta operava e a desmedida liberdade que o poder central lhe outhorgou. A sua decadencia moral, com a mais requintada superstição

[1] Desde 1865 até hoje o indigena tem-se aperfeiçoado alguma coisa no vestuario.

e o mais completo desamor ao trabalho, só pode explicar-se mais pela nossa funesta administração que pela sua incapacidade na adaptação ás boas normas progressivas. Suppôr o contrario, é negar-lhe, anthropologicamente, aptidões para essa adaptação, do que nos permittimos discordar, embora esta seja a opinião de distinctos escriptores como o sr. Oliveira Martins.

Educado, apezar de tudo, n'um meio menos selvagem que aquelle d'onde foi arrancado, o actual indigena não conserva nenhum dos barbaros costumes que são o principal caracteristico das raças mais atrazadas, como a tatuagem, as mutilações, etc. Apenas, repetimol-o mais uma vez, a sua instrucção acanhadissima foi bebida no exemplo depravado d'uma colonisação infecunda e improcedente. Se estabelecermos o methodo historico comparativo entre esta ilha e outra qualquer possessão onde operassem os mesmos agentes constitutivos, não acharemos paridade relativa, embora n'esse estudo mesologico se considerem o mesmo clima, identicas posições geographicas, etc.

É que, devemos confessal-o, apezar dos actos magnanimos dos reis D. Manuel especialmente, e de D. João III depois, expressos na carta de 9 de janeiro 1515 e outras, dando aos livres filhos de S. Thomé *o direito de não poderem ser prezos* "*senão em casos de morte natural*„, apezar d'isto, dizemos, predominou sempre aqui o regime da força, "e este regime que tanto se preconisa, diz o sr. Antonio Francisco Nogueira no seu livro sobre esta ilha, e que mais ou menos tem permanecido nas colonias, em S. Thomé só produziu os *forros*.„ É triste dizer-se que, decorridos mais de quatro seculos, o indigena permanece n'um estado de verdadeira decadencia moral e intellectual que nos envergonha, sem industria, sem artes, sem lingua criada, porque o seu *dialeceto* é uma corrupção da lingua portugueza, sem religião acceitavel, sem crenças e... sem moralidade!

"Grande honra, pois, caberá ao povo portuguez, escreve a este respeito o sr. padre Barroso, hoje bispo de Hymeria, no seu apreciavel opusculo "*O Congo*", honra que nem a inveja d'estranhos, nem o despeito dos mais fortes, fará manchar, quando na Africa tiver implantado a sua religião, as suas instituições, a sua lingua, os seus costumes e toda a sua civilisação."

O que mórmente queremos demonstrar com estas considerações com que interrompêmos o assumpto que encetámos é que o indigena, tendo-se-lhe apresentado um vislumbre de civilisação, ou melhor — de falsa civilisação, mais se aperfeiçoou no caminho dos desregramentos. Nos dois primeiros capitulos d'este livro está a prova d'esta asserção, fundada, na maioria dos casos, em documentos officiaes. Este estado quasi primitivo, permanece ainda hoje. E' certo que a classe por nós exceptuada d'esta apreciação se guindou a um conceito moral que a distanceia do grupo que apresentâmos, mas não duvidâmos de affiançar que o fez expontaneamente, desamparando, por inclinação innata, o *meio* que a rodeiava. A vereda tortuosa que o indigena então seguiu e que o trouxe até ao logar onde hoje o vemos era livre e sufficiente para a manisfestação dos seus desejos - a nossa influencia moral ou não actuava sobre elle ou exercia-se com a mais despotica das pressões. E o que se dava nos primeiros tempos da colonisação, repetia-se ha vinte annos, repete-se hoje, n'uma assustadora solução de continuidade. Em 1827, a camara municipal, os fuccionarios e agricultores da ilha representaram ao governo de S. M. sobre a falta de braços, declarando que, "só á viva força, se poderia conseguir o serviço do indigena." (1) Perante esta declaração, tão verdadeira então como hoje, e da qual discordâmos apenas no em-

(1) Diniz de Castro (*Guia do agricultor de S. Thomé*).

prego da força, optando pelo do ensino obrigatorio e pelo do bom exemplo, o que tem feito os nossos governos até agora? Tem-nos enviado muitas dezenas de decretos e portarias, sem utilidade pratica, dando azo a que a conhecida phrase de Tacito · *quanto mais o Estado se corrompe mais as leis se multiplicam*, se applique n'este caso com perfeito cabimento! A descentralisação da administração ultramarina afigura-se-nos o primeiro passo a dar para a transformação d'este estado de coisas.

"Mandem-se para as colonias funccionarios distinctos, em toda a ordem de serviços, e descentralise-se sem receio e com proveito.„ (1) Cremos bem que ao ler-se o que se segue e o que ficou dito relativamente ao natural da nossa mais formosa e rica possessão, não haverá motivo de censura para elle mas sim para quem o tem deixado permanecer n'este estado vergonhoso. Quando os poderes publicos se compenetrarem de que o futuro do nosso paiz depende do engrandecimento moral e material das suas colonias; que devem ser enviados para ellas, em logar do refugo da burocracia, homens de aptidões comprovadas e de grande dignidade; quando os poderes publicos trabalharem sensatamente para que se di-

(1) Relatorio do ex-governador d'esta provincia, sr. Vicente Pinheiro, de 1 de outubro de 1880.

— A criação de um instituto colonial que habilitasse convenientemente os funccionarios que se destinam ás nossas possessões ultramarinas, representa uma necessidade de primeira grandeza. A Hollanda, a França e a Inglaterra possuem optimas escolas coloniaes onde se educam não só os que seguem a vida burocratica no ultramar senão os proprios colonisadores que para ali vão tentar fortuna. Entre nós tem apparecido alguns propugnadores d'esta idéa, que está no espirito de toda a gente sensata, mas nada se tem feito n'este sentido, o que dá em resultado serem os funccionarios africanos, com poucas excepções, perfeitamente ignorantes da hygiene colonial, da geographia e da ethnologia dos paizes onde *imperam*, da sua historia, da sua fauna e da sua flora; em summa de toda a sua vida organica ou organisada.

vulgue a instrucção, especialmente nas colonias como esta, onde ella é mais necessaria; então teremos razão de censura para aquelles que hoje não passam de victimas inconscientes da sua propria ignorancia. Mas reentremos no assumpto que enunciámos.

A habitação do forro é ordinariamente feita de pau *quime*. (*Newbouldia ardisiæflora*, *Welw.*) de *pau caixão* (*Urophyllum insulare*, *Hiern*) ou de *gófe* (*Musauga Smithii*, *R. Br.*) tendo por cobertura, como já dissémos, folhas de palmeira (*andalla*) e algumas vezes de bananeira, sobrepostas por forma que a agua das chuvas deslisa sobre ellas sem se infiltrar. N'essas pequenas cabanas, com um ou dois compartimentos, muito mal feitos, accumulam-se ás vezes dezenas de pessoas. Na casa de entrada, á que elles dão o pomposo titulo de *sala*, está a cama do dono da casa — duas ou tres taboas e paus sustentados por 4 ou 6 estacas, tudo coberto com uma esteira das que os *angolares* fabricam umas vezes de *pau esteira* ou *bahú esteira* (*Pandanus Thomensis*, *Henrq.*) outras de *andalla*. A *san*, como chefe do *ménage*, é obrigada a olhar quotidianamente pelo *aceio* do leito conjugal. O homem levanta-se de ordinario ás 6 horas da manhã e vae... *ás suas obrigações*. Debaixo da cama que descrevemos existe um perfeito *muzeu;* caixas toscamente feitas por elles; panellas de barro (fabricadas pelos habitantes da freguezia de N. S. das Neves ; bananas; peixe fumado; facas; zagaias; pannos e... muitas vezes o café e o cacao... dos visinhos. Pelo mesmo processo das estacas, ha de ordinario a um dos cantos da *sala* uma mezazinha, quasi sempre cambaia, denotando uma pessima vocação artistica; e sobre ella, n'um prodigioso equilibrio, muitas garrafas para vinho de palma, funis de *côco* (*cocus nucifera*) para o mesmo fim, alguns feitiços e a imagem de um santo qualquer. O resto da mobilia compõe-se de um ou dois bancos, sempre feitos pelo processo das estacas, algumas arcas, verdadeiros caixotes, onde se guardam os objectos occultos a olhos profanos; e, juncando o chão por onde a custo se passa, pares de calças, colletes, pannos sujos, lenços, como que a provarem que o chão é o cabide mais seguro que se póde imaginar. Os quartos do resto da familia, contiguos á *sala* teem approximadamente a mesma apparencia. Corre-se apenas o risco de ferir a testa no portal á entrada porque as portas são uns verdadeiros buracos rectangulares com a altura que permitte o pouco *pé direito* do extraordinario edificio.

E', porém, n'esses quartos que existe o *cofre*, feito ordinariamente de madeira rija como *azeitona (Sideroxylon densiflorum*, Baker) ou *amoreira (Chlorophora excelsa*, Benth.) e n'elle se vaza diariamente o producto da *agencia* dos *trabalhadores* que ali se amontoam. Ao lado da habitação ha a cozinha, uma especie de alpendre construido pela fórma já indicada.

Os utensilios indispensaveis que ali existem são — duas pedras, uma grande e outra pequena, para esmigalhar *óssâmi (Hibiscus esculentus, L.)*, (condimento muito usado na terra) uma bala de artilheria e uma gamella, que servem para moer *izaquente (Treculia africana*, Dcne). Quando este *proprietario* consegue ter alguns serviçaes acoitados em casa, construe-lhes cubatas no pequeno *terreiro* em roda da habitação, formando um semi-circulo que, de ordinario, fica á beira do caminho.

Ao espaço circumdado por estas construcções se chama *terreiro*, e ahi se seccam e se manipulam os productos da roça.

E' curioso ver a forma como vivem estas pequenas *communidades*, que se encontram por toda a ilha, formando enormes agrupamentos, especialmente na parte mais cultivada. A *suprema administração* d'aquelles dois palmos de terreno inculto, cheios de detrictos vegetaes, pertence ao *vadio* mais velho, ao *chefe da familia*. A enorme quantidade de rapazes e raparigas que ali apparece a cada instante, pedindo a benção ao *venerando ancião*, cuja carapinha começa a alvejar com a edade, são todos seus filhos, afilhados, parentes, sobrinhos, netos ou bisnetos ([1]), para o effeito de ali se acoitarem e de partilharem da farta *colheita* do *roceiro* encanecido na vida activa... da rapinagem. Pela manhã, ao romper do sol, cada um sahe para seu lado. As filhas, netas, sobrinhas e afilhadas, vão namorar para as estradas, ou para os ribeiros onde fingem lavar a roupa *das suas familias;* os rapazes, verdadeiros malandros em miniatura, vão praticar com o seu *protector;* finalmente, fica em casa um rancho de mulheres fazendo *toilette* no *terreiro*, languidamente sentadas no chão, com as pernas em cruz, o peito a descoberto. A limpeza dos dentes com uma hastesinha de *ótótó*, *(Urena lubata*, L.) é operação que absorve uma boa hora, n'um esvurmar incessante de ferir as gengives.

([1]) A organisação da familia aqui é verdadeiramente imcomprehensivel. Parece que todos os indigenas formam uma familia collossal subdivida em milhares de geneologias. Nunca pudémos comprehender como são *irmãos* filhos de pais e mães differentes, e porque os indigenas dizem—*as minhas familias*, referindo-se ás muitas que teem. Cremos mesmo que, entre os systemas de parentesco descriptos por Morgan nenhum existe de tão intrincada decifração. Z. Consiglière Pedroso, no seu opusculo *Constituição da familia primitiva*, pag. 18, escreve sobre este assumpto:

«As relações de parentesco taes quaes nós hoje as concebemos, que tão naturaes nos parecem, e que, quasi por assim dizer, olhâmos como uma consequencia necessaria da nossa natureza, são factos relativamente modernos, productos de uma longa gestação, que nossos pais não conheceram em sua primitiva rudeza.»

Os casamentos *á moda da terra* não se realisam nunca entre membros de familia proxima, facto este observado por Mac Lennan, e outros ethnologos distinctos, entre diversos povos de civilisação rudimentar. O tratamento de *sun* equivale simplesmente a *senhor; Sun mun* quer dizer *Vossa Senhoria*, e *Sun mun sun* (o ultimo grau na escala da cortesia) póde traduzir-se por *Vossa Excellencia*.

TYPOS DE S. THOMÉ

Uma familia... em miniatura.

Os *adoradores* que passam na estrada, param a cada instante, n'um cumprimento libidinoso, ao qual as *sans*, erguendo-se para o *classico* aperto de mão á moda do europeu, correspondem com uns meneios enjoativos que fazem estarrecer o transeunte enamorado. Depois vão as mulheres, já *toilettisadas*, visitar as suas innumeraveis *familias*, ficando apenas uma a tratar do *cárúrú* na cosinha, onde o fogão é composto de tres pedras altas formando um triangulo. Se encontram nos caminhos pessôa que lhes agrade, demoram-se horas infindas, n'uma conversa estrepitante, no meio de muitos gritos que parecem exprimir ternura a seu modo, gesticulando muito, e ás vezes abraçando-se impundonorosamente á luz do sol que escalda como o fogo dos seus corações.

Apanhadas pelos *companheiros* em flagrante delicto de infidelidade, algumas vezes confessam a trangressão do pacto conjugal em termos de arrependimento doloroso, e outras respondem-lhes com sobranceria, chegando a exprobrar-lhes qualidades physicas e falta de ternura para com ellas. O *consummatum* d'estas scenas, d'um realismo exagerado até á licença, é o desquite .. a murro.

A *san* da roça é uma criatura bem distincta da que vagueia pela cidade, e orgulha-se mesmo de ser mais honesta. De semana, usa de ordinario camisa, quasi sempre decotada, deixando ver um dos hombros e parte do peito, saia de chita, ás vezes attada abaixo dos quadris com uma cinta, e, conforme a importancia monetaria dos adoradores, pulseiras de *pechisbéque* ou de tartaruga. Amarra um lenço em roda da cabeça, em forma de turbante, deixando a testa descoberta, e usa, invariavelmente, compridos collares de vidro e de coral falsificado que os *negozianti* italianos aqui veem vender annualmente.

Nunca sahe para a rua e mesmo para a estrada sem collocar sobre os hombros nús o panno ou o chaile; e valha a verdade que tem na postura d'estes adornos uma certa elegancia. Indistinctamente, a *san* da roça e a da cidade andam com alguma *pose*, saracoteando-se muito, bamboleando os quadris salientes, fazendo mesmo um certo luxo em agradar aos Adonis boquiabertos. Nos domingos e dias de festa, trajam á européia.

E' curiosissimo então ver como essas mulheres que, com os seus trajos usuaes são relativamente sympathicas, se tornam assim vestidas umas perfeitas mégéras. Imagine-se um espartilho mal posto, sustentando como um cabide uma bata comprida de rendas franjadas; uma saia de muitos folhos e rendas a cahir-lhes da cintura, arrastando no chão; um chapeu *de senhora* enfeitado com muitas flores encarnadas; tudo isto para realce d'um palmo de cara feio como uma noite de trovões; e ter-se-ha feito uma pequena ideia do que seja uma d'essas *divas*, que em taes dias calçam tambem uns sapatos kilometricos. E' um horror, um supplicio tantalico esta ultima operação. Os pés espalmados, callejados da pissarra dos caminhos, tendo usufruido uma existencia liberrima, reagem fortemente contra aquellas cadeias de sóla.

Sabemos de uma *san* que para ir assistir á cerimonia do baptismo de um filho percorreu todos os estabelecimentos da ilha em busca de umas botas de pellica capazes de comportar as suas plantas que jámais perderam a acção da gravidade. Baldado empenho! Os famosos receptaculos das plantas em questão tiveram que ser feitos de encommenda. No dia do baptismo, porém, a desditosa mãe, teve que ir á Egreja, descalça; depois de suar duas ou tres horas, sentada n'um caixote, de perna estendida, e o *marido* e a familia inteira a suarem tambem para lhe encaixar as botas novas nos pés descommunaes, o que, parece, se tornou tão difficil como achar-se a trisecção do angulo. O indigena que mais se approxima da *classe media*, e que, por orgulho, finge distanciar-se do grupo de *lupuhiés* ou *fórros*, construe a casa de habitação á européia, n'uma deselegancia de fórmas que muito deixam a desejar consoante as suas aptidões de architecto. Estas habitações que, de ordinario, se compõem de *rez-de-chaussée* e de um pavimento superior, são feitas de taboas de *vermelho*, a que aqui chamam de *peralto* (1), e a cobertura é de telha ou de folhas de zinco.

As casas assim construidas, com apertados corredores e muitos quartos, correm, porém, o risco de voar com as ventanias, por falta de alicerces e de prumos resistentes. N'esta rezidencia senhorial, aloja-se o garboso agricultor e as suas *favoritas*. Estende-se o *terreiro*, onde o colmo cresce á vontade; e, dos lados, em reconcavos anti-symetricos, ficam as *senzallas* do pessoal, que, na maioria das vezes, se compõe da *nata da vadiagem*. Ao fundo, fechando o polygono, está a primitiva cubata do *fôrro*, como reliquia saudosa de tempos menos felizes. Uma *uba* de *pau quime* rodeia tudo isto, e dá ingresso ao *solar* um portão de *andalla* (2) habilmente tecida. Pela manhã, á *hora do descanço* (meio-dia) e á

(1) As taboas de *peralto* são extrahidas á cunha pelos angolares, habitantes do littoral do sul da ilha, das madeiras chamadas *vlémê* (vermelho) do *untué* e do *pau caixão* (*Urophyllum insulare*, Hiern.) e servem para *ubas* (cercados) e para construcções provisorias. O seu preço regula entre 25 a 40 mil réis o milheiro, na cidade de S. Thomé.

(2) Chama-se *andalla* á folha da palmeira (*Elaeis guineensis*). Com esta folha tecem os indigenas e serviçaes uma especie de canastras oblongas a que dão o nome de *mutétes*, que servem para conduzir fructas e outros generos á *quitanda* (mercado). Dos filamentos do ramo da palmeira se fazem tambem vassouras e *coáles* (cestos). Esta ultima palavra parece derivar de *coar*, porque estes cestos eram tambem empregados na pesca. Para a pesca do camarão nos rios tem o indigena o *qui çácli* o *muçuá* e o *quiçóçó*, que são camaroeiros dos que se uzam em Portugal. *Coar* em dialecto de S. Thomé pronuncia-se approximadamente *cóáli*.

forma [1] da noite, o pessoal manobra ao som de um apito, de um chifre ou de uma botija de genebra sem fundo. A estes dois ultimos instrumentos chama o indigena *bugina* (buzina).

Na *forma da noite*, o pessoal colloca-se em linha, tendo á frente o *cazeiro* em guiza de commandante. Verificado que *tudo está em ordem*, que não faltou o *capim*, e que se apanhou algum cacao... dos vizinhos, o cazeiro, tirando o chapéu e olhando para o patrão que, em mangas de camiza, assiste ás operações, da janella da habitação, grita pausadamente:

—*Bôa noite patrão!*

E os serviçaes, n'uma grande reticencia, *una voce*:

—*Bôa noite patalão!...*

E' dada a ordem de *destroçar*, e cada um recolhe á sua cubata, para comer, até chegar a *hora de recolher* (9 da noite). Seguindo sempre esta linha militar, o *patalão*, quando quer reprehender qualquer serviçal, fal-o n'esta ultima *parada*, perante toda a *força*. Approxima-se marcialmente; e, em altos berros, mostra ao delinquente *o caminho do dever*. A fileira treme ante a voz truanesca do *commandante;* e, no dia seguinte, tudo continúa como d'antes. O serviçal adora esta vida tão pouco trabalhosa e que lhe satisfaz plenamente a vocação de gatuno. A missão mais espinhosa de que o patrão o incumbe é a de servir *d'eunucho*, guardando, com olhos d'Argus, o bando *gentil* das concubinas que vivem, promiscuamente, na *casa velha*. Ha, quotidianamente, uma sessão confidencial em que só entram estas, o libidinoso *sultão* e os *eunuchos*. O serviçal ou serviçaes investidos n'estas funcções, esmiuçam, facto por facto, tudo o que se passou du-

---

[1] Sempre que o pessoal trabalhador da roça reune para descançar, ou por outro qualquer motivo, dá-se a *forma*, que toma um certo caracter militar, como mais adiante veremos.

rante o dia: — "A *menina Quilombo* sahiu fóra da *uba* para fallar á *san Má Plitu* (Maria do Espirito Santo), a *Cassúma* esteve sempre na cosinha a guizar o gallo roubado a um dos vizinhos; a *Caínde*, a *Quipúna* e o resto estiveram á porta em palestra com os ...amigos.„ Este ultimo facto faz explodir em colera flammejante o negro ciumento. Ha então scenas de furia; sente-se o estrugidor *cumê dêntchi* (ranger de dentes) indicativo de força collossal; apaga-se a luz de azeite de palma que arde na candeia de *papaya (Carica papaya*, L.); e, por momentos, ouve-se o *ron-ron* arrastado da voz do patrão, entre vomitos de cachaça. As scenas que então se passam cobre-as o véo da noite...

A mulher indigena ama na razão da força real ou apparente do seu possuidor. Assim, o *forro* que possue mais mulheres é de ordinario o que anda fugido nos *mattos* por algum crime grave, ou o que as trata mal, mostrando-lhes, com violentos soccos nos proprios peitos, que é capaz de arrombar a fortaleza de S. Sebastião com um ponta-pé. Amor, respeito ou medo, é certo que é a esta classe de individuos que ellas guardam mais fidelidade e obediencia. A difficil operação de *cumê dentchi*, indica tal grau de fortaleza que não ha facca, *machim* ou mesmo balla que entre nas carnes impenetraveis do *heroe* que o exhibe. A excepção constitue resultado de *feitiços* e de *pragas*. Educada assim, a mulher torna-se um perfeito authomato, malleavel aos desejos do amante, subjugada á força prepotente da sua vontade; e é ella, afinal, quem trabalha alguma coisa na roça, extrahindo o azeite da palmeira, seccando o cacao ao sol, etc..

*

*   *

A maior ambição do indigena, além da de não trabalhar, é ser *auctoridade*. Mas auctoridade que mande, que se possa fazer respeitar, que seja temida. O *fôrro*, d'onde sahe o maior contingente para a policia rural, como já dissemos, é, na sua qualidade de agente da auctoridade, um funccionario que tem a alta comprehensão do seu cargo. Comtanto que o não obriguem a serviços de mero expediente, vive satisfeito e feliz quando quer valer-se da força que lhe confere o seu *alvará*.

E' incapaz de denunciar um seu patricio; mas prendel-o-ha, se assim lhe fôr ordenado, dizendo brutalmente, na sua qualidade de *púlúcha* (policia)—*ande lá pr'a diente*... E' o mesmo *fôrro* que já apresentámos, tendo apenas licença para uzar zagaia em serviço. Convictamente crente da sua *alta* posição, impõe-se ao populacho, arrogantemente; rouba-o quando póde e prende-o quando ha reacção. A maioria dos crimes commettidos na ilha é attribuida, com fundadas razões, á policia rural. Não ha organisação possivel para esta policia, com estes elementos, a menos que não se lhes retribuam os serviços, obrigando-a a uma rigorosissima disciplina. A policia rural de hoje está organisada como a de ha vinte ou trinta annos. O *fôrro* considera o serviço policial como palliativo pàra o saque; e julga que a principal obrigação da auctoridade é... limpar as algibeiras do proximo. Capacita-se de que a zagaia e o *machim* (especie de catana usada nos serviços agricolas) foram feitos para decepar orelhas e deitar braços a baixo; e, por isso, serve-se d'estas armas como qualquer de nós se serve de um *enxota-moscas*. São estes agentes da auctoridade, descalços, de chapéu desabado, calças de riscado, arregaçadas até ao joelho, cazaco da mesma fazenda, muito cheio de remendos, que estão por lei encarragados da segurança da propriedade e dos individuos!... Esta instituição, porém, nem sempre tem sido prejudicial á ilha. O indigena, orgulhando-se do papel que desempenha no seio da governação provincial, presta, ás vezes, serviços policiaes de importancia, desde que a sua acção seja chamada a exercer-se em freguezias differentes ou contra individuos de outras castas. (1) N'estas occasiões, conhecedôres como são das florestas, e penetrando pelos mais intrincados meandros das veredas, satisfazem, em parte, os deveres inherentes á sua posição. Os individuos da *classe media*, sabendo ler, escrever e contar, architectando razoavelmente requerimentos para a administração do concelho e para o juiz de paz, uzando bengalla de *lânza mucambú* (2) em vez de cacete de *pau ferro*, sabendo envergar, nos *grandes dias*, uma casaca de grandes abas, e pôr até ás orelhas uma *claque*, ambiciona mais alguma coisa—ser funccionario publico, regedor ou *capitão de serra* (chefe da policia rural de cada freguezia). O indigena que occupa os logares de amanuense, official de dilligencias, porteiro e identicos, usa, de ordinario, camiza branca, de grandes collarinhos, chapéu de côco, bota preta, calça e casaco á europêia, apresentando-se na repartição muito decentemente. Cumpre regularmente com os seus deveres, apesar do pouco expediente de que dispõe, e chega a merecer a verdadeira estima de seus chefes. Feito auctoridade, transforma-se completamente. O chão treme-lhe debaixo dos pés; os seus administrados baqueiam ao erguer imperioso do seu braço. Rixas velhas, raptos suprepticios, vinganças mesquinhas, tudo se recorda e tudo se vinga. Um d'estes regedores só assistia aos actos do seu mister devidamente uniformisado conforme o

---

(1) Ha aqui, como em Portugal, grandes rivalidades entre os habitantes das freguezias proximas ou confinantes; mas este caso desapparece quando se trata de questões em que prepondera a auctoridade contra os desmandos do indigena, porque a policia então, como succedeu ainda em 1891, por occasião da *celebre revolta da Pedrôma*, colloca-se sempre do lado d'este contra aquella, tornando-se uma *força* prejudicial.

(2) *Laranja mucambú.* Pequena arvore que habita o littoral da ilha:

plano expresso no codigo administrativo de 1842. A regedoria era a sua propria habitação, n'um d'esses pequeninos *terreiros* de roça, que já descrevemos.

Vejamos esse delegado do poder central na *sala* das audiencias da regedoria. Ali é o juiz, o delegado, o meirinho, o proprio governador. Não ha questão, por mais difficil para o mais abalisado legista, que elle não decida sem vacillar.

Sabe de cór os differentes codigos; e, como se julga superior a elles, finge apenas que lê os requerimentos. Embolsa os emolumentos que a sua tabella indica, para balizas judiciaes, e é fiscal rectissimo do prompto pagamento.

Veem entrando os queixosos e os arguidos intimados, acompanhados de *policias* cambaios, de chapeu de palha e cacete. Ao topo d'uma grande meza, ao longo da cubata, senta-se o inexoravel *magistrado;* o escrivão ao lado. Os recem-chegados tiritam.

Estão ameaçados d'um saque á mão desarmada. Levantam-se todos a um gesto imperioso do regedor.

— Ponha ahi a mão direita sobre os Santos Evangelhos (um *Almanack de lembranças* muito cebento).

A testemunha assim faz, muito humildemente, como na presença d'um carrasco.

—"Jura dizer a verdade sem mentir„? continua o integro magistrado.

— *Nhôchi Sun.* (Sim, Senhor)

Segue-se uma formidavel descompostura a cada um dos preoppinantes, em dialecto indigena; passando a exigir-se as custas... em portuguez.

O regedor furioso manuseia então, rapidamente, as folhas d'um *Manual Encyclopedico;* e conclue:

—"Artigo 10:995 do *Codigo Penal!* Todo aquelle que não pagar ao regedor da freguezia de *tal* a importancia das multas, intimações, sellos e custas dos processos em que fôr *parte*, incorrerá na pena de prisão maior cellular de 5 a 10 annos, seguidos de 15 a 20 de degredo na Costa Oriental d'Africa. Paragrapho unico: os pagamentos serão feitos no acto da audiencia, sob pena de prisão immediata e condemnação, conforme o disposto n'este artigo, em processo summario.„

Tosse, e senta-se com olhar iracundo.

Os queixosos e arguidos, ou pagam logo, ou sahem, devidamente vigiados, para trazerem, em metal ou em valores, as importancias exigidas.

E, por esta forma, a auctoridade superior suppõe a freguezia assim administrada a mais pacifica de todo o mundo, porque ninguem tem coragem para ir perante ella desvendar estes mysterios. Ao administrador do concelho apresenta o regedor semanalmeute a seguinte invariavel nota verbal:

—"Não ha novidade; cá se remediou tudo„...

Investido n'estas altissimas funcções, o indigena descobre logo o meio das *intimações* para angariar mulheres para o *harem*. As mais renitentes cedem á ameaça de prizão; as mais faceis teem sempre como recompensa o perdão das culpas imputadas *ex-abrupto*. Em clarissimos argumentos *ad hominem*, o severo magistrado demonstra a razão que lhe assiste, chicoteia o procedimento das pseudo queixosas, e convida-as a alojarem-se em seus apozentos.

E assim se encerram quasi sempre estas *audiencias*. Quando ha desordens e o zeloso fiscal da lei apparece, são condemnados réus e auctores em multas proporcionaes, sob pena da lei citada. Em questões de terrenos, que são frequentissimas, exerce-se a justiça de Salomão: Fulano queixa-se de que Cicrano lhe roubou duzentos metros de terreno.

—"Venham papeis. Duzentos metros, não? Pois bem— metade para cada um e cincounta mil réis para emolumentos da regedoria, pagando o queixoso vinte e o reu trinta, que é para a outra vez não ser ladrão.„

As *partes* retiram-se satisfeitas d'este *diploma* e d'este *veredictum*, e conciliam-se, o que é mais admiravel. Por esta forma se resolvem, afinal, sem conflicto, todos os casos que suggerem ([1])

*
* *

A cozinha indigena é bastante restricta, como dissemos, e, aparte alguns *guizados* que, em dias de festa, constituem uma imítação da comida á portugueza, limita-se aos seguintes pitéus, que os proprios europeus muito apreciam:

—O *carúrú* do Brazil, a que aqui chamam *calilú*, ou *càlu* simplesmente. E' feito com peixe secco, folhas de *ócá*, (*Eriedendron anfractuosum*, D. C.) quiábos, (*Hibiscus esculentus*, L.) azeite de palma, sal e pimenta da terra (*m'laguita*, *Capsicum conoides*, Mill.)

— O *idjôgô*, de folhas de agrião, peixe secco, azeite de palma, sal e *m'laguita*.

—O *sôuô*, de peixe fresco, banana (*Musa paradisiaca*) cozida, azeite de palma e diversos condimentos muito energicos. Alteram estas comidas amiudadas vezes juntando-lhes, em vez dos indicados, outros vegetaes, e entre todas preferem o *carúrú*.

A *muhâmba*, uma especíe de *carúrú* feito com peixe ou carne fresca e com o succo e parte do *andim* (dendem) da palmeira que dá o azeite, é comida angolense, aqui uzada muito amiudadas vezes. ([2]). Ha na ilha duas qualidades de inhâme, uma das quaes é venenosa. ([3])

O indigena, sustentando uma tradicção verdadeiramente

([1]) Devemos declarar que tudo isto se tem passado com o completo desconhecimento das auctoridades superiores que, ao saberem-n'o, procederam sempre como lhes cumpria.

([2]) Estas comidas são, d'ordinario, acompanhadas com banana (*Musa paradisiaca*) assada, *angú* (banana cozida bem pizada formando uma massa compacta) ou *felispóte*, conhecido por *pão da terra*, feito de mandioca (*Manihot utillissima*) bem amassada e cozida no forno.

([3]) Esta parece-nos ser a *Dioscorea triphylia*, L.

selvagem, não come a maior parte dos peixes que abundam em toda a costa, e deixa apodrecer o *peixe voador*, o *peixe agulha* e o tubarão *(n'gandú) para amadurecer*, e é então que os secca e fuma para expôr á venda. As classes baixas ainda hoje comem os bichos de certos paus, e teem esse manjar n'um grande apreço. A estes bichos dão o nome de *ócólis*.

Todas as refeições são abundantemente regadas com vinho de palmeira. A baze da alimentação do indigena é a *banana-grande* ou *banana pão (Musa paradisiaca)*. Aqui, como em Angola, a *coleira (cola acuminata)* faz parte da sua alimentação. As sementes da *cóla*, chamadas *cólas* ou nozes e castanhas de *cola*, são excitantes e conteem segundo Liebig, citado pelo sr. conde de Ficalho, (1) uma grande quantidade de *caffeina*.

Os negros mastigam-n'a com gengibre, pela manhã, e dizem que assim podem estar privados d'outro qualquer alimento por algumas horas.

Fazem pouco uso da carne, a não ser nos dias festivos. N'estes é a carne de porco que predomina. Em todas as pequenas roças ha grande quantidade de galinhas (*gánhá*) a que chamam *galinhas de matto*, tão magras e descarnadas que bem merecem esta denominação e tambem a de *galinhas de fôrro*, que ás vezes lhe dão. Todas as comidas do indigena são temperadas com substancias muito picantes e altamente prejudiciaes á saude. Este uzo immoderado e a verdadeira paixão que teem pelas bebidas alcoolicas aggravado por um modo de viver d'um sensualismo *hors ligne*, prostra-os com a maio leve enfermidade, não lhes permittindo, ordinariamente, chegar a edades avançadas. "São de temperamento lymphatico-sanguineo, pouco trabalhadores e mui dados aos prazeres venereos, attingindo o maximo de idade

(1) «*Plantas uteis da Africa Portugueza.*»

de oitenta annos.„ (1) O vadio mais desprezivel, sem domicilio certo, quasi desprezado, sustenta-se apenas dos fructos que colhe nos mattos, e de que ha em grande abundancia, como *abacate*, *(Persia gratissima) sáfu (Canarium edule*, Hook, ou *Canarium mubáfo*, Ficalho) bananas, de que ha muitas qualidades, (2) e outras. Em summa, a pasmosa fertilidade do solo, como já dissemos, favorece e sustenta, n'uma ociosidade sem limites, toda essa gente que, vivendo em pessimas habitações anti-hygienicas e com todos os desregramentos das raças inferiores, parece trabalhar constantemente para o seu proprio anniquillamento.

(1) Dr. José Corrêa Nunes, cirurgião-mór d'esta provincia, aqui fallecido em 1891.

Vide o seu *Relatorio* já citado.

(2) É evidente a importancia bromatologica da banana, que, como já vimos, aqui constitue o principal elemento do indigena e do serviçal. Ha diversas qualidades ainda não classificadas convenientemente. As principaes que conhecemos são: a *bananeira da ilha* (Musa, sp.) a *bananeira pão* (Musa paradisiaca, L.) a *bananeira parda*, (? Musa siminifera, Lour.) a *bananeira anã* (Musa sinensis, Sweet) a *bananeira roxa* ou *bananeira ouro* (? Musa Hernandii, Ipse.) a *bananeira prata* (*Musa sapientum*, L.) a *bananeira Quitchibá* (Musa sp. ?) a *bananeira do Gabão* (Musa vittata, W. Akermann) a *bananeira de dois cachos* (Musa, sp.) e a *bananeira maçan* (Musa seminifera, Lour, var.?) A *Musa paradisiaca*, assim como o fructo da *Carica papaya* servem tambem para alimentação dos gados bovino e cavallar.

CAPITULO V

USOS E COSTUMES

As *lojas do matto*. — As *feiras*. — Diz-se o que ellas são no conjuncto da moralidade indigena. — Amôr ao ar livre. — *Quêblá cloua* — Viuvas de S. Nicolau e de S. Caetano. — *Rendez-vous*. — Ressurreições d'amor. — Linguagem metaphorica do indigena. — Meios de prender corações. — Epistolographia. — As *festas* do *fôrro*. — Mysticismo e aguardente. — Bebedeira em toda a linha. — As *irmandades* ou *familias* no trabalho agricola. — Danças e musicas do indigena. A *Assembleia*. — A *Mussúmba*. — A *púita* e a *dunfa*. — Vocação do indigena para a muzica. — O *pitu dôchi*. — O *estudante*. — O *filho de S. Thomé* é um optimo sachrista. — As Musas d'Africa. — Melopeias abrazadôras. O fructo prohibido — Castidade das *minas*. — O estupro. — Industria do indigena. — A pesca do *voadôr*. — As eleições. — Falta de *carneiro com batatas* e absoluta independencia do eleitor. — Galopins de *primo cartello*. — Eleitores em ordem de *sentido*. — Perde-se um voto por um copo d'aguardente. — Um par de sapatos faz baquear a consciencia mais impolluta. — Copia fiel das nossas eleições na provincia. — Pede-se a *nomeação* de deputados a bem da ordem e moralidade publicas. — A constituição da propriedade. — *O pico de S. Thomé* é maior do que a ilha e esta maior do que se suppõe. — Negocios legaes. — *Cherchez la terre*, e encontra-se-ha a causa permanente de todos os conflictos. — O indigena segue sempre o exemplo do europeu

As *lojas do matto* são a mais prejudicial das instituições do indigena. [1] Collocadas á beira das propriedades possuidas ou administradas pelos europeus, servem de receptaculo aos roubos que os serviçaes, com este incentivo, ali podem fazer; e tambem de centro de reunião de tudo o que de mais distincto na vida do *debóche* e da gatunice tem a execravel classe dos *fórros*. N'estas cazas se deram sempre os maiores crimes, e ali se teem planeado os furtos mais astuciosos. De facto, a sua apparencia é uma denuncia.—Desprovida completamente de fazendas, aprezenta-se sobre um balcão muito tôsco um garrafão d'aguardente, alguns copos e muitos barris vazios. Isto simplesmente. O cacao e o café soffrem ali uma baixa permanente — compra-se uma sacca de qualquer d'estes generos por 2 decilitros de cachaça, e ainda se ameaça o conductor de prizão immediata, no caso de attrever-se a questionar o preço do *mercado*.

Este prefere sempre uzar de moderação; a menos que não delibere cortar as guellas ao honrado commerciante que o pode denunciar ao patrão ou ás auctoridades.

A *policia rural*, para descurar a sua vigilancia a estas cazas, tem sempre ali o mais benevolo acolhimento. O dono da loja pagava annualmente á Camara Municipal 400:000 réis de licença; mas o *negocio* dá para tudo. Teem-se feito fortunas por este meio; e não ha mesmo outro mais rapido para as conseguir. Quasi sempre no atrio d'estas baiúcas

---

[1] Alguns europeus proprietarios d'estes estabelecimentos, identificam-se por tal forma com as *praxes* seguidas pelos seus *collegas* e até com o seu modo de vida, que bem os poderemos juntar n'esta apreciação. A Camara Municipal, a requerimento do administrador do concelho, deu ultimamente um golpe de mizericordia n'estas lojas, elevando-lhes a uma grande verba a taxa das respectivas licenças.

sem objectos, ha o que aqui chamam *feiras*, juntando-se muitos vendedores de vinho de palma, que se vende ao preço fixo de 20 réis a garrafa de 6 ou 7 decilitros. Forma-se então á porta da loja uma perfeita discussão de soalheiro, censurando-se, no dialecto indigena, o procedimento do regedor que prendeu um patife, e o da policia que teve o descaro de o auxiliar; a vida particular das familias que habitam as cubatas limitrophes, e o exagerado preço da aguardente. Na *contra-loja* forjam-se e planeiam-se diariamente as mais difficeis operações para obter, pelo preço mais modico possivel, os generos... dos que trabalham. O lojista, n'estas condições excepcionaes, adquire uma grande preponderancia no sitio, especialmente porque dá *creditos* d'aguardente a quem lh'os pede. E não os désse... que lhe desappareceria a *freguezia*.. O *fôrro*, logo de manhã, depois de mastigar um pedaço de *cóla* com *gengibre*, (¹) vai *mattar o bicho* com vinho de palma a uma d'estas *feiras* da sua circumscripcão, em pleno caminho publico. É ahi tambem o logar dos *rendez-vous*. As *sans*, com os seus pannos novos, garbosamente traçados no busto, bebem a meias com os rapazes, pagando estes; o que indica mais do que uma prova d'amôr—a existencia d'um Rotschild. Ha o offerecimento da *cóla*, como prova d'affeição; trocam-se olhares significativos, d'uma languidez lasciva e quente; falla-se do *póçôn* (cidade), (²) de toda a familia, de mil coisas futeis, para entreter. Quando a doce Margarida se retira, despedindo-se, n'uns *requiebros* lassos de *sopeira* dengosa, ha sempre um abraço ou um beijo furtados, á vista dos *feirantes* que fazem uma algazarra ensurdecedôra. A mulher casada (á moda da terra) que não reziste a estes galanteios seducto-

(¹) *Zingiber officinalis*, Roscoe.

(²) Corrupção da palavra *Povoação* com que primitivamente se designou o logar onde se estabeleceram os primeiros colonisadores da ilha.

res, e cede á fragilidade da carne, é severamente censurada pelas que fingem portar-se bem ou que realmente se portam; e referindo-se a ella dizem — *quêblá cloua!* (quebrou a corôa). [1] E desde então, a peccadôra, passa a cobrir com o lenço a parte da cabeça que deixava a descoberto e a que chamam *cloua*. De ordinario, as viuvas que foram cazadas catholicamente, portam-se bem, e, por seu motu proprio, filiam-se na *Irmandade de S. Nicolau*, com a denominação de *Viva San Nuculá* (Viuva de S. Nicolau). As que perderam o *cambôno* [2] (amante) tratam logo de obter outro ou outros, e este procedimento dá-lhes jus ao titulo de *Viuvas de S. Caetano.* Nas duas confrarias de viuvas se fazem festas rasgadas com um aspecto quasi gentillico. As *viuvas de S. Nicolau* não acceitam em seus conciliabulos as de *S. Caetano*, cujo contacto repudiam por vexatorio. As festas das *viuvas de S. Nicolau* findam sempre por um combate simulado, a espada ou *machim*, parodiando uma scena de ciumes. O chefe espiritual d'esta ultima grei chama-se *Má Ama*, [3] typo perfeita-

---

(1) ...«nas aldeias as raparigas que tem o seu erro, cortam o cabello, como por desprezo de si mesmas.»

(Theophilo Braga, *O povo portuguez nos seus costumes, etc,* VOL. I, pag. 365.)

(2) Ignoramos a verdadeira proveniencia d'esta palavra, que temos ouvido empregar a alguns indigenas, especialmente aos que mais convivem com o europeu.

(3) «Em *Agua de Má Martha* (Cabo Verde) é onde se fazem os pactos com o diabo» (Pedroso, *Superstições* n.º 645).

Ma, no dialecto de S. Thomé, quer dizer *Maria* (tambem se diz *Máiá* e ás vezes *Malia)* É provavel que estas palavras sejam a corrupção das palavras Maria e Anna, reprezentantes de mythos religiosos com caracter orgiastico.

«O povo ainda liga á devoção da Virgem Maria (*Marah)* a ideia de um culto chtoniano; na Guarda diz-se:

Esta *agua encharcada*.
Valha-me a *Virgem Sagrada* (Leite de Vasconcellos, *Tradicções)*

TYPOS DE S. THOMÉ

A *San, de grande uniforme.*

mente symbolico, que affiançam ser um *modelo de virtude*. As declarações d'amor entre os indigenas são tudo o que aqui conhecemos de mais interessante. Os corações, furiosamente dilatados pela acção delecteria do clima, fremem e expandem-se repentinamente, de chófre, á primeira apparição do objecto amado...—*Ver eamar é obra d'um momento*... Trocam-se folhas d'arvores; (1) permutam-se anneis de latão; ha abraços effusivos; lagrimas até .. Depois, quando a *coquette* despreoccupada se despede bruscamente, deixando boquiaberto o *declarante* trémulo, arregalam-se muito os olhos, balbuciam-se phrases cortantes, fitam-se de longe, acenam, n'um saudosissimo *addio* de romance. Depois dos desquites mais violentos ha ainda a reflexão. N'este caso o homem precisa aprezentar o seu coração chagado á ingrata que o trahiu; mas fallece-lhe a coragem para uma declara-

---

«Na Ilha de S. Miguel canta-se esta jaculatoria a Sant'Anna, com o sentido hetairista:

Senhora *Santa Anna*	Senhora *Santa Anna*
Dai-me outro marido	Esta mulher mente,
Que este que eu tenho	Que eu durmo com ella
Não dorme commigo.	E não a contento.

(Theophilo Braga, *O povo portuguez nos seus costumes, etc.*, VOL. II., pag. 128)

(1) «Na edade media, herdeira da antiguidade, acreditava-se no poder benefico da *Mandragora (Atropa mandragora*, Linn.) cujas raizes similhavam figuras de homem ou de mulher.

«Apparece (a *mandragora*) citada no *Genesis* (XXX, 14) como um fetiche phallico empregado por Lia para que Rachel lhe ceda por uma noite o seu logar junto do marido.» (Theophilo Braga, liv. cit., pag. 136 e 137.) O poder magico das folhas de arvores e arbustos para *fazer amar, curar doenças graves etc.* acha-se bem descripto na *Mythologia das plantas*, de Gubernatis, e entre nós na *Era Nova*, de Leite de Vasconcellos especialmente.

ção á queima roupa. Para tornar a entrar na posse da eleita da sua alma, pega n'um bocado de pau carbonisado, embrulha-o n'uma toalha ou n'um lenço, e manda-o á mulher adorada, com o seguinte recado que o portador dezenvolve com todas as flores d'uma ardencia amorosa:

—*Flá san mantchá é... fádá san mun é... pó fôgu vé ná tê màtchi di pégá fâ...*

(Muitas saudades... e diga á senhora que a madeira carbonisada não tem difficuldade em tornar a arder).

Se a mulher corresponde á afteição que ressuscita, guarda o pau queimado, e manda agradecer: —*flá sun mantchá* etc.; se a offensa que promoveu o *divorcio* é grande, ou se vive mais satisfeita com o novo [1] *cambôno*, responde:

Cumê qu'n cumê zá ná tam buá dá mun di cumê fâ; çá zedu zá. (A comida que eu já comi não tem valor p'ra mim — está já azêda). Estes actos são depois pezados e discutidos vagarosamente, nas estradas, nas *feiras* e nos *terreiros* das rocinhas, dando logar a scenas de ciumes terriveis e ás vezes a suicidios. Na linguagem parabolica que sempre uzam abundam os apophthegmas, adagios e proverbios, sentenças etc., que empregam a proposito de qualquer coisa, como n'este caso, por exemplo:

— *Muála di homê blúcu ná cá londgi vá pâchá fan.* (Mulher de homem mau (ou ciumento) não vae passear p'ra longe— não se affasta de casa). Depois, nos batuques, nos rios, nas roças mesmo, entôam cantigas allusivas, d'uma grande lubricidade enjoativa como a que começa assim:

Dô-dô-dô Catchina, etc.

(Por piedade, Catharina etc.) que remata deshonestissimamente.

As mulheres chegam a nutrir grande paixão pelos homens, e, quando não existe mutuidade n'estes affectos, a *parte* in-

---

[1] Esta palavra, empregada por *amante*, é hoje pouco usada.

feliz recorre ao feitiço, ás orações a S. Thomé, a S. Thiago; e, por ultimo, á folha da planta venenosa *àmi só (fiá d'àmi só)* planta d'uma só folha a que as mulheres attribuem a propriedade de fazer monopolisar em seu favor o amor do homem a quem a ministram com a comida, em pequenas quantidades. As cartas de namôro que entre si se trocam, n'uma attrahente mescla de portuguez mascavado e dialecto indigena, são d'uma graça infinita. Dictadas pela mais vehemente das paixões, teem phrases abrazadôras que só elles sabem perceber e sentir, e que a nós nos fazem rebentar de riso. Findam quasi sempre, nos casos extremos, por pragas e ameaças de feitiço, e, outras, pela declaração tectrica de que

"*tão curta vida p'ra tão longo amôr*„

é insupportavel e o signatario está decidido a estrangular-se com um baraço de palmeira com *a quebra da derradeira esperança*. Durante as *festas* ha um geral armiticio d'amôr, e as *praças* mais fortes chegam a render-se por capitulação. Para estas festas não ha miseravel que seja pobre. Licita ou illicitamente, hão de apparecer os *conquibius* para o régabófé, e é ali que se exhibem as boas *encadernações* e os melhores *pitéus* do sitio. Ha pequenos agricultôres que chegam a vender ou hypothecar o unico terreno que possuem para fazer uma festa. Fazem festas a proposito de qualquer coisa — de um santo, d'uma boa *colheita*, d'um *casamento* e... até de coisa nenhuma. Um individuo qualquer encontrou na cubata um santo de barro d'Estremoz, que pertencera á fallecida mãe — faz uma festa. Este pretexto religioso é o que predomina. Se no espolio dos fallecidos não se encontram santos, compram-se, e diz-se que appareceram... *por milagre*. O *festeiro-mór* tem engordado convenientemente dois porcos castrados para se immolarem n'este dia faustoso. Compra, do seu bolso, vinho tinto, aguardente, genebra e grande quantidade de garrafões de vinho de palma fermentado. Toda a familia, todos os amigos *intimos*, recebem convites, com a necessaria antecedencia, para o *grande dia*. Os parentes, que, como já dissemos, justificam o axioma de que a serie de numeros inteiros (n'este caso *primos*) é infindavel, são obrigados a apresentar em casa do festeiro, conforme as suas posses, porcos, cabras, gallinhas e algumas bebidas. Os convidados, reunindo-se em pequenas secções, tratam de construir junto ao local da festa diversas cubatas para se alojarem durante a pandega, que ás vezes se prolonga muito, conforme a quantidade de comestiveis e bebidas angariadas. Os convidados permittem-se ainda o direito de convidar os amigos sem a expressa auctorisação do dono da casa, o que faz augmentar sempre o numero de convivas e desequilibrar o orçamento primitivo. Os donativos são expostos de vespera nas cubatas respectivas para que todos saibam que, especialmente *as familias*, cumpriram os seus deveres impreteriveis. O contrario seria objecto das mais asperas censuras, e cada um estaria no direito de chamar áquillo uma festa de *cá cará cá*..

O rancho de mulheres que sempre concorre a estas pandegas encarrega-se das operações culinarias. A *meza de Deus*, a principal, é servida com *izaquente, carirú, ídjógó* e algumas comidas á europeia. Como disposições preambulares, o festeiro iniciador escolhe entre os convidados o seu *secretario particular*, com a denominação mais rasteira de *escrivão*, nomeação que nunca necessita de plebiscito. Na cosinha, coberta dos melhores pannos, ergue-se um pequeno altar onde se colloca o santo em honra de quem se faz a festa, e que n'este caso devia sempre ser S. Martinho. Tres *cantôres* dos mais afamados das circumvizinhanças são chamados para cantar a *novena* em louvor do santo. A multidão assiste a este acto, no meio do maior socego e respeito. Segue-se a nomeação dos *mordômos*. O dono da casa e o *escrivão* vão escolhel-os. Aquelle leva n'um prato grande ou n'uma gamella de *ócá* (*Eriodendron anfractuosum*, D. C.) luzes d'azeite de palma que vae distribuindo a outros tantos individuos que assim ficam investidos na posse d'aquelles cargos. Estes formam um circulo, depois de se abraçarem, dando-se parabens, dizendo, n'uma grande algazarra:

„*Santa Clússu, flêçu á bô é... ua gimóla, seja p'lômô-Dêssu é*... (Santa Cruz, offereço-te uma esmola, seja pelo amôr de Deus).

Tornam a abraçar-se, e o *escrivão* rompe no seguinte estrepitoso canto:—"*Santa Cruz de Christo! rogae a Deus por nós*„. A' voz de sachrista do *escrivão*, vão-se approximando todos da meza, e rodeando-a, dizendo:—"*Entremos na meza com gosto e alegria*„ etc. O *escrivão*, que é afinal o mestre de cerimonias n'esta liturgia culinaria, dá duas voltas em roda da meza e diz, n'uma seriedade evangelica:—*Ploculadô di Santa Clússu, seja lóvádu* (Procurador de Santa Cruz, seja louvado) ao que os convidados respondem em côro:—"*Christo para sempre; nome Maria, Maria José.*„ Repete o *escrivão* a mesma *homilia*, até sentar-se á cabeceira da meza, ao lado direito do *festeiro-mór*. Pucha então por uma lista de todos os convidados, faz a chamada, e destina-lhes logares consoante os cargos que ali occupam. Faz-se logo ali uma subscripção de 60 réis por cabeça para despezas da missa commemorativa do facto que se festeja. O *escrivão* recebe 180 réis pelo seu trabalho, e outro tanto o individuo que distribuiu os convites *(andadôr)*. Finda a festa, o *escrivão* tem ainda o direito de levar uma garrafa da bebida que mais apreciar. Entram os *serventes* em exercicio, surge o *lombô*, um porco assado, sem cabeça, dividido em duas partes eguaes. Os *serventes* executam o seu mister em cada cabeceira da meza, e ali collocam, antes de mais nada, dois pratos com *cola* e *gengibre*, dizendo:—"*Seja louvado Nosso Senhor Jesus Christo*„, respondendo os commensaes, por sua vez:—"*San Máiá Santchicima, clóçôn Jesú, clóçôn Malía*„ (Santa Maria Santissima, Coração de Jesus, Coração de Maria). Mastigada a *cóla*, com uma delicadeza suina, serve-se aguardente em abundancia. Segue-se o prato de *izaquente* ([1]), a que chamam *fructa de Deus*, e, segundo o ritual, o *escrivão* levanta-se, e, lançando-lhe a benção, diz: —"*Em nome do Padre, do Filho e do Espirito Santo, Amen.*„ Só então se pode fazer a distribuição. O *secretario parti-*

Lundum de S. Thomé ([2])

cular, mais animado com a influencia do alcool, não cessa agora, á chegada de cada iguaria, de entoar os canticos mais estromboticos em louvôr do santo que se festeja. O *clou* da funcção é afinal o *lombô*, a que todos se atiram como gato a bófe. As garrafas de aguardente teem sido substituidas dezenas de vezes.

Ao *dessert* é servida a canna sacharina, (que sugam á den-

([1]) A classificação scientifica das arvores que produzem este e outros fructos encontra-se no capitulo *Medicina indigena*.

([2]) Ha uma infinidade de versos *á moda da terra* para cantar ao som d'esta musica, que, ás vezes, se dança .. a secco.

tada,) bananas em pinhas, e 15 ou 20 garrafas de vinho de palma para as *saudes*. E' ainda o *escrivão* quem se encarrega, em nome do festeiro, do *finis* da festa, abençoando,a cada um de per si, todos os commensaes. Estas festas diarias nunca duram menos de 10 ou 12 horas, começando ordinariamente á meia noite e findando pelas 9 ou 10 horas da manhã, quando a custo, os convivas mal se podem arrastar até ás cubatas, onde cahem sobre os vomitos que expellem, como mortos. Na parte do dia e da noite que sobra das refeições, reune a *Lumandádgi* (irmandade) e canta-se e dança-se com a animação suggestiva do alcool a 30°. A *irmandade* reune-se ao som do tambor e do *pitu dôchi* que vae dar o *bando* para avisar os interessados [1]. Representa ella uma aggremiação de vinte ou trinta *forros*, dos quaes sahe diariamente um *commandante* por escala, e emprega-se na apanha do café, nas *capinas* e outros serviços agricolas. O commandante d'esta *oligarchia* arrecada diariamente o producto do trabalho de todos para o entregar ao seu successôr, e assim successivamente, até findar o trabalho; e então fica o ultimo *commandante* arvorado em thesoureiro geral. Só trabalham desde as 8 horas da manhã ás 5 da

---

[1] A proposito d'este assumpto publicámos n'um jornal da capital do Reino o seguinte artigo:

«O *pitu dôchi* é uma flautasinha de canna, especie de pifano, que os naturaes da ilha usam nos batuques e até mesmo nas festividades do culto. A unica harmonia a que se presta este curioso instrumento, é o que elles chamam *tchilóli* (theatro) e dão-lhe este nome, porque é geralmente nas occasiões de espectaculo que estas harmonias attingem a sua perfeição.

O *tchilóli* tem por assumpto a vida de Carlos Magno e é exhibido com uma graça infinita.

E' o classico estrado de madeira das nossas provincias, coberto de *andalla* ou taboas de peralto e ornamentado com todas as bugigangas,

tarde; exigem 100 ou 120 réis diarios para cada cabeça, *izaquente*, bananas, peixe secco, etc., e não dispensam o *matta-bicho* d'aguardente, pela manhã, e vinho de palma á tarde. Estes sujeitos constituem-se, portanto, momentaneamente, em donos da propriedade e fazem n'ella uma *limpeza geral.*

Acabado o serviço de *capina*, ou antes—de *rapina*, constituem uma dança a que chamam *Assembléia* ou *Lumandádgi.* Esta dança exhibe-se sempre em casas onde ha *festa*. A musica é composta de tambôres e flautas (*pitu dôchi*). Formados em circulo no local que lhes é destinado, sahe para o centro um homem com uma bandeira, e, dando duas voltas a compasso, procura uma *san* da sua sympathia, com a qual dança uma especie de fandango, (1) com muita denguice. Um dos convivas, nomeado antecedentemente *mestre sala*, faz a substituição dos dançarinos, fazendo signal aos pares que hão de entrar em scena, até serem chamados todos os da *roda*. E as-

---

quadros, panoplias e até bustos de santos que os promotores podem arranjar. Pronuncia-se o *áparte e vai-se* dos parenthesis, e, nos transes angustiosos, a plateia enthusiasmada, faz um berreiro infernal:

Eh! Eh! Eh! Eh!...

E' então, como nas nossas touradas alemtejanas, que rompe a musica do *pitu*, que é sempre acompanhada de dois ou mais tambôres. *Pitu* é a corrupção da palavra *apito* e chamam-lhe *dôchi* para exprimir o som harmonioso (doce) que d'elle tiram.

E' de ver a seriedade orgulhosa com que estes *Mosart* garbosos acompanham uma procissão nas villas; a passo certo, cadenciado, atraz do pallio, no meio d'um socego de sepulchro. . O tocador de *pitu*, como o da *puita* e o da *mussúmba*, gosa entre os indigenas de uma certa supremacia, e é constantemente incommodado para assistir ás innumeras festas que aqui se realisam, sendo, como ahi o tocador da viola, alvo das manifestações mais sympathicas dos circumstantes.

Recebe os seus honorarios em cachaça, e é citado, mesmo na ausencia, com o respeito devido aos genios.

(1) Cremos que as musicas aqui usadas não são perfeitamente nativas, pois parece que foram introduzidas pelos colonos brazileiros.

sim levam horas interminaveis, n'um *motu continuo* de *fungágá*, parecendo muito satisfeitos e muito orgulhosos do seu estado. A dança a que aqui chamam *mussúmba* foi inventada ha uns quatro annos, e é considerada a mais ordinaria das que existem na ilha. Com effeito os instrumentos de que se servem, quasi eguaes á (1) *puíta* e que teem o nome da dança, e o canto estridente dos dançarinos, são perfeitamente gentillicos.

Estes divertimentos são só frequentados pela ralé, e repetem-se quasi todas as noites, sahindo d'elles para o campo do roubo e do assassinato. E' muito parecida com a *semba* d'Angola, mas é mais erotica. Sahem para o *meio*, ao som da *mussúmba*, um homem e uma mulher, a cambalhotar como doidos, fazendo tregeitos incriveis e cantando sempre a compasso em côro com os da *roda*. Quando cançam dão embigadas (2) nos circumstantes, batendo com um dos pés no chão, e estes passam a substituil-os, em igual numero. O *lundum* é, por excellencia, a dança predilecta do indigena e é a mais caracteristica, prestando-se mesmo a ser dançada pela classe dos *civilisados* ao som do piano. Ha duas especies de lundum, o *vióla* e o *dúnfa (landun 'ndúfa)*. O primeiro dança-se ao som d'instrumentos de corda ou piano, pela seguinte forma: Sahe d'entre os convidados um que começa por cumprimentar o tocador, fazendo-lhe uma rasgada mesura; segue mesurando os circumstantes, correndo a *roda* a compasso, meneiando o corpo com elegancia, até parar em frente de qualquer, o que indica o pedido de substituição. E

(1) A *puíta* e a *mussúmba* são feitas de um tronco de madeira ôca ou cavada, de forma oblonga, tapada na parte mais larga com pelle de cabra, carneiro ou outra qualquer.

(2) A estas embigadas se chama *cumba* em *'nbundo*.

assim successivamente. O lundum *dúnfa* (¹) é o supremo encanto da gente de baixa esphera. E' uma imitação do *despique* ou *desgarrada* das nossas provincias. Ao som d'este instrumento, e depois de cançados da dança, ha dois *despicadôres*, sujeitos com reconhecida propensão para fazer versos, que, estipulando qualquer assumpto, o discutem caloro-

San Putája fádá mun (²)

samente, em linguagem rimada. A's vezes é um homem e uma mulher que se desafiam, e então a discussão torna-se medonhamente pornographica. Não ha porem offensa possivel no decorrer da palestra em verso, conforme se delibera d'antemão.

Quando o estro se offusca, pede-se auxilio ao garrafão de

(¹) A *dunfa* é uma especie de tambôr coberto de pelle apenas por um lado. Differe do *mussumbú* apenas em ser mais pequena e em ter o mesmo diametro em ambos os lados.

(²) "Senhora Protasia fallou-me (ou disse-me)" etc.

É extremamente pornographica esta canção e tem picantes allusões pessoaes, como de ordinario toda a poesia popular africana.

aguardente, que é sempre indispensavel, e continua-se o *des-pique* n'uma serie interminavel de doestos em palavras obsce-

Loqui bendê pânu (1)

nas que fazem córar a *andalla* da cubata. A dança pouco differe da da *Assembléia*. (2)

---

(1) Loqui bendê panu
Bendê panu dámu
Bendê fiá cu lamu
Ná bendê clóçon fan.

Roque vende panno
Vende panno a mim
Vende folha e ramo
Não vende corações.

(2) A *sêmba*, dança d'origem africana, da qual parecem derivar todas as que temos descripto, é tambem conhecida no Brazil com o nome de *sambá*, ou simplesmente *samba*, e assim nol-a descreve *um anonymo brazileiro:*

«O *sambá* é uma dança brazileira, muito usada pelos nossos negros e *caipiras*, e que, creio eu, é de origem africana. E' cheia de saltos e requebros; n'ella predomina o que chamamos *umbigada*, que

*

O indigena é amante da musica, e tem para ella uma grande vocação natural.

Toca o *harmonium* com gosto, a flauta ou *pitu dôchi*; de qualquer coisa faz um instrumento de que tira ás vezes sons agradaveis, e é sempre afinado nos cantos que emprega nas danças, não faltando nunca a um compasso. Trauteia, com grande facilidade, as muzicas que ouve, e, nas suas festas, substitue muitas vezes os instrumentos gentillicos pelos dos europeus. Nas procissões que se fazem nas villas, é o indigena quem desempenha a parte muzical de toda a festa. Juntam-se então dez ou doze *devótos* com outros tantos tambôres e *pitu dôchi*, e incorporam-se na procissão, atraz do pallio, com a maior seriedade, concios do papel que vão reprezentando. Assistimos na freguezia de N. S. das Neves (1) a uma d'estas festas religiosas, e d'ella conservâmos a mais agra-

---

consiste em caminharem os *vis-à-vis*, uns para os outros de frente, emqnanto dão palmas com as mãos, levantadas ao alto da cabeça. Emquanto dançam, cantam, ao desafio, ao som do pandeiro, e outros instrumentos. O estribilho adoptado é mais ou menos como o da *caninha verde: oli, alae... êee...*»

(1) Extractâmos para aqui parte da descripção d'esta festa, publicada por nós em um periodico de Lisboa o anno passado:

Vae a sahir a procissão para o mar... O mar é mais manso que de costume--vai passeiar Nossa Senhora. O sol vem a erguer-se, pezado e ardente, das bandas do sul. Os *remadores de Nossa Senhora* estão na praia, entre os devotos. O seu *uniforme* é uma camisa de mulher, lenços de côres attados em cruz nos ante-braços, no pescoço, nos pulsos, e, finalmente, um d'estes lenços na cabeça como uma mulher o poria. A *canôa de Nossa Senhora*, em que embarcam o padre e os festeiros, leva um toldo de panno crú, enfeitado galhardamente de fetos, acacias e folhas de bananeira. As canôas dos devotos vão todas

davel recordação, porque a achámos verdadeiramente caracteristica.

O *estudante*, ou aprendiz de clerigo, aprende rapidamente o cantochão, e, apezar de rosnar um latim mais confuso que o dos reverendos priôres das nossas aldeias, o que não admira, sustenta uma certa afinação nada desagradavel. (¹) Qualquer assumpto accende no indigena a lamparina do estro, explosindo em versos como estes quatro:

---

enfeitadas—são muitas e vão dispôr-se em ordem de gerarchias. Embarca-se...

Quando a primeira canôa se põe em marcha, rompe, estridente, o *pitu dôchi*, acompanhado de muitos tambôres. Já não é a marcha secca e ruidosa dos batuques que se ouve: escutam-se uns sons mais suaves e mysticos. Vae em linha recta, cortando o mar sereno, a canôa de docel e remadores enfeitados—Nossa Senhora lá vae no seu andor, o padre ao lado—rompem as muzicas das outras embarcações, na mesma harmonia suave e doce. Como em reverencia, os do sequito fazem passar os seus barcos successivamente, em curvas graciosas, pela prôa do da Santa. Na praia, as raparigas, em avultado numero, agitam lenços brancos, em cumprimento a Nossa Senhora; e então ajoelham e cantam uma *Ave Maria*, n'um côro de convento que attrahe á prece e á devoção. E, á maneira que a procissão bizarra deslisa batida pelas faiscas d'oiro d'um sol ardente, junto da praia onde o mar ás vezes costuma rugir como uma féra, centenas de pessoas a acompanham de terra ajoelhando em frente da canôa de N. Senhora, emquanto as demais embarcações manobram nos cumprimentos já descriptos. E assim continuam na sua rota por mais d'uma hora, descobertos, reverentes. A' noite exhibe-se o *danço* ou *Capitão do Congo*. E' o *consummatum* da festa. Ha scenas impagaveis, que só as almas simples entendem e de que talvez a maior parte da gente se ria.

(¹) Era composta de indigenas a muzica da companhia de policia que foi â exposição d'Anthuerpia em 1885; e, como nota symptomatica da vocação do indigena para a muzica, convem dizer que o insigne pianista Vianna da Motta é natural d'esta ilha, embora descendente de pai europeu. (Vide *Relatorio do Presidente da Commissão Executiva da Sociedade de Geographia*, Fortunato Chamiço, ácerca da exposição de Antuerpia, publicado no Boletim n.º 6, 7.ª serie, da mesma sociedade, em 1887.

Pliquitu cá flá inglêgi,
Tôdô cá flá d'áua,
Mé mina d'Agôstu
Çá Slafina.

cuja traducção littoral é:

Periquito falla inglez,
Tôrdo falla d'agua,
Mãe do filho d'Augusto
É Seraphina.

A necessidade de cantar obriga-o a fazer versos d'esta natureza; o que é bem menos prejudicial do que.. fazer coisa peior.

Nos ribeiros, nas estradas, nas roças, os rapazes e raparigas cantam estas estrophes, seguidas no final de cada verso de grandes reticencias harmonicas; e os de imaginação mais ardente, chegam a fallar ás Eloisas languidas por esta forma sublime, em melopeias arrebatadôras.

Quando estes galanteios se dirigem a raparigas donzellas, isto é, ás que ainda estão sob a tutella das *madrinhas*, (2) aprendendo a costureiras, ha logo quem avise o attrevido D. Juan de que – a *san çá mina filhe enté ó* (é menina até agora—ou donzella). N'este caso só com o accordo da familia da impubere póde continuar o namôro.

São raros os crimes d'estupro, ou antes—são raros aquelles de que a auctoridade tem conhecimento. As *minas* (meninas) logo que attingem a idade da nubilidade, e ás vezes antes d'isso, escolhem o seu *companheiro*, e vão entregar-se-lhe, muito expontaneamente. Na maioria dos casos, a fa-

(2) A *madrinha* é de ordinario uma *respeitavel matrona* que ensina ás afilhadas... tudo o que sabe.

milia exige uma indemnisação pecuniaria ao rapaz, sob pena de cacete. Quando este a satisfaz, está salva a moralidade.

Célé, Célé, Célé
Tendê pilu cu Gingu tócá [1]

No caso contrario, os pais procedem judicialmente, o que nem sempre dá rezultado, porque, de ordinario, é difficil sa-

[1] Celestino, Celestino,
Ouve o apito que o Domingos toca.
O resto d'estes versos é extraordinariamente erotico.

ber-se a idade do indigena, por falta de registos parochiaes [1] Quando é a *donzella* que se queixa, chega-se a concluir pelo exame medico-legal e pelas suas declarações que este crime se *repetiu* pela terceira ou quarta vez, pelo menos.

Algumas vezes, não muito raras, é a familia que negoceia estes *conchegos*, chegando a exprobrar as inclinações amorosas da *mina* em prejuizo de contractos mais vantajosos...

*

Distrahindo toda a sua attenção nas festas quotidianas e na satisfação dos seus desejos sexuaes; favorecido mormente, como não nos cançaremos de repetir, pela fertilidade pasmosa do solo; o indigena, na sua qualidade de cidadão livre, não exerce industria que se menccione. [2] Tece o *locóxi* (corda feita d'*andalla* para subir á palmeira) alguns *coales d'andálla*, extrahe o vinho e o azeite da palmeira, para seu proprio sustento, e emprega-se na pesca do *peixe voadôr*. Exclusivamente. Alguns indigenas, modernamente, trabalham, e com perfeição, em casca de tartaruga [3]. A pesca do voadôr é uma das curiosidades mais interessantes da ilha. Nas noites em que não ha luar collocam-se ao longo das bahias muitas

---

[1] Cremos que este serviço, da mais alta importancia, está hoje devidamente organisado, devido aos exforços constantes do actual vigario pro-capitular.

[2] Affastâmos d'esta asserção a raça *angolar*, a unica que trabalha, tornando-se, por isso, digna do estudo especial que adiante fazemos. A sua actividade tem esmorecido ultimamente, porque, estando a maior parte dos terrenos que possuiam em poder de europeus, lhes falta a influencia de que dispunham e os meios necessarios para executarem as suas industrias.

[3] Ha grande abundancia de tartarugas na costa, especialmente na parte sul.

dezenas de *canoas*, tendo cada uma um grande facho á prôa, e formando uma curva graciosa. Este enorme renque de luzes baloiçando-se á mercê das ondas, sumindo-se agora, apparecendo logo, na negrura densa da noite, é d'um effeito surprehendente. Os pescadôres, em pequeninas pirógas, equilibram-se de pé, com a fisga preparada para o peixe mais grado, emquanto o *voadôr*, o *peixe agulha* e outros mais pequenos saltam para o barco, attrahidos pela projecção da luz nas aguas. Nas noites mais escuras, quando o vento sopra e o mar está um pouco picado, é digno de examinar-se de terra este explendido quadro. As luzes, vacillantes agora, brilhando em seguida, ora nos dão a illusão de apagarem-se, quando as pirógas descem com a onda, ora se misturam, n'uma grande intensidade de luz, para immediatamente se sumirem; e assim successivamente. O peixe é fumado, como já dissemos, alguns dias depois de pescado, quando já está putrefacto, e é vendido immediatamente entre os proprios indigenas (1). O *filho* de *S. Thomé* não trabalha em bambú, (2) não negoceia na lã de *bombardeira*, nos óleos de tartaruga, côco, palmeira e *izaquente*, nem nos vinagres de banana e palmeira, que tudo ha em abundancia. Por necessidade absoluta é elle quem faz as *canôas (dongos)* para a pesca e os remos ou *pás (lemúia)*. E a não ser a manufactura de algumas cintas de linho ou algodão que tece para uso proprio, pode dizer-se que na satisfação d'estas

(1) A industria piscatoria pode ser uma das mais rendosas da ilha, porque ha enorme abundancia de muitas qualidades de peixe em toda a costa. Uma empreza que se constituisse para a explorar, tiraria evidentemente grandes lucros, porque deixariamos d'importar peixe de Mossamedes para o grande consumo da ilha. Ha porem a difficuldade, que não nos parece insupperavel, de evitar os damnos causados nas redes pelo terrivel tubarão.

(2) *Bambusa macroculmis*, Rivière.

necessidades se resume o que impropriamente chamâmos a *industria do indigena.*

*

Devemos ainda encarar o *filho de S. Thomé* como eleitor, para melhor apreciarmos a sua adaptação aos nossos costumes. Uma eleição em S. Thomé approxima-se muito das nossas eleições nas terras da provincia, distinguindo-se apenas pela falta do *iman eleitoral* ahi usado, (o carneiro com batatas), exhuberante caracteristico do progresso vedado ao paladar d'estes *cidadãos*, e pela maneira de ser supinamente orgulhosa que, com a sua independencia, usufrue o *Zé Povinho* de cá. E' o elemento indigena que predomina nas votações, como é de prever. Nas menos renhidas, a grande massa dos eleitores brilha pela sua ausencia, chegando estes a ignorar que foram chamados a exercer um dos mais sagrados direitos que a nossa constituição lhes confere. Arrastados á urna pelos *influentes* (entidades apreciaveis que se multiplicam como os tortulhos), todo o cuidado é pouco em vigial-os até á consummação do acto que são compellidos a exercer, e do qual não suspeitam a mais leve noção. Nos recenseamentos antigos figuravam alguns serviçaes e *caseiros* estupidos ([1]), que entravam na egreja, debaixo de *forma*, como nas roças.

Um d'estes eleitôres vimos nós pedir *matta-bicho* ([2]) ao presidente da assembleia, antes de votar, negando-se a fazel-o sem essa remuneração; e, a não ser a immediata interferencia do patrão, ter-se-hia retirado immediatamente. O indigena, porem, não vende o voto; exige apenas um par de sapatos,

([1]) As ultimas commissões do recenseamento eleitoral, interpretando convenientemente o espirito da lei, cortaram estes abusos, tendo deliberado austeramente não considerar elegiveis «*individuos que tenham so um nome...*»

([2]) O *matta-bicho* é um constante supplicio para o europeu. O preto pede *matta-bicho* pelo mais insignificante serviço, e abusa constantemente d'este pedido.

"porque seria peccado entrar sem elles na *casa de Deus*„ *(Qué di Dêssu)*. Esta exigencia, não obsta a que a sua consciencia d'homem honesto tranzija com qualquer *galopim* que o agarre; e assim, é trivialissimo haver eleitôres que se apresentam com duas, tres e mais listas differentes, tentando mettel-as todas na urna. Com esta elasticidade malleavel de opinião, é facil prever-se a anciedade dos *compadres*, á porta do templo; e o continuo rasgar de listas, n'uma balburdia infernal (1), em que se joga o socco, guardando cada um o seu *rebanho* á vista, e acompanhando-o até á bocca da urna, com enormes precauções. De resto, é o europeu, que de ordinario compõe a meza da assembleia, quem se encarrega da *chapellada*, da *descarga dos mortos* nos cadernos, etc., para em tudo ser fiel a imitação do que ahi se faz, segundo se lê nas gazetas. Pouco importa ao indigena que tryumphe o governo ou a opposição; e não se escandalisa até se lhe disserem que já votou quando pede para o fazer. Na ultima eleição de deputados chegou elle a *manifestar-se* com tendencias rubras para a democracia, o que nos apraz registrar como symptoma eloquente d'um rapido e inesperado desenvolvimento politico-social. Quando o nosso paiz, como medida da mais alta e imprescindivel moralidade, acabar com esta ridicula parodia ao *suffragio universal* (2)

(1) «E' preciso tambem que a lei defina de um modo claro, a quem, em cada provincia (ultramarina) pertence o direito eleitoral e o modo de provar esse direito. Isto é essencial, para que não continuem as praticas reprehensiveis, que tantas vezes tem tido logar nas eleições ultramarinas». (Sá da Bandeira, *Carta ao sr. Latino Coelho*, pag. 20). «Portugal, que possue os territorios d'Africa e Asia, que ha seculos conquistou, tem o dever de promover a civilisação de seus habitantes; e para o conseguir é necessario educal-os e instruil-os.»

(Sá da Bandeira, *O trabalho rural africano*, pag. 125).

(2) Sobre o que seja uma eleição em Angola veja-se o que a este respeito escreve o sr. Henrique de Carvalho na sua obra sobre a *Expedição á Lunda*. Nos concelhos do interior, é o respectivo chefe quem, em harmonia com o *pedido* superior, arranja a votação que se

nas colonias, onde o trabalho deve constituir a unica politica, o indigena ha de chorar lagrimas de sangue pelos *sapatos de cordovão*, pela *genebra Focking* e pela *consideração* que os proprios governadores lhe davam n'esses bellos dias de festança... Mas a moralidade e a ordem publica terão ganho muitissimo com a implantação d'esta medida, que representa uma necessidade de primeira ordem.

*

Constituida como está a propriedade rural em S. Thomé, sem uma planta cadastral adequada, e no estado de rebaixamento em que infelizmente ainda se encontra a sua população, como temos visto, é facil de prevêr o grau de ambição que o *fôrro* attinge, á sombra das prerogativas da lei que o protege. Nos quatro palmos de terreno que possue é um perfeito sóba que a ninguem respeita, porque ninguem concebe superior a si. Alem de que, a constituição da propriedade aqui é tudo quanto ha de mais anormal e unico. Ha propriedades que teem dois e mais titulos authenticos em poder de diversos individuos.

As antigas escripturas consignam de ordinario as confrontações das propriedades, que eram medidas a calculo, com «*fundos ao mar de Christo e frente ao primeiro vizinho.*» Quando o trabalho agricola principiou a desenvolver-se, começaram a encontrar-se os *vizinhos* em caminho do mar; e então não eram vizinhos que se encontravam—eram inimigos figadaes que se battiam a tiro. O *fôrro*, vendo-se expoliado dos terrenos onde vivia, reagiu por sua vez. O *pico de S. Thomé*, mais ou menos arredado do logar que lhe compete nas car-

---

deseja, emquanto os bachicos eleitores se espojam no chão, embriagados, e berram como possessos em louvor do *eleito* cujo nome nem ouviram pronunciar e nem lhes importa conhecer.

TYPOS DE S. THOMÉ

O *dandy*.

tas topographicas, foi considerado, phantasiosamente, no centro da ilha, havendo algumas dezenas de propriedades cujos registos marcam ali seus *fundos*.

De forma que, sendo essas roças traçadas em linhas parallellas, e partindo de todos os lados da ilha para o ponto commum, o *pico de S. Thomé* devia ter, pelo menos, uma baze de superficie egual á da ilha, o que dá esta inversão do axioma —*a parte maior que o todo*.

Desde 1854, alguns naturaes da ilha deliberaram vender terrenos aos colonos europeus que affluiam, sem que aprezentassem documentos comprovativos da sua possessão legal, o que deu inicio á *industria*, ainda hoje florescente, da venda de propriedades *a torto e a direito*, e causa a desordens serias e pleitos judiciaes complicadissimos. Em 1869 nasceram os *advogados de provisão* [1] que, no exercicio do seu *nobre mister*, (conforme o texto do decreto que os creou) registaram na Conservatoria terrenos com uma area superior aos que a ilha possue. Em logar de marcos judiciaes, as balizas são indicadas com um pau molle, conhecido por *pau sabão* (*Dracœna arborea*, Link.), havendo, portanto, a maxima facilidade em mudar ou destruir os rumos d'uma propriedade.

Só a applicação pratica e insistente d'uma lei como o *Acto Torrens*, feito o tombamento geral da propriedade, poderia acabar de vez com os permanentes conflictos que a pessima divisão das roças aqui occasiona. A *divisão das roças* e a *incompatibilidade das raças*, pode dizer-se que são a causa da constante desordem que lavra n'esta ilha. O *fôrro*, desde que comprehendeu que não ha propriedade legal sem PAPEIS, descobriu, engenhosamente, um filão de oiro da California. O avô, a avó e cada um dos tios registou em seu nome, logo que se estabeleceu a Conservatoria, as dez *varas* de terreno

[1] Decretos de 13 de maio de 1869 e 12 de janeiro de 1880.

que constituiam o seu patrimonio, mas com mais ampla extensão numerica. De forma que, os netos ou bisnetos, os actuaes *negociantes* de roças, vendem a mesma propriedade, 2, 3 e mais vezes, *sempre legalmente*. No acto das respectivas posses rebentam os conflictos.

Um individuo que possuia umas 50 *varas* de terreno proximo da *villa* da Trindade, vendeu todas as propriedades adjacentes a diversos europeus, *á sombra* d'um authentico documento d'antiga data. Quando, finalmente, deliberou negociar as rendozissimas 50 varas, declarou, por imposição do comprador,—"que era aquelle o ultimo terreno que possuia n'aquelle sitio.„

Passados annos, o homem das 50 varas declaradas *inestendiveis*, aprezentou-se em publico com um documento antigo, roido do *celélé*, propondo a venda de *mais mil varas* no mesmo sitio, o que fez matutar diversos Archimedes sobre se esse terreno estaria no... ar.

Quando se alcunha alguem de burla n'estas transacções, obtem-se como resposta concludente:—*Veja os papeis.*

E assim, ha papeis para tudo, até para demonstrar, com documentos sellados e reconhecidos pelos mais habeis notarios, que a superficie da ilha tem centuplicado com o dezenvolvimento da... agricultura. E' claro que o indigena é n'isto, como em tudo mais, um esplendido discipulo do europeu analphabeto e maltrapilho que, até ha uma ou duas dezenas d'annos, degradámos para aqui, para *civilisal-o*.

E' digno de ver-se o aspecto com que um d'estes *negociantes de propriedades* se nos apresenta para nos vender um pedaço de terreno que, invariavelmeute, tem para si o valor de *ũa contu de légi* (1) por cada *vara*.

(1) Um conto de réis.

Os documentos são a sua arma de combate. (1) Quando um vizinho mais poderoso e com melhores *papeis* o põe fóra do terreno, impinge logo a propriedade ardilosamente, com a facilidade com que se vendem no Reino os cordões de latão. E se o negocio não tem *furo*, como elles dizem, já se não falla em *ũa côntu*; vende-se tudo por *uma tutta e meia*... De resto, dezenvolvem n'estas operações uma habilidade incrivel, chegando a convencer o mais desconfiado de que trata com um austero e digno cavalheiro...

---

(1) A titulo de curiosidade, damos um requerimento authentico feito por um dos innumeros *advogados* de S. Thomé. São d'este theor todos os seus escriptos.

Ex.mo Snr.

Ademenistrador do Concelho

Diz F. que fornecendo comida ao Feçial de Delijençia Mateos ha mais de 4 coatro annos e cem elle não quer pagar pois es todos os fins dos meses tanho pedido ãsta divida pois elle anda sempre emganado pois hoje encomtrando com elle pedi a comta a Resposta que me deo foi dizendo que constoule que eu tinha queichado há Toridade e porisso por este motivo que fosse queichar, que se não enportava com nada disto. Ainda mais tem provas legais feita por punhos do mesmo, o devito ção 12:500. E este o motivo que Requeiro a V. Ex.a que me de çuas previdençias.

Arrogo de F. a çino eo F.

Fevereiro 9 de 1893.

CAPITULO VI

A RELIGIÃO DO INDIGENA

A philosophia da sua religião. — As *capellinhas do matto.* — Ainda os *cantôres* e os *sachristas.* — O livre pensamento o que produziu aqui. — Pantheismo do feitiço. — Feiticeiros novos e velhos. — A sua intrugice attingiu um alto grau de aperfeiçoamento. — O *mangungu* e o *fiá.* — Lendas e superstições. — Os *bufádos.* — A poesia religiosa. — O juramento aos Santos Evangelhos. — Superioridade do feitiço sobre esse juramento. — Testemunhas para tudo, menos para dizer a verdade. — Citam-se factos demonstrativos. — A intriga e a vingança dimanando do caracter supersticioso d'este povo. — Golpe de vista retrospectivo sobre este *cidadão extemporaneo.* — A falta de religião e de escola. — Considerações a este respeito. — Os ritos funerarios. — Ideia da morte. — Rezas por alma dos defunctos como pretexto para uma grande *festa.* — *Enygmas* e *historias da carochinha* contados na casa do morto. — *Memento homo.* — As crianças e o feitiço. — Orações e amuletos ao pescoço. — Agradecimento das recem-mães á Virgem pelo bom successo. — As *vigilias* como pretexto para mais *festas.* — Como se affastam os feiticeiros. Superstições que redundam em supplicios para as crianças recem-nascidas. — O córte do cabello pelo padrinho do neophyto. — Prezentes reciprocos. — *Bánâ cabêllu mina mun.*

O indigena é catholico e apostolico romano... a seu modo. Crivando de preconceitos estultos e de superstições selvagens a crença religiosa que talvez aprendesse a ter com os primeiros povoadôres da ilha, n'uma epoca de verdadeiro fanatismo, pode dizer-se que creou uma religião para uzo proprio, com transparencias de catholicismo. Como em geral todo o negro de Africa, que, segundo Letourneau, alheiando-se a todas as ideias religiosas importadas nunca passou alem do animismo mais inferior, o indigena adopta, secretamente, um culto verdadeiramente fetichista. Deus, segundo a sua percepção pouco cogitadôra, tanto é Jehovah como *Zambi*, *Agni* ou o *Átman* dos brahmanes. Mostra-se muito respeitoso em todas as solemnidades da nossa religião, mas a sua crença só se sacia, a sós, consultando os manes, a sombra dos mortos, os feitiços de todas as especies, n'uma adoração estrepitante, perfeitamente gentillica. (1) Todo o Mal e todo o Bem são produzidos pelo *feitiço*. Teem pelos

(1) Aprezentamos, no fim d'este cap., os originaes de algumas orações compostas pelos indigenas em portuguez e em *latim da sua lavra*, por nos parecerem muito curiosas.

Estas orações, de um *Fortunato* infeliz e de uma *Maria* atraiçoada, andaram pendentes do pescoço de cada um d'estes amantes, e não sabemos se tiveram ou não *despacho favoravel*. Este costume de empregar as orações, algumas extrahidas de livros sacros, para conseguir a satisfação de todos os desejos, observa-se entre os principaes povos da Europa, constituindo uma persistencia de costumes que a ninguem é dado negar. Em Portugal são bem conhecidas as orações a Santa Apolonia para curar as dores de dentes. Geralmente, os povos das aldeias, depois de resarem, em seguida ás refeições, pedem a Deus que lhes dê tudo de que precisam; e como as donzellas precisam casar, é n'estas occasiões em que teem

«. . vozes de fallar com Deus»

que lhe pedem a realisação dos seus sônhos. Estes nossos costumes, deturpados pela imaginação supersticiosa de um povo menos civilisado, são os que aqui persistem, com addiccionamentos mais ou menos explicaveis. «No articulado 22", do libello contra Luiz de la Penha, julgado pela Inquisição, cita-se um livro d'este no qual *«estão muitas e varias coisas com titulo de devoções para querer bem e vir a pes-*

mortos um sagrado respeito, especialmente porque, crendo piamente na vida futura, fonte perenne de bens eternos, esperam que as orações d'estes os façam guindar ao Céo.

— "*Clôpu çá bálu*", o corpo é barro: a alma é invizivel e aspira á bemaventurança eterna.

Eis a synthese da sua metaphysica avariada.

*

* *

Exteriormente, a religiosidade do indigena funda-se n'um fingido respeito ascetico pelas praxes liturgicas. Nas bifurcações dos caminhos, pela manhã, descobre-se, persigna-se e, de mão postas, pede a Deus que o livre do... *feitiço*. Vai ás *capellinhas do matto* (1) entregar requerimentos pedindo... amor (2), pedindo saude, pedindo *a morte de seus inimigos*, em summa, tudo de que necessita e satisfaça as suas ambições ou o seu rancôr.

---

sôa d'onde quizerem. ... «*E assi outra devaçam a Santa Martha pera prender e subjugar o coração das pessoas*». (Theophilo Braga, *O pov. port.* etc., tom. II, pag. 123.)

(1) Ha por toda a ilha milhares d'estas egrejinhas, de ordinario feitas de taboas de *peralto* e cobertas *d'andalla* ou folha de bananeira. Serve-lhes d'altar um caixote, ás vezes uma meza muito tosca, sobre a qual collocam uma ou duas garrafas com vellas de stearina e uma cruz com ou sem imagem ao lado.

(2) «No livro quinto das *Ordenações Manuelinas* ennumeram-se bastantes superstições populares, mais tarde incluidas nas Constituições dos bispados, e castigadas pela lei com pena de morte:—«E isto mesmo qualquer pessoa, que em circulo ou fóra d'elle, ou em *encruzilhada*, espiritos diabolicos invocar.» (Theophilo Braga, *O povo port.*, etc. tomo II, pag. 115.)

«Nem faça cousa alguma porque uma pessoa queira bem ou mal a outra» (Id. ibd., pag. 116.)

Ha cruzes por toda a parte. As pequenas roças que possuem são demarcadas com ellas. Raras vezes vão á missa, mas fazem diariamente novenas, ladainhas e terços, nas cubatas, a proposito d'uma *festa* como d'uma calamidade. As mulheres velhas são quasi sempre feiticeiras. Estas ou os homens de virtude, que sabem de feitiços e fallam com as almas dos mortos, é que despacham os reqnerimentos nas *capellas*, auferindo assim um vencimento pingue. Só teem despacho os requerimentos sobre que pouzam as respectivas importancias, conforme a natureza do pedido; e a benevolencia celestial dilata-se em relação á quantia que os acompanha. O Diabo rouba todas as petições que não tenham a protegel-as dos ventos predominantes pelo menos o importe de uma garrafa de vinho de palmeira. Como prevenção aos peticionarios sem dinheiro, apparecem, miraculosamente, *escriptos* cahidos do ceo, em preciosos nemolithos azues, nos quaes se declara, na phrase de gelo inexoravel da eterna justiça, que, á porta do inferno, aberta de par em par para os impios, continua a inscripção tremenda:

"*Lasciate ogni speranza, voi ch'entrate*. . ."

e que as aguas sangrenta da Lagôa Styge continuam a cosinhar carne humana . .

O feiticeiro, criou em redor de si uma lenda — uma aureola de fogos fatuos nimbando uma caveira — e a sua voz pausada e cavernosa tem para os *consultantes* a rigidez marmorea de uma praga. É o interprete mysterioso d'uma divindade ideal por elles sonhada e que ora attinge uma grande dilatação pantheistica ora se circumscreve á adoração de qualquer objecto.

Até ha poucos annos, presidiam os padres, nas cubatas, á leitura dos exorcismos, emquanto os circumstantes, de joelhos, faziam incriveis momices, gemendo e chorando em echos de catacumbas ([1]). Ser *cantôr*, *estudante* ou sachrista, equivale a possuir uma roça .. desempenhada. Benzeduras, *t'arrenégo*, psalmos, *antidotos* espirituaes contra feitiços, constituem a *mayonnaise* da panacéa d'estes *industriaes* que, como se diz na phrase popular, não chegam para as encommendas. O nosso padre, ainda hoje, occupa no meio d'esta revolta psychica, um lugar muito restricto e muito secundario em relação ao que lhe compete. O indigena, que só em diminutissimo numero vai á missa, concorre ás festas da egreja, sem saber o que ahi vai fazer, ou com a convicção de que vai devertir-se como n'um bródio.

A mais forte iniciativa tem que baquear ante a reacção que se lhe apresenta. A *escola* e a *egreja* são duas *coisas* que o indigena não toma a serio. Vai á primeira, em criança, com pouca regularidade, para poder assignar os *papeis* das roças; concorre á segunda mais tarde... para se entreter. Se lhe perguntarem que utilidade tirou d'esse passeio ao templo do Senhor, o que aprendeu das palavras cathechisantes do missionario que prégou, responderá conscientemente:

— *Nan sêbê fô*... (Não sei).

Considerando, pois, o clero como o factor mais poderoso

([1]) A este respeito escrevia, muito sensatamente Lopes de Lima, em 1842: —«Nem outros costumes poderiam rasoavelmente esperar-se de uma colonia fundada com as fezes da sociedade portugueza e a descendencia aviltada de uma raça perseguida e olhada com horror, etc.»

Com a queda material da ilha no principio d'este seculo, a crença religiosa soffreu as mais profundas alterações, solidificando-se assim no animo do indigena as mais incontroversas theorias, postas em pratica pelas mais barbaras exterioridades. No meio d'uma incrivel dissolução moral, em que, de mãos dadas, collaboraram todos os elementos *educadores* da colonia, o indigena apenas retem uma ideia vaga, nevoenta, bruxuleante, da doutrina lucida que em tempos intentassem fundir em seu espirito. Pensa como quer, extrahindo da sua mentalidade obscura os neologismos religiosos mais extravagantes; hoje como ha cincoenta annos...

do progresso africano, e examinando-o ainda como *funccionalismo publico*, porque o é, aqui temos o que elle tem feito n'esta ilha.

Os antigos bispos, com honrosas excepções, envolveramse em os mais serios conflictos para abaterem a força de que tanto careciam as auctoridades civis; o padre actual, de ordinario, deixa a gemer no arruinado aprisco, á mingua de crença, as pobres *ovelhas* desgarradas, e trata, não de semeiar flôres no passal, mas de plantar café e cacao nas roças adquiridas com a *esmola (gimóla* em lingua da terra) do sagrado sacrificio da missa...

*

* *

Para o indigena d'esta ilha existe afinal uma unica philosophia, que se funda no seguinte lemma pantheistico — *o feitiço é tudo; tudo é feitiço.*

O criminoso, como é crença geral, consegue fugir á acção da justiça defendido por uns amuletos que traz no seio; o *forro* consegue roubar um sacco de cacao em capsulas, sem ser presentido pelo dono, graças ás orações do *Justo Juiz de Nazareth* que traz, n'um coração de panno crú, pendentes do pescoço.

O *proprietario* de 10 ou 12 mulheres, tem, como dissémos, a sua favorita, a eleita do seu coração; — esta enfeitiçou-o. As restantes *nymphas* d'este paraizo, teem uma certa emulação da *governante*, embora a não denunciem publicamente, e recorrem ao feitiço. São consultados os mais prestigiosos oraculos do sitio. Os feiticeiros novos [1] teem ainda pouca

---

[1] Para se ser considerado feiticeiro é preciso ter dado exhuberantes provas publicas indiscutiveis de conhecimento d'estes assumptos. De ordinario ha familias de feiticeiros, e existe a ordem de successão por meio da herança do *segredo*. O *mestre* dos feiticeiros é individuo de grande prestigio entre o populacho e não faz monopo-

pratica; recorre-se ao trôpego, ao alquebrado velhote que falla com Satanaz a altas horas da noite, e que advinha, como qualquer Cumberland, o pensamento alheio. As *concubínas*, despeitadas pela supremacia da *chaveira*, vão á fonte limpa — ao *mestre* dos feiticeiros. Perante a figura respeitavel do Nostradamus, curvam-se reverentes as queixosas, expondo, sempre em segredo, as razões da *causa* que se ventilla.— Requer-se a expulsão da favorita e pede se a divisão do amor que restar ao amante commum, em partes iguaes, entre as *peticionarias*. Como se vê, é d'uma grande *democracia* este pedido. O famoso nigromante, não precisa ler nas entranhas das victimas como os aruspices; tira de dentro d'um sacco o *fé cúa (fazer coisa* — isto é — que faz todas as coisas) — um pedaço d'espelho muito embaciado — consulta o *mangúngu* (leque de 24 folhas da *planta* d'este nome), e, como quem desfolha um malmequer, começa em exercicio do seu cargo. Ao lançar os olhos para o espelho, diz — *placêlla bô* (*tua parceira*, ou — tua companheira). Declara estar vendo a inimiga das mulheres presentes, dizendo-lhes que ella as tem querido matar, recorrendo ao feitiço. Quando alguma das circumstantes quer verificar se effectivamente se vê no espelho a cara da *governante*, o *méssê (mestre)* oppõe-se, dizendo que só a elle foi dado o condão de poder ver essas coisas; — ellas e os demais infelizes mortaes, teem olhos, mas é-lhes vedado examinar os mysterios d'estas operações, e "mesmo que se approximassem do espelho nada veriam, *por não estarem em graça.*„

Se a primeira parte é mal executada, e o *mestre* receia fiasco, passa acceleradamente á segunda. Fita então o espe-

lio da sua *sciencia* para os que se iniciam na *carreira* — depende isso apenas da esportula conveniente.

«A magia é hereditaria em algumas familias de povos selvagens» (Maury, *Magie*, pag. 21).

lho, muito attentamente, e diz sem pestanejar: — *San tê cuá n'uboé* (a senhora tem coisas no corpo).

No meio do espanto geral do auditorio, manifestado em olhares esgazeados, gestos de terror e gritos abafados, o *mestre* propõe-se tirar as *coisas* do corpo da rapariga, e vae dar começo aos seus trabalhos.

Ordena, em primeiro logar, que a mulher enfeitiçada se desaloje de todo o vestuario, até ficar como Eva no Paraizo. Vem uma gamella grande com agua [1]; o feiticeiro arregaça as mangas da camisa, e começa a fazer uma lavagem geral á supposta victima da *chaveira*, com um grande pedaço de sabão que tirou do sacco onde tambem trazia o espelho. Á maneira que esta operação se prolonga começam a apparecer alfinetes, agulhas, espinhas, ossos de galinhas, pedras pequenas, dentes de differentes animaes, etc., vindo tudo, é claro, á maneira que o sabão se dilue, porque é elle o receptaculo de tudo isso. Este serviço é feito com incontestada pericia, e provoca o pasmo geral, especialmente quando a enfeitiçada sente as picadas dos alfinetes e grita. Acabada a lavagem, colloca-se tudo o que sahiu do corpo da mulher dentro de uma casca de côco *(Cocos nucifera)*, para esta fazer o competente *réclame* á virtude do *mestre*, dizendo a todos os seus conhecimentos que foi este quem a livrou da morte, extrahindo-lhe aquelles objectos do corpo. O côco é guardado, como é de prever, qual se fosse um thesouro no valor e uma reliquia na veneração. A *chaveira*, porem, quando tem conhecimento d'estes factos, o que nem sempre acon-

---

(1) «A *bacia de agua* era empregada para advinhações». (Theophilo Braga, *O povo port.*, tomo II, pag. 202).

«Alfredo Maury cita esta forma divinatoria: Didius Juliano recorreu á advinhação que se pratica com um *espelho*, detraz do qual creanças cuja cabeça e olhar foram submettidos a certos encantamentos leem o futuro, segundo se diz.»

(Idem, ibd., pag. 189).

TYPOS DE S. THOMÉ

Em familia, o soldado... *à vontade*.

tece, não olha a despezas, e chama os mais respeitados feiticeiros das redondezas, a quem conta a sua desgraça, narrando, com lagrimas e soluços, as mais pequenas minuciosidades que colheu. E' o *mestre* quem atalha o copioso pranto da desgraçada, promettendo matar, n'um momento, o arguido ou arguida. Vem o *classico* espelho, o *mangúngu* e mais utensilios de prestidigitação. Executados alguns *passes*, com mais ou menos destreza, pega o mestre no espelho e, de faca em punho, em gesto melodramatico, diz:

— "Vá descançada: a sua inimiga ha de morrer... (1).

Esta *sentença de morte* satisfaz por completo a dama afflicta, que sahe muito satisfeita, depois de pagar generosamente o trabalho executado.

Em certos casos mais intrincados, os feiticeiros servem-se de caveiras, que roubam dos cemiterios, e entôam canticos lamurientos nas cubatas transformadas n'uma especie de camaras ardentes. O feitiço que tem todos os fóros de infallibilidade para *bilá clóçôn* é o seguinte, a que chamam *fiá*—: As mulheres que suspeitam da pouca amizade dos *cambônos* (amigos), tendo já recorrido a diversos feitiços, sem resultado satisfatorio, levam a casa dos *mestres* de maior renome ceroulas, camisas, meias e lenços d'assoar, que pertencessem ao amante rebelde ou áquelle de quem se deseja a posse eterna. Fazem de todos estes farrapos sujos um embrulho, e põem-lhe uma pedra em cima, emquanto o *mestre* começa a enfeitiçar (*báiá*), rodeando o embrulho de caveiras com vel-

(1) Quando o feitiço não faz virar o coração do homem (*bilá clóçôn*) recorre-se então á folha de *amı so*, folha de *placella*, (*parceira*, companheira), ao coração d'andorinha, etc., ministradas nas comidas do ingrato, em doses correspondentes á sua indifferença. Este costume das folhas encontra-se na *Sentença de Anna Martins* (1694), que foi accusada de *lançar espiritos malignos fóra dos corpos* e de curar, por palavras, toda a casta de molestias. «E algumas vezes fazia estas bençãos com folhas de sabugueiro.» (*Sentença de Anna Martins*, 1694).

las accesas dentro. Não ha coração petrificado que se não torne immediatamente impressionavel e apaixonado até ao mais alto grau da ternura lamartiniana...

Como estes, ha uma infinidade de feitiços, que servem para curar todas as enfermidades do precioso musculo que o filho de Venus espicaça com as suas settas, e até para nos abrirem, na hora da morte, as luarosas portas do Céo...

*

* *

Ainda como herança dos primitivos colonisadores, os indigenas conservam geralmente muitas superstições, tantas ou mais do que as que existem entre povos menos civilisados. O mais simples e comprehensivel phenomeno natural, é objecto de susto para elles. As falsas ideias que teem do Christianismo levam-n'o á confecção de lendas confusas em que a custo se descobre o pensamento inicial. ([1])

A lenda de *Caim* e *Abel* é uma das mais explicitas que aqui conhecêmos. — "Abel levou a Deus Nosso Senhor uma canna d'assucar que tinha na sua plantação; dadiva tão expontanea que muito agradou á Divindade. Caim, que não trabalhava, não poude fazer igual prezente — a Inveja obrigou-o a matar Abel.„ Quando se dá a captura da *cobra preta* entre pescadôres, enterram-lhe anzóes na cabeça para serem felizes na pesca. ([2]) Para fazerem endoidecer um inimigo basta

([1]) Ha, como dissemos, muitas mais superstições entre o indigena que seria fastidioso ennumerar. As trovoadas, as epidemias, os raios, são afugentados pelos meios mais extravagantes, mais ou menos engraçados, que a sua imaginação ardente, crivada de preconceitos, lhe suggere como *afugentadores infalliveis.*

([2]) Examinando as diversas manifestações da vida affectiva da raça preta e selvagem em Africa sob a influencia da nossa religião, diz o sr. Theophilo Braga no seu livro «*As Lendas Christãs*»:

— «Na sua propaganda na Africa, entre a raça preta e selvagem,

queimarem-lhe o cabello. (1) Deve haver o maior cuidado em não deixar cahir no chão bagos de milho, pela quaresma, para que o demonio os não apanhe e d'elles faça o seu collar. Seria eternamente desgraçado o individuo a quem isso succedesse.

As crianças que nascem em annos bissextos estão livres d'epidemias; mas collocam-lhes uma corrente de ferro ou metal n'um dos tornozellos para que os feiticeiros as não levem para as mattar. — "*Está preza — não morre.*„ *(Çá plêsu, ná molê fã.)*

Quando a criança tem lombrigas, dão-lhe uma a comer, certificando que se cura immediatamente, e nunca mais as torna a ter. Quando morre uma cabra não se deve deitar ao mar, porque o agitará immediatamente. (2) Como no nosso paiz, é trivial a apparição de *santos* nas escarpas izoladas das montanhas, entre os córregos sombrios onde os regatos gemem umas endeixas mysticas.

Segundo é sua crença, Nossa Senhora das Neves appareceu n'um nichosinho natural nos alcantis da Rozêma, ao norte da ilha. A horas mortas, arrastam-se pelos caminhos escusos, e até pelas ruas do *póçôn* (cidade) negros phantasmas a que

---

ainda immersa em um estado mental fetichista, o Christianismo como religião bazeado em dogmas abstractos e convertido pelos theologos em uma metaphysica religiosa, não podia por forma alguma ser comprehendido sem descer e retrogradar pondo-se ao nivel d'essa intellectualidade primitiva.»

(1) Esta superstição existe nas provincias do Alemtejo e Algarve e cremos que tambem em algumas do norte do nosso paiz.

(2) Estes individuos, geralmente *angolares*, teem tambem a superstição de que em certos sitios da costa ha dragões occultos que revoltam as ondas do mar produzindo as grandes tempestades. Estes dragões só estão socegados, e portanto deixam estar o mar manso, quando teem a barriga cheia. Por isso os pescadores, quando passam nos sitios onde elles habitam *(Morro Carregado* e outros) deitam ao mar parte da comida que trazem, como peixe salgado, banana, etc.

chamam *bufádos*. Ordinariamente estas *almas do outro mundo* são insignes *conquistadôres* que vão fallar ás namoradas pelo silencio tenebroso da noite. Estes *avejões*, lobishomens ou *flamanzões*, que tambem existem na metropole, promovem o panico geral e dão causa a continuadas *rezas*. A tradição religiosa faz, ás vezes, vibrar as cordas da lyra indigena, afinadas pelo diapazão especial da sua crença abalada. Obtivemos de um indigena o seguinte especimen da poesia religiosa, que traduzimos livremente:

Véssu San Thômé [1]

Ámi cu vonté di fé pintênxa
Dôssu mêgi tantu dgiá
Cu súba scá subê
Cu ê nã pô clámá fâ.

'Ngá bá fádá sun Pádê
Cu ê nã çá clupa mũ fâ,
Cuá cu mândá
Çá púnda suba cu ná clámá fâ.

Sun Pádê, 'n bi fádá sun mũ
Pintênxa cu sún mún dá mún
Ná pô fági fâ,
Púndá súba móiá mún.

Mina Dêssu, bé ni pági,
Dêssu fádá Santa Máiá Mánéla,
Ninguê cu tê á fé,
Quáli-quáli dgiá é scá slává...

Versos de S. Thomé

(Falla uma *san*)

P'ra cumprir a penitencia
Andei mezes dia a dia,
Mas da chuva a inpertinencia
Impediu-me do que eu queria.

Fui-me queixar ao prior
D'esta falta involuntaria,
Para que á lei do Senhor
Me não cresse refrataria:

— «Senhor padre, venho aqui
Dizer quão culpada sou:
Pois a pena não cumpri
Porque a chuva não deixou»

— Filha de Deus, vai em paz,
Pois Deus disse a Magdalena,
— A fé, a fé é que faz
Salvar a alma... só ella.»

---

(1) Esta agglomeração de palavras confusas, com uma certa cadencia rythmitica, da mais difficil orthographia regular, como demonstrarêmos no capitulo em que trataremos do dialecto creoulo, reprezenta para o indigena uma alta concepção, em rezultado de uma ataraxia contricta do espirito, mergulhado nas conjecturas horriveis do peccado.

Para assim dizermos, são os sons abafados que respiram da sua

*

* *

Tratando da psychologia ethnographica d'este povo, não podemos deixar de mencionar um facto, que é da mais alta importancia para a administração da justiça, e que bem demonstra a verdadeira falta de crença religiosa que n'elle se manifesta. Referimo-nos ao juramento catholico. Jurar aos Santos Evangelhos para dizer a verdade, é para elle uma simples formalidade, uma praxe, que não actua na premeditação do que ha de expôr perante qualquer magistrado. E isto não pode attribuir-se simplesmente á falta do seu desenvolvimento intellectual (1), senão á liberdade amplissima do seu pensamento e á grey *piedosa* de curandeiros, bruchas e ho-

---

sentimentalidade morbida, ameaçada constantemente pelos eternos supplicios. Comtudo, faria rir um santo a cara de arrependimento e contricção que estes virtuosos homenzinhos exhibem ao pronunciar versos sacros como estes....

(1) Entre o selvagem, que, de ordinaria, não fatiga o espirito em grandes locubrações, dá-se realmente o facto citado por Lubbock (*Origines de la civilisation*) de responder agora *sim* e logo, sobre o mesmo assumpto,— *não*. Depende isso apenas da maneira como se lhe faz a pergunta.

O grande ethnologo cita a este respeito a opinião de Sproat, o qual diz, referindo-se aos povos da America septentrional: «Parece que o espirito do selvagem está ordinariamente meio adormecido; se lhe falaes repentinamente sobre qualquer assumpto, é preciso repetir-lh'o muitas vezes, e falar-lhe com emphase até que elle comprehenda o que se lhe diz.» Isto dá-se, com effeito, com o negro selvagem que para aqui importâmos. Com o indigena de S. Thomé, que vive n'um outro meio e só por tendencia natural persiste em certos costumes retrogrados, pois que, sendo o producto (confuso é certo) de differentes raças e da nossa, representa um typo em mais elevado grau de civilisação, com o indigena de S. Thomé, dizemos, dá-se apenas um prejudicialissimo vicio de educação, que não podemos desculpar a quem aqui exerce funcções publicas.

mens de virtude que lhes infiltram no animo estes sentimentos. De ordinario, o indigena não falla a nossa lingua porque não quer, e porque não tem sido compellido a fazel-o. O marçano chegado á ilha é obrigado pelo patrão a apprender o dialecto indigena—*para não paralysar o negocio.* Nas repartições publicas, é o interprete, tantas vezes infiel, quem communica as declarações que elles são chamados a fazer. Ora, sendo o chamado dialecto de S. Thomé uma agglomeração de palavras abstrusas, copiadas da nossa lingua (1), não comprehendemos a razão d'esta estabilidade tão prejudicial.

O "S. THOMÉ VIRADO„ (2) e outras combinações *semi-portuguezas* por elles uzadas, reprezentam outros tantos meios de se corresponderam secretamente, illudindo especialmente a vigilancia da auctoridade. Em S. Thomé demonstra-se qualquer facto criminoso com o numero de testemunhas que se precisar e pela forma que se quizer. A testemunha vae ao tribunal depôr contra um pseudo criminoso, como iria dar um recado com o texto completo das declarações que é chamado a fazer.

N'um meio onde se debatem, diariamente, na pasmaceira iudigena, as consciencias mais desencontradas e differentes, é facil de prevêr a que serie de tristissimos factos póde che-

(1) O sr. Vicente Pinheiro, no seu livro já citado, é de opinião que este dialecto, em vista da sua procedencia e elementos corruptôres, não tem construcção grammatical possivel. Em contrario do que, diz o mesmo senhor, opinm alguns *letrados* indigenas. No capitulo respectivo melhor explanaremos a nossa opinião a este respeito.

(2) O *S. Thomé virado* forma-se, mais ou menos, como a linguagem de que uzam os rapazes, juntando á vogal ou diphtongo de cada syllaba uma consoante qualquer ou a expletiva *bar, xi* ou qualquer outra. «O illustre philologo, Paulo Meyer, discutindo um phenomeno analogo no dialecto italiano de Val Soma, considera-o como um processo generativo «*sur lequel est fondé le javanais*'» (Theophilo Braga. *O pov port.* etc , Tom. I., pag. 291.)

gar-se por intermedio d'estas testemunhas. Consoante se sympathisa ou não com o réo, assim se lhe attenua ou aggrava a responsabilidade que sobre elle peza.

Alem d'isso, o interrogador faz, querendo, com que a testemunha diga o que se quizer [1]: basta fallar-lhe com intimativa, para que a todas as perguntas responda invariavelmente—*Nhôchi* (sim). Quando consegue dar o *recado* como lh'o ensinaram, a testemunha capacita-se de que praticou um acto meritorio e se tornou digno da estima dos patricios.

Concebe-se quanto pode actuar nos julgamentos judiciaes esta falta de dignidade propria, por parte do indigena, mórmente quando o julgador desconheça estes *costumes*. Nos crimes graves praticados pelo *fôrro*, as testemunhas presenciaes declaram que tinham os olhos vendados, ou quasi a mesma coisa, porque a todas as interrogações sobre o ponto fundamental da accusação respondem que *nada viram*. Nem postos a tratos de polé iriam comprometter um patricio e amigo. Em compensação, accusam-se diariamente por qual-

---

[1] Ao individuo que dá uma bofetada chamam os *forros* ASSASSINO; e o que a leva fica por isso sendo *assassinado*. Fomos testemunha do seguinte facto, haverá pouco mais de um anno: «Um *forro* queixou-se de ter sido *assassinado* por outro com uma bofetada que lhe feriu a parte superior da orelha esquerda, declarando, ao participar o facto á auctoridade, que o *assassino* o accommettera completamente desarmado. Ouçâmos, porém o seu interrogatorio, depois d'esta declaração expontanea.»—Mas o aggressor não levava um cacete? diz-lhe o magistrado. *Nhôchi* (Sim).

E uma zagaia e um *machim*?

— *Nhôchi*.

— É uma espingarda e um rewolver?

— *Nhôcki*.

— E.. uma peça d'artilheria?

— *Nhôchi*.

Como se vê, era um homem *desarmado* — com um perfeito arsenal ambulante.

quer ninharia, como ameaças de morte por meio de feitiços, invasão de propriedade, que nunca se prova por falta de titulos legaes sobre a posse da mesma, etc., etc.

Dá-se em S. Thomé um facto, que cremos não ser muito raro nas nossas restantes colonias, onde tambem predomina a intriga do elemento europeu, e é que as auctoridades nunca são bôas, mormente se cumprem integralmente os seus deveres. Ora nós ainda não defendemos as auctoridades que tem superintendido n'esta colonia, além de muitas razões, porque só temos achado infelizmente motivos de censura para os seus actos; mas crêmos piamente que nem todos elles serão censuraveis e fazemos até a justiça de acreditar que não podem ter fundamento as arguições gratuitas que constantemente se lhes assacam. Para o *fôrro* uma *roça de branco* confinando com a sua equivale á approximação do *pinhal da Azambuja*. Este faz do visinho uma ideia approximada, com mais fundamento.

A opinião publica, no seu ecclectismo furibundo, não consente no altar da dignidade consagrada uma dezena das trinta mil almas que povoam a ilha.

E tudo isto, e mais o que se omitte, se tem provado com testemunhas *idoneas*, e continuará a provar-se ([1], emquanto a dignidade individual e a integridade das roças estiverem á disposição do analphabetismo pelintra educado nos mais falsos principios sociaes.

([1]) Ainda não ha muitos annos, esteve para ser condemnado pelo crime de homicido voluntario um grande trabalhador e honrado chefe de familia, aqui residente ha mais de trinta annos, porque mais de uma desena de testemunhas foi jurar aos *Santos Evangelhos* que o viram commetter um grave crime. O poder judicial, investigando minuciosamente, descubriu o prejurio das testemunhas e condemnou-as immediatamente, sendo absolvido o accusado. Casos identicos se repetiram ha pouco tempo; e crêmos que, só usando da maxima energia se porá cobro a este vergonhoso estado de coisas.

Como resultado das superstições que preenchem o systema religioso do indigena vem a quebra dos juramentos, a falta de sentimentos de caridade, a cobardia e o epicurismo atroz em que elle até hoje tem vivido O *filho de S. Thomé* sabe, porque lh'o disse o *feiticeiro*, que se não deve dizer a verdade á justiça em prejuizo d'um patricio, demais sendo a famosa deusa cega e. . branca. Transgredir este preceito é accarretar sobre si os maiores males. Não é, repetimos, a completa ignorancia que o leva a proceder assim ([1]); é que estão arraigados, bem fundo, no seu animo esses principios, que teem para elle o pezo d'um dogma; é que o *cidadão* só sabe que o é para usufruir os direitos da nossa constituição legal e não para cumprir os deveres que a lei lhe impõe; é que a auctoridade, divina ou terrena, é, na sua concepção primitiva, um conjuncto de forças microscopicas contra o embate das quaes basta o baluarte inexpugnavel das folhas tenras do *mangúngu*. Apregoam os catholicos a theoria de que da falta dos mais puros sentimentos religiosos, que são os seus, provém a derrocada moral d'este fim de seculo. Pelo menos para as sociedades que começam concordâmos inteiramente. Foram o anno passado assassinados, em sua propria casa, e quando

([1]) Passou despercebido para a metropole um crime aqui praticado ha dois annos e que bem revela a esperteza, a finura e tambem a habilidade natural do indigena. De bordo de uma das lanchas que faziam a descarga do paquete *Ambaca*, fundeado na bahia de *Anna de Chaves* em fevereiro de 1891, foram roubadas 500 notas de 20$000 rs. que vinham para a agencia do Banco Ultramarino Presidiu ao roubo um *cabinda*, que declarou tel-as *achado* dentro da lancha, tendo sido coadjuvado na conducção do *achado* por *filhos de S. Thome*. As notas, porém, não podiam ter curso sem as assignaturas dos gerentes do banco ultramarino aqui; — foi um filho de S. Thome, realmente bastante habil, quem pôz cobro ás difficuldades, imitando as assignaturas com muita perfeição Cremos que este crime, dada a perfeição com que foi executado, por gente de raça preta, é novo em Africa, e prenuncia precocemente um grande progresso . . negativo

estavam a dormir, dois europeus, que estariam talvez a sonhar n'aquella hora com a familia, amigos e patria, que tão longe estavam. Os assassinos eram duas creanças, dois protegidos dos pobres assassinados, e declararam no acto da prisão,—que mataram para roubar. E' de notar que o preto só não rouba quando não póde fazel-o. A prisão não o regenera; apprende muitas vezes na immundicie moral dos calaboiços a pratica de vicios que não tinha; e, de ordinario, agrada-lhe aquelle modo de viver, que satisfaz as suas aspirações de vadio. Abra-se-lhe a egreja e a escola; mas com elementos differentes dos que aqui temos collocado. Na primeira ensine-se-lhe a pratica das boas acções; indique-se-lhe na segunda o respeito pela legalidade, ministrem-se-lhe noções das sciencias mais indispensaveis á vida, segundo a sua condição, e, ensinando-lhe um officio, uma arte, obrigatoriamente, faça-se do larapio refece d'hoje o homem util de ámanhã.

*

* *

Os ritos funerarios entre o indigena não teem uma feição verdadeiramente caracteristica, como tambem a não teem, senão em certos pontos, os restantes costumes que temos descripto; e isso provém das modificações que aqui temos operado. Para a imaginação do homem primitivo, ou pouco desenvolvido, a morte [1] não passa de uma outra forma da vida. Em alguns pontos da Africa Equatorial, diz Clapperton, os caixões que encerram os mortos teem um orificio por onde se introduzem diversos objectos de que ha de ser portador para o céo o individuo fallecido. Esta ideia, predominante aqui, tem porém, differentes formas de execução. No acto do fallecimento os individuos que estão *velando* saem do quarto

[1] Charles Letourneau — *La Sociologie d'après l'ethnographie.*

mortuario em grande alarido, para não interromperem a sahida da alma do defuncto ([1]). Horas depois é que são chamados carpinteiros; arranjam-se taboas de *caixão (Urophyllum insulare*, Hiern.) para o esquife, arma-se o quarto em camara ardente e começa a entrar uma infinidade de homens, mulheres e creanças, que enchem litteralmente o recinto. Immediatamente apparece o *prato* escolhido do indigena — a cola ([2]) — acompanhado de muitas botijas de aguardente e genebra ([3]). Comem e bebem com soffreguidão, por alguns instantes, e é então que começam, chorando, a fazer o *elogio funebre*. Citam-se, entre lagrimas e gritos de dôr que se misturam, as boas qualidades do fallecido, no meio d'um barulho incrivel e por entre a confusão dos que sahem e dos que entram, chocando-se. Lavado e vestido o cadaver, colloca-se um panno preto n'uma das paredes e sobre elle um crucifixo, ante o qual todos ajoelham e rezam. Chegada a hora do sahimento, a familia do morto vae beijar-lhe o pé, despede-se entre soluços, procedendo-se então, sempre no meio de gritos afflictivos, ao encerramento do cadaver no caixão. Quando o cadaver é transportado até ao atrio da cubata, toda a gente que está dentro d'ella, n'um movimento brusco, rapidissimo, sahe em direcção á egreja, chorando muito alto, e gritando — *aqui d'El-Rei!...* Alguns minutos depois voltam, e forma-se o séquito na rectaguarda do caixão, n'um grande silencio apenas cortado, d'espaço a espaço, por soluços comprimidos. Concluida a cerimonia religiosa e entregue o corpo á sepultura, cada um dos do

([1]) «Quando uma pessoa morre é bom queimar-lhe a cama, para não voltar a este mundo. É bom, quando uma pessoa está para morrer, abrir a janella do quarto em que ella está.» (Consiglieri Pedroso, *Superstições*). Este costume é tambem peculiar aos povos da China.

([2]) *Cola acuminata.*

([3]) Os banquetes funerarios nos cemiterios eram ainda usados em 1872 em Lisboa (Theophilo Braga, *O por. port.* etc., tomo I, pag. 219). Na provincia do Alemtejo os individuos que se juntam para *velar* o caacompanhamento segue em direcção da casa onde se deu a morte, tomando caminhos diversos. A' maneira que vão chegando, ajoelham no quintal e rezam, em voz baixa, — *Kyrie eleison*, *Kyrie eleison*, e um *Padre Nosso* e uma *Ave Maria* por alma do defuncto. Pelas 8 horas da noite começa o nojo (*çá nôzádu*), que se prolonga por trinta dias.

Entremos no quarto mortuario, onde se realisam estas manifestações de sentimento. Sobre uma meza encostada á parede onde está o crucifixo estão dois castiçaes e um fogareiro pequeno com incenso. O chão está cheio d'esteiras; a porta da entrada está coberta com um panno preto.

As pessoas que veem chegando, não pronunciam uma palavra nem fallam ás que estão, senão depois de ajoelharem diante do crucifixo e rezarem, muito devagar, um *Padre Nosso* e uma *Ave Maria* por alma do defuncto. E' esta uma praxe inalteravel. A' maneira que se desobrigam d'este preceito, estando já uma cauda de individuos á espera de vez, tomam logar entre os que estão, fallando sempre muito baixinho. Entram os *cantores* entoando o — *Kyrie eleison*, a que as mulheres respondem — *ora pro nobis*. Acabada esta cerimonia dizem os *cantores* contractados: "*Pádê San* (1) *Dómingu*, *Pádê San Quêtanu*, *San Lóqui di Peste*, *San Lôlençu Nóvlegantchi cu nóvléga ná zônda dó máli*, *ũa Pádê Nóssu*, *Avlê Máiá tençon d'álima dêfuntu* (Padre S. Domingos, Padre S. Caetano, São Roque de Peste, S. Lourenço Navegante que navegas nas ondas do mar, um Padre Nosso e uma Ave Maria por intenção da alma do defunto); e depois o hymno — *Meu Se-*

---

daver teem direito a exgotar as garrafas d'aguardente e a consumir a enorme quantidade de bolos e a *friginada* (carne de porco frita) que opportunamente se lhes prepararam.

(1) Esta palavra empregada aqui por *Santo* é não só uma approximação do portuguez senão o resultado do bom ouvido do indigena que acha pouco euphonica a regra do dialecto — *Santu Domingu*.

nhor Crucificado, cantado em voz baixa, n'um som cavo e soturno de muitas vozes differentes. As cerimonias acabam sempre por uma oração por alma do defuncto, rezada em côro, a qual finda sempre assim:— *Mizericordia, meu Deus. Amen.*

Os circumstantes, tendo chegado ao *finis* d'esta commemoração funebre, dirigem-se em massa para uma casa contigua onde os espera a ceia. Limpa-se a meza n'um instante e esvaziam-se as garrafas de aguardente ainda mais depressa. Para entreter o tempo, os que sabem, começam a jogar a bisca, e os restantes contam *historias da carochinha* e propõem uns aos outros a decifração de *enygmas* (1) da sua lavra, mattando amiudadas vezes a monotonia do recinto com repetidos góles de aguardente.

O setimo dia depois do fallecimento é o chamado por elles do *funeral*, porque n'esse dia se manda dizer uma missa por alma do defunto. A familia do extincto anda de lucto pezado, o mais vizivel signal de condolencia. O *nôjo* n'este dia toma as proporções d'uma grande festa culinaria. Mattam-se porcos, cabras e galinhas em abundancia para as dezenas de parentes e amigos do fallecido que sempre apparecem a dar os *pezames*. (2) As botijas para aguardente, vinho e genebra são substituidas por garrafões. E' construida uma graude meza que comporte a chusma interminavel dos *amigos* da... casa, seguindo-se em tudo o mais as praxes das *festas* já descriptas.

Até este dia a alma do defuncto conserva-se no quarto mortuario, e não sahe senão a mandado do filho mais velho

(1) O indigena faz um enygma a proposito de qualquer cousa. Possuimos muitos d'estes enygmas, alguns muito engraçados e menos mal feitos. Os *contos* fundam-se algumas vezes em factos historicos, por elles corrompidos e alterados.

(2) Temos ouvido dizer a alguns indigenas que, quando morre a *san*, o *cambôno* recebe parabens, mas não nos responsabilisamos pela veracidade d'esta asserção.

ou, na falta d'este, da pessôa que na vida lhe désse maiores provas d'affeição.

Pela manhã do oitavo dia, muito cêdo, abrem-se todas as portas e janellas *para que a alma siga o seu destino.* A pessôa encarregada de a fazer sahir, chega á porta da casa e diz:— "*Pé mun, bé bô; bá bê missa, pé.*„ (¹) (Meu pai, vá-se embóra; vá ouvir a sua missa); e sahe de repente, caminho da Egreja, sem nunca olhar para traz. Acabada a missa, este mesmo individuo, pára á porta da egreja e diz:

Clôpu mun fé cu bálu, pá bálú fé c'úbôê. (²) (O meu corpo fez-se em barro, porque de barro era feito).

*

* *

Quando nasce uma criança empregam-se todos os meios para a livrar das feiticeiras que a altas horas da noite costumam ir á cama chupar-lhe o sangue.

(¹) «Este resto das noções animistas existe em Portugal no enterro do rei, o qual para ser levado do palacio espera a voz do parente mais proximo, que vem dizer á carruagem: — *Vossa Magestade pode partir.* (Theophilo Braga, *O povo portuguez nos seus costumes crenças e tradições,* Tomo I, pag. 207.)

(²) Pronunciado o *memento homo* por esta forma, a grande comitiva de mulheres, rapazes e homens, segue este invidividuo em direcção a casa do fallecido, onde os espera o *cárúrú*, o *idjógó*, etc., dando-se n'esse dia um dos mais lautos banquetes, como os que já descrevemos.

Este costume dos banquetes para commemorar a morte d'alguem está tão universalmente generalísado entre os povos até de bastante illustração que desnecessario se torna apresentar quaesquer documentos n'este sentido. No banquete funerarario antigo da peninsula comia-se um *anho,* ou cabrito de um anno, d'onde veio o dizer-se que está de *enojo* ou *anejo* a familia do morto (Theophilo Braga, *O pov. port.*, etc., tomo I, pag. 211.)

Nos tres primeiros dias depois do nascimento, é chamada uma visinha para a amamentar, porque o primeiro leite da mãe attrahiria os maiores malificios ao recem-nascido. São chamados os velhos *sachristas* jubilados, que sabem fazer orações, para fornecerem algumas das mais efficazes e collocarem-n'as elles proprios, ao pescoço do recem-nascido. Ao mesmo tempo amarram tambem ao pescoço da criança pedacinhos de paus e folhas que afugentam os feiticeiros, como os de *cáta grande*, *(Orchipeda, sp.?)* de *succupira (Pentaclethra macrophylla)* e de *pau fédc* [1]. Esta ultima madeira exhala um cheiro insupportavel, nauseabundo, mas que, segundo a crença popular, só é accessivel ao olfato do feiticeiro. A parturiente veste-se toda de preto, dias depois do parto, se elle foi feliz, e com uma vella na mão, vai agradecer a Nossa Senhora, não podendo fallar a ninguem desde a meia noite até ao acto do agradecimento. A *vigilia* da criança começa ao setimo dia.

Até esse dia occulta-se o nascimento da criança por causa dos feiticeiros.

E' precisamente n'esta edade que se devem expulsar de vez os malfazejos. A mãe, embora não seja essa a sua vontade [2], tem que estar de cama toda a noite. A criança, ao contrario, é passada de collo em collo, durante a noite inteira, porque se estivesse na cama um momento entraria logo o feitiço com ella.

Á cabeceira da cama fazem-se muitas cruzes com carvão.

---

(1) Arvore de grandes dimensões, cuja madeira não é utilisada por ser ruim e exhalar um pessimo cheiro.

(2) Crêmos que uma das causas principaes do pouco sensivel augmento de população, além das que já mencionámos, é o pouco cuidado que se emprega para com a mãe e filho em seguida ao parto, pois emquanto se martyriza a criança para a livrar do *feitiço*, a mãe arrancha ás pandegas da *vigilia*, esquecendo immediatamente o seu estado melindroso.

Debaixo do leito colloca-se uma panella de barro cheia de azeite de palma para que as bruxas em vez do sangue da criança chupem o azeite.

Se a coruja (*cu-cu-cu*) passa e grita; se algum insecto passeia por casa, são bruchas que insistem nos seus ataques. Para as escorraçar, basta que a parteira pronuncie esta phrase:— *Pó fôgu muândgí mo-álla* (ha aqui pau de *muandim*, succupira, acceso).

As baratas, centopeias ([1]) ratos (n'este caso bruchas) que não tomam o expediente de recolher-se *a penates*, são caçadas pelos circumstantes, e logo condemnados a *auto de fé*, n'uma grande balburdia em que a criança chora por andar aos trambulhões ao cólo dos circumstantes. A cada instante veem chegando os visinhos cuja pituitaria foi attingida pelo *ca-rúrú* que se está preparando na cosinha. Se entre elles ha algum velho, cochicha-se que é feiticeiro, e então o caso é grave.

A parteira logo começa a enfiar linhas em agulhas, ás escuras; colloca um feixe de vassouras ([2]) á cabeceira da cama e pede a dois individuos presentes que accendam dois paus dos que afugentam o feitiço. Estes acquiescem, como é de prever, a este pedido que, no caso presente, representa uma ordem formal; e, quando os paus já estão em braza, sahem, cada um para seu lado da cubata, e começam á pancada com os tições nas paredes. Colloca-se depois á porta da entrada um pote com agua para as bruchas beberem; e a assembleia fica perfeitamente illesa das suas arremetidas. Todas estas cerimonias, se a festa começou ás 7 horas da noite, teem findado

([1]) Não se pode calcular a enorme quantidade de ratos que abunda, em toda a ilha. E' uma praga interminavel, que destróe as plantações, occasionando annualmente a perda de muitas dezenas de contos de réis.

Tem-se ensaiado diversos meios de os exterminar, sem resultado.

([2]) As vassouras são feitas pelo indigena das fibras delgadas da *an-dálla*, folha da palmeira, *Elacis guineensis*.

ás dez, isto é, á hora precisa em que as cozinheiras annunciam que o *carúrú*, o *idjógó*, o porco e as galinhas estão promptos a acoitarem-se nos estomagos dos convivas, já innundados d'aguardente. Depois da refeição, dança-se a *sêmba* ou o *lundum*, até de manhã. Ao romper do Sol, a parteira péga na pobre criança estremunhada, (a verdadeira victima d'aquella festa), e, seguida por todos, dá trez voltas em roda da cubata dizendo:—*Máiá, iá qué bô* (Maria, aqui está a tua casa). Pouco depois, tornam a entrar em casa, e só então podem entregar a criança á mãe,—porque está *vigiada* e livre de feitiços. Em a criança tendo trez mezes d'idade, esteja ou não baptizada ([1]), é uma restricta obrigação dos paes levarem-n'a a casa do padrinho ([2]), ou de quem está para sel-o *para este lhe cortar o cabello.* O paranympho recebe um presente, que pode ser uma pinha de banana pão, (*Musa paradisiaca*), uma cabaça de *vinho de palma*, ou uma terrina com *carúrú*, conforme o grau de consideração que lhe fôr dispensado.

O individuo assim arvorado em *cabelleireiro*, não pode metter a thesoura na carapinha do afilhado sem primeiro pôr nas mãos da mãe algum dinheiro, ou coisa que o valha,– *para pagar o cabello.* Tosquiado o rapaz, é entregue o cabello á mãe, que o vai enterrar junto d'uma bananeira.

([1]) No dia do baptismo repete-se a pandega da *vigilia,* com maior pompa. De volta da Egreja, os paranymphos são alvo de manifestações sympathicas dos convidados, soffrendo rijos abraços a cada instante, emquanto o pae e a mãe da criança dizem amiudadas vezes — *aqui está meu compadre, aqui está minha comadre...*

([2]) Conforme a criança é do sexo masculino ou do feminino, assim é a madrinha ou o padrinho *obrigado,* sob pena de censura, a fazer este serviço.

Esta bananeira toma o nome particular de *bánà cabêllu mina mun*, (bananeira do cabello de meu filho) (1). Se a bananeira crescer com regularidade, a criança será feliz ; se se tornar rachitica ou se morrer, a desgraça ha de sempre perseguir o recem-nascido.

(1) Estes costumes que, na sua esssencia, são absolutamente verdadeiros, variam um pouco na execução, conforme as freguezias; e é esta hecterogeneidade, até nos costumes que o indigena tem mais inveterados, que especialmente attesta o nosso principio de que em S. Thomé não ha um typo uniforme nem nos caracteres physicos nem na feição psychologica. O proprio dialecto que fallam, varia conforme o grau de civilisação de cada um, e de freguezia para freguezia. «As relações da vida vegetal com a humana, que persistem no costume de plantar uma arvore quando nasce uma criança, apparecem em uma superstição popular açoriana, commum á India, ao Mexico e á Germania.» (Theophilo Braga, *O pov. port.*, etc.. tomo II, pag. 19.)

Como se vê, a usança de S. Thomé, tem sua origem no velho costume que vimos de citar, embora aqui não haja a plantação da arvore, por errada interpretação de quem aqui inveterou este costume.

Que elle é peculiar á Europa vê-se no conto allemão colhido pelos sabios Grimm, em que apparecem dois lirios de ouro que dirão se duas pessoas ausentes passam bem ou mal, o que se dá se estes florescerem ou murcharem. O poder talismanico dos vegetaes, que Gubernatis tão proficientemente nos descreve na *Mythologie des plantes*, é aqui reconhecido não só no *mangungu* (arvore do feitiço) como em muitas mais plantas que tem *virtudes* de *fazer amar* e outras que representam o estado opposto d'esta affeição.

Orações para bilá clóçôn

R. J. MARIA

Oração Em Filho e do

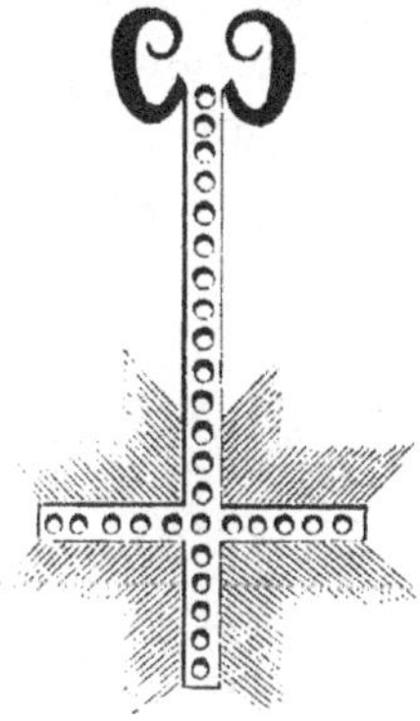

J. N. MARIA

Nome do Padre e do Espirito Santo Amen.

Dapacemeum domine sustementibus te ut plo prelatibus te tui fidelis emvimantur ✝ Maria ✝ exande precis servi tu a Fortunato, & plebis ten Israelitas fumii que dista sunt mihi Maria, Indamus domine ibimus Gloria patre & Filii do Espirito Santo sicut erat inprincipio. Oremos.

Derigavit corda corda nostra, quezumos domine tue mizerationes operatio quia tibi finete placere ne reposiimus perdominum nostrum Filium Amen.

MARIA

✠

Oração Beattia
vós foste aquel

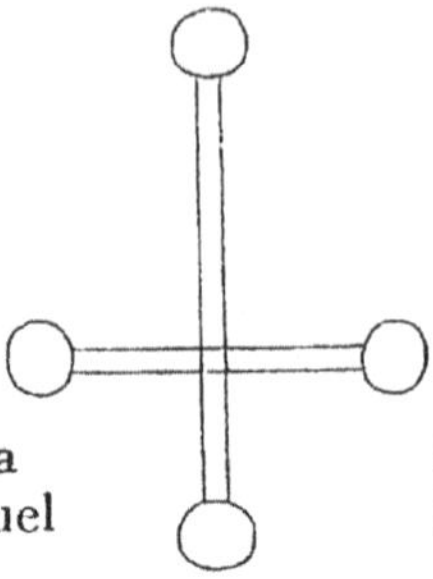

MARIA

✠

Santa Catharina
la Senhora que

entrou na casa d'escoridão contra nella dose mil mulheres brabas brandarão todos os corações para não offender o filho de Deus, Jesus Christo vencedor vencei-me com o coração de Maria, para eu Fortunato; ✠ possa vencer até a graça de Maria, para Fortunato.

MARIA

Oração de Beattia
para abrandar o
para Fortunato,

MARIA

Santa Monica
Coração de Maria
Coguovismno

Domine quia e quitas judicia tua, et in veritate tua malicia un compugite more tua cames emus amadus te tuis tis muis, Alleluia, Alleluia.

Beatha immaculada in quia anibulante in rege Domine gloria patres. Oratio.

Deus me vencit in consolator, et int esperatium salus, qui Beatha Monica Pios lagrimas incovertione filii sun augut mizericorditer suis lepestis da nobis entrins qui inventur peccatha nostra de ploram, et gratietui indulgencia in venere per Dominum nostrum Jesum Christum Fillum Amen. ✝

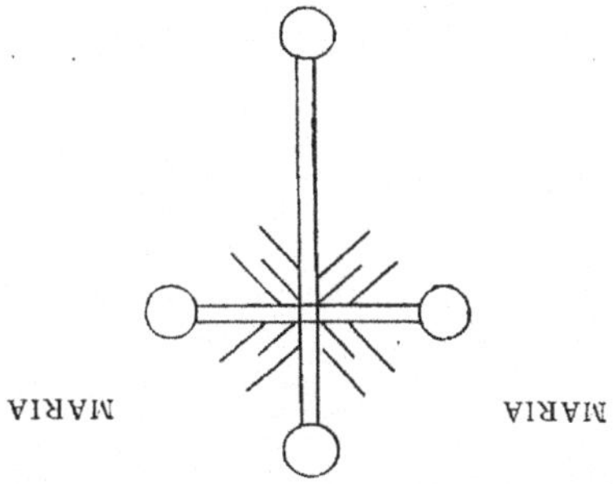

Oração de Santo Antonio para cousa perdida será discubrida. O' Beatho Antonio conffessor do Nosso Senhor Jesus Christo pela misericordia tenho uma viva fé e esperança de ajudar-me vencer o coração de ‘Maria ✝✝ e faça ella voltar a cabeça para minha casa pelo vosso rogo meu Senhor Jesus Christo, que me alcançais a graça de ✝ ‘Maria e meu signal quando chega na presença d'ella e fica tão amança e tão humilda assim como agua fria ✝ assim pesso-vos que me alcançais a maldade de ‘Maria para que com doutrina possa vences até qualquer hora que eu chega na presença de Maria por tanto ella por mim Fortunato gratia plena dominus tecum emnentieribus Alleluia ✝ Alleluia ✝ Alleluia ✝ Maria,

Gloria patre Maria

Resará tres padre nosso e tres Ave Maria offerece a Santo Antonio para discubrir a Maria para a minha casa.

Servo Criatura de Deus Fortunato.

Die IV. Maji.

Oração de São João Baptista,

São João, assim como Deos nosso Senhor tevi nas ultimas ÷ Maria ÷ tú não me dicestes que hias em roma buscar huma gaia de flor, que se chama saca flor; que bota o rais por mar, as floris para terra vai que tú Adi voltaris mas *eu* ti juro pella sagrada paixão e morte de Nosso Senhor Jesus Christo, que tù darás vida, e tanto, atráz de mim Fortunato eu não por ti, assim como Magdalena chorou por seu Filho Bento Jesus. Burro Berau pelo capricho. Amen Jesus. P. N. Ave Maria atenção de S. João.

Servo Criatura de Deus Fortunato.

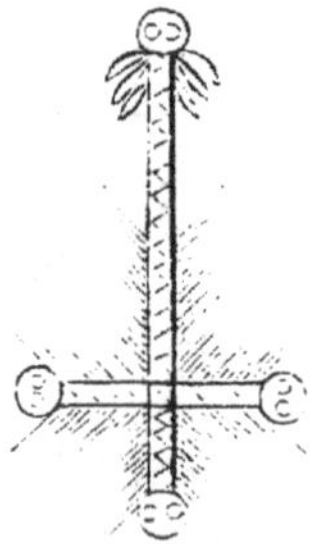

Oração de São Marcos Beniveza

São Marcos devineza que amança divinamente por Hostia Divina encarnai o amor de mim Fortunato no coração de

✝ Maria ✝ tú se humilhará assim como se humilhou Nosso Senhor Jesus Christo, com a noite escura no tempo de sua Paixão até ser pregado no arvore da Vera Cruz; ✝ Maria ✝ tenho o teu coração prezo e algemado debaixo do meu jugo, ✝ Maria ✝, o teu coração trago debaixo do dedo do meu pé esquerdo, com poder de Deus Padre ✝ Deos Filho ✝ Deos Espirito Santo. ✝ Por tanto quando quizereis tú dormir levará sempre na memoria vontade a meu amor ✝ Maria ✝ sonharás sempre comigo, acordarás me nomearás como creio Mave Rez Noster para que eu Fortunato ti possa vencer ati e não tú amim, que eu com as palavras Sur sum corda cum Dominum Deus noster te vencerá ✝ Maria ✝ se estás comendo não comas, se estás bebendo não bebas, se estás dormindo não durmas, se estás brincando não brinques, se estás rindo não rias, e nem tenha gosto dentro do teu coração, eu prevenindo coração até se quero da parte de São Marcos Devineza que amança divinamente me queira bem, me venha fallar em quanto me não fallareis, não tenha gosto. Amen.

Servo Criatura de Deus Fortunato. Oremos.

Senhor Deus vos que a Bemaventurado São Marcos Devineza sublimastes com graça deprecação de humildade, revogos que me dais graças para que com a sua doutrina possa ser approveitados de ✝ Maria ✝ a paixão da minha natureza e com a minha natureza e com a minha oração defendeme de todos os meus inimigos. Amen.

Servo e Miseravel Criatura de Deus Fortunato.

MARIA MARIA

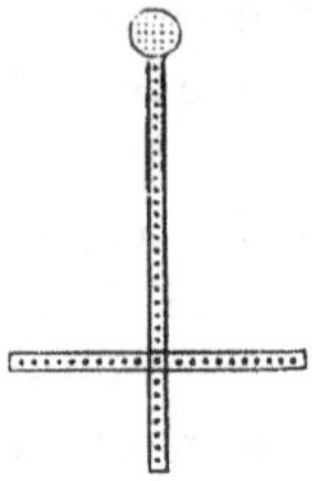

Oração de Santha Catharina
A Beata Santa Catharina vos fos-

tes aquella Senhora que entrando para as casas da escuridão contra partes dez mil homens brabos vós prendestes com a mancidão e verá os vossos braços pois rogo-vos que abrandais, e façais ✢ Maria ✢ abrando do coração de mais adversario; e me livrei de todos seu favoris e a que não comes, e pela vossa virtude de façaes protecção; assim agora e como em todos os momentos da minha instancia. Amen.

Vosso Servo Criatura de Deus Fortunato.

CAPITULO VII

A MEDICINA INDIGENA

O feiticeiro está no mais alto grau da therapeutica indigena.— Prova-se mais uma vez que tudo quanto o indigena sabe o aprendeu com os colonisadores europeus.— Necessidade de decepar a vocação medico cirurgica de mestres e discipulos.— Pede-se ao governo que olhe mizericordiosamente para tudo isto.— Opulencia pasmosa da flora medicinal.— Explorações botanicas de estrangeiros na nossa terra.— Os *piádô zdua* e a mortandade da ilha.— Pede-se aos poderes publicos que mandem estudar esta riquissima flora officinal.— A amostra e exame das ourinas como preliminar de intrincadas operações medicas.— Diagnostico e *recipes* momentaneos — O feitiço esmaga a sciencia indigena.— Os santos dos curandeiros.— Mortes *por tabella*.

Theophilo Braga, no vol. II, pag. 15, da sua copiosa obra de costumes, que por mais d'uma vez aqui temos citado, diz: "... a Magia (entre os povos da Europa, especialmente em Portugal) tornou-se essencialmente medicinal, concepção correlativa á das causas occultas das doenças.„ Soffrendo um grau do superstição selvagem, que convêm reprimir a bem da saude publica, o indigena de S. Thomé, depois de valer-se de uma *medicina* sua e para seu uso immoderado, recorre, em ultima instancia, ao feiticeiro, que *divinamente* inspirado, ha de salval-o forçosamente. Ha superstições altamente prejudiciaes entre este povo, as quaes convém extirpar para honra do nome portuguez e para maior dezenvolvimento d'esta raça enfezada que definha e se matta com tão absurdas crenças. Se uma criança nasce logo depois do fallecimento do pae, dão-lhe fortes pancadas pelo corpo e ferem-n'a nos braços—*para fazer sahir o feitiço*, porque o recemnascido ha de ser feiticeiro se o não sugeitarem áquelle supplicio. O doente (de feitiço) tem o corpo quasi sempre *cheio de bichos*. Se alguem enferma de *môlu quentchi* (blenhorragia) não deve comer galinha, porque a galinha come bichos, e estes introduzir-se-lhe-hão no corpo, sendo depois necessaria a operação que adiante descreveremos para os extrahir. Como estas ha centenas de superstições, cuja descripção seria fastidiosa. A crença em phantasmas, peculiar a todos os povos civilisados ou não, criou aqui proporções descommunaes, sendo tambem as almas penadas (o *Cázumbí* dos *angolares* e serviçaes, e o *Bufádo* dos santhomenses) causa inevitavel de graves enfermidades e até de muitas mortes. [1]

As *pragas* são a causa preponderante das maiores doenças e calamidades [2]. Estas pragas, em forma de orações, attin-

---

[1] Não comem o linguado «porque Nossa Senhora o excommungou, deixando-lhe a bocca á banda.» Se o comessem, ficariam tambem excommungados. Está muito generalisada esta idéa supersticiosa de que o homem participa do daracter do animal que come. Em Portugal diz-se de um individuo que está zangado — *Parece que comeu figados de leão!* Na provincia do Alemtejo ha a superstição de que quem come carne de grou vive cem annos, certamente porque esta ave é uma das que tem mais longa existencia. Os malaios de Singapura comem a carne do tigre "para adquirirem a sagacidade e coragem d'este animal (*Mœurs des Sauvages Americains*, Sproat, citado por Lubbock nas *Origines de la Civilisation*).

[2] "Assim como a oração é a boa palavra (*Sunna*, o hymno) tambem pode ser a imprecação, *a praga* que se atira e com que se fere (Theophilo Braga — *O povo portuguez nos seus costumes*, etc., vol. II, pag. 193).

gem sempre o alvo a que se destinam; e se resvalam na trajectoria, vão ferir o ponto onde estacionem, isto é — *matam por tabella*. Ha folhas venenosas que, ministradas de infusão aos *ingratos*, lhes fazem reaccender as chammas do amôr. [1]

Acontece que, na maioria dos casos, é demasiada a efficacia do veneno, e o transviado amante é victima da dedicação da mulher apaixonada. Nos casos mais graves de doença, o *méssê* (*mestre*-curandeiro) recorre ao *espelho* e ao *mangungu*. No livro quinto das *Ordenações Manuelinas*, tit. XXXIII (Theophilo Braga, liv. cit. tomo II, pag. 115) eram castigadas com a pena de morte quaesquer pessoas *que dessem de comer ou beber qualquer cousa para querer bem ou mal.*— "*Outrosim nom seja algua pessoa tam ousada, que pera adivinhar lance sortes, nem varas pera achar aver, nem veja em agua ou* EM CRISTAL, OU EM ESPELHO. . „ As folhas do *mangungu* servem tambem *para descobrir criminosos*. São postas nas mãos dos doentes ou delinquentes, emquanto o feiticeiro reza, em voz baixa, umas orações que só elle entende; e conforme as folhas que se deram unidas se separam ou não, assim a molestia é grave ou o criminoso apparece. Quando não se dá esta separação (que depende apenas das voltas que o *mestre* lhes dá) fica o enfermo livre da doença e o criminoso illibado na sua dignidade. Estas *qualidades* de feiticeiro ou se conquistam pela forma que adiante indicaremos, ou são adquiridas por hereditariedade, o que se dá mais frequentes vezes. Theophilo Braga (liv. cit. tom. II, pag. 124) refere-se a um feiticeiro d'Evora—"*que ja era herdeiro das tradic-*

---

(1) Na provincia do Alemtejo e nos Açores, (segundo vemos no liv. cit. de Theophilo Braga, pag 82,) operam-se estas transformações dando a comer ao amante desapaixonado *miolos de burro* «como um poderoso philtro para querer bem„.

ções magicas de seu pai„. As curas radicaes só se fazem em certos dias da semana, conforme o preceituado na *Folhinha dos feiticeiros*, precioso alfarrabio que não conseguimos ainda examinar ([1]). Serpa Pinto falla-nos d'estes feiticeiros, que encontrou dessiminados pelo grande continente africano. Em Portugal temos as mulheres *de virtude* e as que *deitam cartas*, que não são outra cousa senão representantes da medicina magica.

*

O curandeiro indigena aprendeu, pois, com o enropeu os *vastissimos* conhecimentos medico-cirurgicos que possue, e que, por vezes, attingem a gravidade enorme d'uma epidemia perniciosa. Comprehende-se que o agricultor europeu de ha 30 annos, obrigado por uma imprescindivel necessidade, fosse o medico, o architecto, o engenheiro, tudo emfim, da sua propriedade, onde havia a carencia completa de tudo isto. Hoje que o *Regulamento da curadoria geral dos serviçaes* obriga os fazendeiros a terem medico, e que a junta de saude, que tem o quadro completo, reune e opera regularmente; todas essas necessidades desappareceram, e o europeu deve ir, pouco a pouco, perdendo as suas antigas *aptidões*. O indigena, alma de criança onde se gravam e permanecem todas estas pequenas

---

([1]) No processo do christão velho Pedro Affonso, lê-se:
"Tinha um livro intitulado *S. Cyprião*, e n'elle se diziam as curas que se haviam de fazer.— *Não curava senão ao domingo*, dizendo que assim lh'o mandava o livro de *S. Cyprião*„ (Theophilo Braga, liv. e tom. citados, pag. 161).

A pag. 201 d'este liv., copia este illustre investigador as seguintes palavras de uma sentença do Santo Officio que condemnava um feiticeiro (1683) — *e fazia parir com bom successo as mulheres pejadas; observando sempre os effeitos das ditas cousas especialmente ás quartas e sextas feira da semana*„.

ou grandes minuciosidades da existencia barulhenta da colonia européia, tem a mais completa pharmacologia e a mais numerosa pleiade de *curandeiros* que pode imaginar-se. Deve notar-se que o *feiticeiro* foi sempre, e será por emquanto, o unico Esculapio infallivel, porque tem uma therapeutica intangivel, vedada completamente á sabedoria dos profanos— uma especie de nephelibatismo scientifico, com os seus Verlaine, Moreas, Rimbaud, Rhéné Ghill. Alem dos facultativos do quadro de saude, ha na ilha ordinariamente alguns medicos particulares, e o que dezempenha o serviço do partido medico-municipal. O europeu, em vista d'isto, se ainda se acabrunha nas duras locubrações das formulas do Chernoviz, é simplesmente para alimentar um uzo tradiccional, que á sua propria pessôa prejudica.

De ordinario, tão versado se julga n'estes assumptos, que, a não ser *in articulo mortis*, trata-se a si mesmo e aos seus proximos, applicando-se e applicando-lhes dozes de medicamentos tão *milagrosos* que rapidamente livram o paciente da doença, desbravando-lhe o caminho da formidavel necropole que aqui tem o nome pinctoresco de — *Picão*.

Se attendermos a que todas as roças, tendo mais de 50 trabalhadores, (1) são obrigadas a ter um medico, e á facilidade que ha em chamar, para qualquer ponto da ilha, um dos muitos clinicos que rezidem na cidade, mais facilmente concluirêmos que esta propensão, que já foi uma necessidade, redundou n'um vicio heriditario. Ha nas roças dos europeus pharmacias bem providas de toda a qualidade de drogas, que, na maioria dos casos, são manipuladas por elles ou por qualquer individuo que nada percebe da essencia dos medicamentos que manipula, tendo apenas uma ideia, quantas vezes falsa, dos effeitos que elles podem

(1) Vide *Regulamento Geral da Curadoria*.

produzir. ([1]) Nos proprios estabelecimentos commerciaes se vendem a qualquer pessôa os medicamentos mais energicos; sendo mais este facto um incentivo permanente a desafiar a vocação que despertámos no indigena. Affastadas, por um moroso movimento evolutivo, as causas que promoveram estes factos, que hoje são, alem de muito prejudiciaes, improprios da mais florescente colonia portugueza, não julgâmos desasisada, antes digna de todo o louvôr, quarquer medida que córte cerce estes uzos e praticas que tomaram já as proporções decrepitas de velhos archaismos sociaes. Se o governo estabelecer pharmacias, por sua conta ou mesmo de particulares, nas villas sédes das freguezias ruraes, prohibindo energicamente a existencia de pharmacias nas roças, fará um grande serviço á população, talvez com rezultados economicos muito aproveitaveis para a provincia.

O *filho de S. Thomé*, que tem, como nós, o goso perfeito de seus direitos politicos e civis, pode ter a um canto da cubata os medicamentos que lhe approuver ([2]), ministrando-os consoante lhe parece, á tôa, ou por indicação dos *feiticeiros*. Facilmente se deduz o resultado d'essas atrevidas operações. Actualmente a lei e a auctoridade que a representa não devem, conscienciosamente, chamar aos tribunaes o *curandeiro* que manda d'esta para melhor vida o seu proximo, visto que ha a mais criminosa tolerancia para com o roceiro europeu arvorado em medico e em pharmaceutico, sem necessidade absoluta que o justifique. Accresce que o indigena,

([1]) E' claro que algumas, roças ha tambem que, pela distancia a que ficam da cidade, se exceptuam da regra que estabelecemos, e tambem ali não incluimos as que teem pessoal habilitado, que são em numero muito limitado.

([2]) O curandeiro indigena pouco uso faz dos nossos medicamentos. Tem a sua pharmacologia especial, aproveitando-se apenas d'alguns vegetaes que manda comprar ás pharmacias e que depois manipula a seu modo.

dotado d'um fogoso genio imitativo, tem elevado a sua *pharmacologia especial* a ponto de extrahir, de quasi todos os arbustos, de quasi todas as arvores que constituem a explendida flora da ilha, medicamentos em que affiança achar propriedades maravilhosas. A relação, pelo menos approximada, de toda a flora medicinal que conhecemos será entretanto muito apreciavel, porque, sem contestação, é ella opulentissima e digna de um estudo prolongado (1). Não está ainda completamente estudada a flora da ilha. G. Don foi o primeiro explorador botanico que aqui esteve (2), de passagem para a Serra Leôa, onde ia herborisar por conta da Sociedade de Horticultura de Londres. Ignora-se ao certo a data da sua estada na ilha, mas sabe-se que foi anterior a 1853. N'este anno o Dr. Welwitsch, de passagem para a costa d'Angola, demorou-se algum tempo em S. Thomé. Em 1861 o inglez G. Mann veio aqui estudar a flora, e subiu ao pico de S. Thomé. Foi o primeiro europeu que fez aquella ascensão, segundo se affirma. Em 1879-1880, outro estrangeiro, o dr. Richard Greeft, estudou a fauna e a flora da ilha.

Seguiram-se ainda os estudos de Morelet e Crosse; até que, em 1885, o governo portuguez deliberou finalmente encarregar o sr. Adolpho Frederico Moller da exploração botanica da ilha de S. Thomé. (3)

---

(1) Referindo-se a este assumpto, diz a commissão executiva encarregada de colleccionar productos para a *exposição colonial* do Porto, no supplemento ao n.º 29 do *Boletim official* d'este anno:

«Quantas arvores, quantos vegetaes, novos em sciencia, uteis na industria, aproveitaveis na medicina, e valiosos no commercio e agricultura, jazem esquecidos e abandonados na ilha de S. Thomé?»

(2) Em 1847 aportou a S. Thomé o naturalista allemão, Carl Weiss, que tambem estudou a fauna d'esta ilha.

(3) Veja-se, sobre estes trabalhos, cujos resultados foram os mais satisfatorios possiveis, o apreciavel trabalho do benemerito e illustre professor de botanica da Universidade de Coimbra, dr. Julio Augusto Henriques, (*Boletim da Sociedade Broteriana*, vol. IV, pag. 129).

Os *piádô záua* (*piádô*, de *piá* — ver, *záua*-ourina — examinadores d'ourinas) são aqui o que é o nosso classico bar-

---

A exploração zoologica no golpho de Guiné tem sido feita nos ultimos annos por Francisco Newton. A fauna ornithologica é riquissima, especialmente pelo avultado numero d'especies privativas da ilha (Barbosa du Bocage, *Jornal de Sciencias mathematicas, physicas e naturaes*, n.º XLII, 1886, pag. 1). Francisco Newton, que encetou os seus trabalhos em 1885, descobriu já para a sciencia os seguintes reptis e batrachios na ilha de S. Thomé: *Hemidactylus Greeffii*, Bocage; *Rana Newtoni*, Bocage; *Hyperolius thomensis*, Bocage; um mammifero — *Sorex (Crocidura) thomensis*, Bocage; diversos exemplares ornithologicos — *Scops scapulatus*, Bocage; *Amblyospysa concolor*, Bocage; *Columba arquatrix, var. thomensis*, Bocage; *Cinnyris Newtonii*, Bocage; *Nectarinea thomensis*, Bocage; *Lanius (Fiscus) Newtoni*, Bocage; e um precioso exemplar da fauna erpetologica, *Typhlops (Onychocephalus) Newtoni*, Bocage. Em Anno Bom descobriu o illustre explorador as seguintes aves, tambem novas para a sciencia: — *Tersiphone Newtoni, Zosterops griseo-virescens*, e dois reptis — *Mabuia Osorii* e *Philotamnus Girardi*, igualmente classificados pelo erudito director do Museu de Lisboa, Barbosa du Bocage. Em Fernão do Pó tambem o sr. Newton capturou um batrachio novo para a sciencia — o *Tympanoceros Newtoni*, Boc.

Tratando n'este livro, ainda que de leve, das raras explorações scientificas a que o nosso governo tem mandado proceder nas colonias, convém frisar o facto de ter sido sob a proteção da nossa bandeira que as principaes nações colonisadoras tem conseguido percorrer a Africa em todas as direcções, arrancando-lhe os preciosos productos naturaes com que se tem enriquecido os grandes museus da Europa. No *Repertorio da legislação de Angola*, o sr. J. J. da Silva, aponta as seguintes ordens que n'este sentido foram dadas ao governador geral, tendo-se repetido identicas determinações para os governadores e mais auctoridades que de alguma forma pudessem proteger os exploradores estrangeiros que, sem o nosso auxilio e os nossos interpretes não teriam conseguido realisar as suas expedições: — Ordem para se proceder a indagações sobre o paradeiro do subdito inglez *Anderson*, que tinha vindo com uma expedição á Africa (Off. p. 30 março 1852). Idem para se prestar todo o auxilio á expedição que se propunha partir de Zanzibar para reconhecer o grande lago situado ao norte do paiz dos *Muraves*, sob o commando do capitão *Bruton*. (Port. r. 30 setembro 1856 — Port. prov. 14 fev. 1857).

beiro d'aldeia no Reino, ([1]) desconhecendo apenas por completo o formulario e o Chernoviz. Todos os medicamentos de que fazem uso os indigenas são extrahidos de cascas, raizes e do *latex* de diversas arvores e plantas. Damos no fim d'este capitulo a relação quasi completa da flora medicinal de S. Thomé, porque, estamos convencidos, se ella fôr convenientemente estudada, bastante terá de aproveitavel para a sciencia. E' sobre este assumpto que muito especialmente chamâmos a attenção do governo da metropole, porquanto é certo que o que se conhece da flora santhomense tem sido classificado algumas vezes por in-

---

Publicaram-se successivamente as *portarias regias* de 25 d'abril de 18 3, 5 de nov. de 1874, 4 de jan. de 1875 e 23 de maio de 1876, para que as auctoridades portuguezas auxiliassem, por todas as formas ao seu alcance, uma expedição scientifica allemã ao interior d'Africa; uma outra da mesma nacionalidade que se propunha explorar a Africa Equatorial; e ainda outra commandada por *Alexandre Van Homeyer*, que tinha por chefe o allemão *Edouard Mohr*. Que se prestasse todo o auxilio ao naturalista allemão *W. Ackermann* (Port. r. .5 julho 1861). Mandou-se auxiliar e proteger o naturalista *Sala*, do museu de Leyde, que veio explorar a Africa Occidental (Port. r. 12 agosto 1867. Idem ao capitão inglez *G. E. Shevey*, que veio desempenhar uma missão a Angola (Port. regia 27 nov. 1873). Idem ao tenente da marinha ingleza *Cameron* (Port. r. 27 janeiro 1875). Idem ao explorador allemão *Schutt*, que se propunha explorar a Africa Merid. (Port. r. 2 nov. 1877). Idem ao major *Mechow* (off. do m. de 3 set. 1878). Idem aos exploradores allemães *Buchner* e *Passavant*, no interior d'Africa, (Port. prov. Angola, 8 nov. 1878). Idem ao explorador hollandez *Busto Kofor*, para visitar Cabo Verde, S. Thomé e Principe, etc. (Off. circular do min., de 4 de nov. de 1879). Este explorador não desembarcou em S. Thomé.

([1]) A um d'estes *examinadores d'ourina* mandou ha tempos um europeu entregar um frasco com ourina de cavallo, dizendo ao portador que recommendasse ao *mestre* a maxima urgencia no exame, pois que o estado do doente era gravissimo. O curandeiro, percebendo a troça, tornou a devolver a ourina, dizendo que a examinára cuidadosamente, recommendando a quem lh'a remettera o uso diario do *ógá-ogá* (*Panicum sulcatum*, Anbl.), capim que se dá ás cavalgaduras e que pela aspereza das suas folhas chega a ferir-lhes a bocca.

formações e por botanicos que, apezar de muito distinctos, não tem ligado a menor importancia ao assumpto de que tratâmos. Temos ouvido encarecer a muitos europeus a efficacia d'alguns *remedios da terra*, como aqui lhes chamam.

Poderá haver aqui uma apreciação mais ou menos supersticiosa, mas é certo que entre a infinidade de medicamentos indigenas muitos deve haver dignos d'estudo e muito aproveitaveis para a sciencia.

*

Vejamos, porém, o que são os *piádô záua*, e de como elles exercem o seu sympathico officio. Para se attingir esta *dignidade* exigem-se aos *candidatos* multiplos conhecimentos praticos e um certo caracter doutoral e grave, que só os *raros* possuem (1). Os *piádô záua* gosam, por isso mesmo, d'uma certa auctoridade no sitio, trajam sempre á européia, e tem jus ao respeito de todos, mesmo quando da sua pericia resulte um dezenlace fatal, porque o indigena ainda considera a mão da Providencia, apesar de tudo, muito superior ao *mócótó* do curandeiro.

Qnando adoece qualquer pessoa gravemente, porque de ordinario só n'este caso se recorre aos curandeiros, a familia do enfermo leva a casa do *piádô záua* as ourinas d'este, declarando minuciosamente quaes os symptomas com que a doença se manifestou; o que o *doutor* escuta attentamente, com uma grande seriedade de quem pensa, proferindo muito devagar: — *é... é... é... é...*

Finda a narrativa pathetica de todos os pormenores da

(1) Quando qualquer individuo dá provas evidentes de poder investir-se nas funcções de *piádô záua*, reunem-se os mais antigos e abalisados curandeiros, compondo um jury d'exame, a que o *aspirante* se sujeita resignadamente. Este exame, que é mais ou menos secreto, dura bastante tempo e obriga o examinando a inclemencias incriveis. Findo elle, porém, póde exercer a *clinica* livremente, se ficar approvado.

doença, é deitada a ourina em um copo e examinada vagarosamente pelo *piádô.*

Esta operação demora alguns minutos, porque a ourina é passada de uns para outros copos, de differentes tamanhos e feitios; até que o *piádô*, tomando assento no *laboratorio*, sentenceia invariavelmente: — *Ninguê cé tê môlú quentchi* (esta pessoa tem *humor quente* — sangue esquentado). Declara immediatamente que o enfermo está *enfeitiçado*, accrescentando que elle ha de ter forçosamente sentido calor no peito e na cabeça *(fôgô çá liba*—o fogo está em cima), e frio na parte inferior do corpo *(fiô çá bássu* – o frio está em baixo). A familia do doente declara logo, admiradissima, que é isso exactamente o que elle sente. O *piádô* vae então ao canto da casa, onde está a sua pharmacia bem fornecida de muitos pedaços de madeira, folhas, raizes, cascas e garrafas com diversos succos extrahidos de arvores e arbustos medicinaes; faz um embrulho dos paus e folhas que escolhe, ata-o com corda de bananeira *(côdô bánà)*, e ensina ao portador a forma de ministrar estes *medicamentos*, em chá, fricções na espinha dorsal, etc.

E' claro que o doente não melhora com a primeira *receita;* e o *piádô*, prevendo-o, diz sempre á pessoa com quem conferenceia: — *Sun cá bilá cu záua ámanhã* (o sr. volta ámanhã com as ourinas do doente).

Repete-se por muitos dias o exame das ourinas, e a casa do enfermo vae-se abarrotando de garrafas, chicaras e copos com *mijân* (medicamentos) que o *piádô* manipula secretamente. Com os honorarios das segundas e sextas feiras de cada semana, que são guardados n'um mealheiro, mandam os *méssê* dizer missas a S. Cosme e a S. Damião (os santos dos Curandeiros). O exame n'estes dias, *por serem dias das almas*, custam apenas dois vintens. Quando a molestia se prolonga e o *piádô* percebe que a morte se avisinha do enfermo ([1]), salva a honra do seu cargo com

([1]) Os medicamentos são ministrados ao paciente em dias determinados na *folhinha* especial que os *piádô* mais abalisados possuem e esta phrase terrivel, que faz estremecer a familia do doente: *Quá fédu!* (isto é feitiçaria). N'este caso, está decretada a pena capital — o feitiço inveterou-se no corpo do paciente, e não ha tizana que lh'o arranque. Trata-se, pois, de preparar as coisas para o enterro... E assim acaba sempre a tarefa dos *piádô záua*, que infestam a ilha, dezimando a população indigena, aconselhada por elles a não crer na sciencia medica e a ingerir toda a casta de beberagens que a sua imaginação inventa. [1]

O sr. Ferreira Ribeiro, chefe do serviço de saude da provincia, referindo-se aos curandeiros de S. Thomé, diz a pag. 119 do seu relatorio de 1869:

"Sangram sem dó estes damninhos; usam de ventosas sarjadas a torto e a direito; applicam os causticos desalmadamente. Teem uma ignorancia crassa e atrevida, como se não encontra em qualquer outra parte do mundo.„

---

guardam cuidadosamente. Ha remedios que só se tomam quando é lua cheia e ha baixa-mar; outros applicam se ao nascer e ao pôr do sol; ainda outros quando o sol está no apogéo, etc.

Os individuos que *sabem ver* o tempo capaz para tomar remedios, são uma especie d'*homens de virtude*, e grangeiam, além da esportula choruda, o respeito profundo de oraculos.

(1) E' incrivel a habilidade que os *piádô záua* dezenvolvem no acto do passamento dos infelizes que *curaram*. Apresentam á familia rezas a S. Chrispim, a S. Tbomé, a S. Thiago, a todos os Santos e Santas da Côrte do Céo, e fazem-lhe ver que o morto foi victima das pragas e orações de seus inimigos. Quando se lhes objecte que o desgraçado não tinha quem lhe quizesse mal, respondem desabafadamente que foram attingidos por alguma oração mal feita, o que equivale a dizer que foram mortos *por tabella*. Damos um dos periodos d'um requerimento apresentado ultimamente ao administrador do concelho, n'este sentido:

. . «*lhes disseram os piádô* (ao requerente) *que a queixosa é quem mandou fazer reza em Sant'Anna, para matar um tal João Pires dos Santos, irmão do pae do dito fallecido, e que a reza em vez de matar aquelle foi matar este...*»

Copiâmos estes dois periodos, repassados d'uma indiscutivel veracidade, simplesmente para que se saiba que o governo tem conhecimento official d'estes abusos ha muitos annos, mas ainda não tentou reprimil-os. Não perdendo nunca o nosso principal objectivo de que é o europeu, mórmente o collocado em posição official, quem incute e alimenta no indigena estes usos prejudiciaes, pômos ainda aqui estas palavras do mesmo senhor, insertas no seu já citado relatorio:

—"Vi um europeu, *em posição official*, sangrar duas vezes uma doente que tinha *vermes intestinaes*, e um curandeiro abrir um tumor aneurismal.„—

Isto é o que o chefe do serviço de saude viu. Calcule quem quizer o que, n'este genero, não terá visto cada um de nós, os que, mais a descoberto, podemos examinar a vida do europeu e a do indigena, despertal-os até nas suas mais secretas operações!...

ARVORES E ARBUSTOS MEDICINAES DA ILHA DE S. THOMÉ (1)

A

Azeitona — *(Sideroxylon densiflorum*, Baker.) Arvore de 20 a 25 metros de altura, de muito bôa madeira. As folhas e as cascas são usadas na medicina indigena, não sabemos com que applicações.

---

(1) Na relação da flora medicinal da ilha seguimos muitas vezes as indicações contidas na nota dos productos envidos á exposição de Vienna d'Austria em 1873 pelo barão d'Agua Izé e commendador Jacintho Almeida. E' incompleta esta relação, como não podia deixar de ser, visto que com difficuldade se colhem informações do indigena, e não está ainda classificada pela siciencia a maioria das plantas e arvores da ilha. E' claro pois que n'este trabalho não temos pretensões scientificas de especie alguma.

AMOREIRA ([1]) — (*Chlorophora excelsa*, Benth.) Attinge a altura de 25 metros e mais. Dá bôa madeira para marcenaria. As folhas são medicinaes. Faz-se da seiva, que é abundante, nm purgante muito uzado.

AGUA (pau) — (*Grumiba venosa*, Hiern.) É uma arvore de altura regular, de qne se não aproveita a madeira. As folhas e as raizes são empregadas na cura de algumas enfermidades.

AMA (pau) — Arvore d'altura regular e de bôa madeira para construcções. Esta, triturada ou cortada, exhala um cheiro activo e particular. As folhas são usadas para afugentar os mosquitos, e empregam-se algumas vezes como medicamento.

ALHO (pau) — Arvore de bastante altura. É assim chamada porque, cortando-se ou triturando-se, exhala um cheiro activo a alho. A casca, a raiz e as folhas são uzadas na *medicina da terra*. Entre os indigenas, especialmente *angolares*, é conhecida esta arvore por — *lântá gánhá*. ([2])

ARTEMISIA ([3]) — (*Artemisia vulgaris*). — É applicada pelos

---

([1]) Segundo o sr. conde de Ficalho esta arvore é da especie da que em Angola é conhecida por *Mucamba-Camba*, a *Morus excelsa*, de Welwitsch.

([2]) *Espanta* (levanta) *galinha*.

([3]) Ha na ilha muitas plantas medicinaes como *butua*, a que chamam *abutua*, *áloes*, *arrow-root* (*Marantha Arundinacea*, L.) alfavaca (*parietaria lusitanica*, L.) avenca (*adiantum capillis veneris*, L.) fedegoso ou maióba (*Cassia Occidentalis*, L.) estramonio (*datura stramonium*) e muitas outras que parece terem sido aqui introduzidas pelos primeiros colonisadores, porquanto são mais triviaes nos sitios onde se edificaram as primeiras povoações, e o indigena faz d'ellas o uzo que nós fazemos, o que certamente, attenta a sua rebeldia actual, lhes foi ensinado pelos primitivos habitadores da ilha. E' d'esta opinião o sr. Justino José Ribeiro, um dos mais antigos agricultores da ilha, que se tem dedicado bastante ao estudo pratico da flora indigena. Sobre o *fedegoso* dos portuguezes e *munhanóca* dos negros, veja-se C. de Ficalho — *Plantas uteis da Africa Portugueza*, pag. 152.

indigenas no tratamento de certas enfermidades, e serve para banhos aromaticos.

Ámi só — Planta d'uma só folha. Applicada em grandes quantidades é venenosa; apresentando como symptoma de intoxicação o crescimento do ventre. É applicada, com moderação, em certas enfermidades das crianças.

Áqui — (Trepadeira). As folhas são empregadas em banhos medicinaes.

Araçázeiro — (*Psidium Aracca*, Raddi.) O fructo é refrigerante.

Ágo ou anil do matto – As folhas d'esta planta são consideradas medicinaes. Não se deve confundir esta planta com a que é conhecida por *máfundgi* ou anileiro bravo. Ha tambem na ilha, certamente introduzido, o *Indigofera Anil*, *L.*

Azami (Pau) – É um condimento apreciavel, e dizem que tem propridades medicamentosas. Não se deve confundir com outra planta, tambem condimentosa, a que na ilha chamam *óssâmi (Amomum erythrocarpum*, Ridley.)

Andhrosaemum officinale — Usada na expulsão das areias do figado. Introduzida na ilha ha poucos annos pelo sr. Francisco Dias Quintas.

B

Bancá – Planta mui similhante ao trovisco. É venenosa.

Búta —(Trepadeira). Da casca e folhas fazem os indigenas um medicamento muito amargo que applicam nas molestias de peito. Tomam de manhã um copo de genebra com o succo da raiz, *por causa da humidade.*

Blabósa — A folha d'esta planta é applicada com bom resultado na cura dos ferimentos, mormente pela purgação que opera para extrahir qualquer corpo que se haja introduzido na pelle.

Bungá — (*Hernandia Beninensis*, Welw.) Arvore de 20 a 25 metros d'altura, cuja madeira só é aproveitavel para gamellas, pirógas e boias de redes (1).

Bôbô-bôbô — Arvore d'altura regular. A madeira é empregada na construcção das cubatas. As folhas são uzadas em banhos para a cura de algumas doenças.

Bengue d'óbó — Arvore que attinge 20 a 25 metros de altura. Da casca extrahe-se um tonico muito apreciado; e é uzada, quando reduzida a pó, na cura de inflamações.

Branco (Pau) — (*Hasskarlia didymostemon*, Baill.) Arvore de 30 a 35 metros d'altura. A raiz tem propriedades purgativas. A madeira emprega-se em gamellas e utensilios similhantes.

Beatás — Fétos de differentes especies. São uzados em banhos medicinaes.

Bouba da praia — As folhas d'esta planta são refrigerantes.

---

(1) Informam-nos de que o indigena, por indicação dos *méssê* (mestres) usa das folhas e da casca d'esta arvore na factura das suas tizanas, o que não affiançamos, por não termos verificado o que existe de verdadeiro n'estas indicações.

Bubo-bubo-preto — Planta a que os indigenas attribuem propriedades anti-syphiliticas.

Buá (vála) — *(Vára buá)*. Pequena arvore de 8 a 9 metros de altura. Os fructos são empregados na medicina indigena.

Belgata — (ou *Capim do Gabão*) *(Andropogon citratus*, D. C.). Usa-se muito a infusão d'esta planta na cura das constipações. E' anti-febril.

Báná-muéla — *(Chestes oblongifolia*, Baker.) [1] (Bananeira *mulher*, femea). Arvore de pequena altura, que dá um fructo não comestivel similhante á banana. A folha é tida como medicinal; contem bastante tanino, e é applicada em molestias de peito. Chama-se *bananeira muála* ou *muéla* (mulher) porque o fructo se ministra ás mulheres em seguida ao parto.

C

Carambóla — *(Averrhoa Carambola*, L.). Dá um fructo comestivel, oblongo, com cinco margens angulosas. Este fructo é muito adstringente. Parece que esta arvore foi introduzida na ilha, ignoramos quando, pelo fallecido agricultor Gabriel Bustamante, brazileiro.

Clóçôn sôn — (Coração do chão). Especie de tuberculo, empregado na cura da debilidade, por meio de infuzão.

Cuiní ou cóiní – Tuberculo venenoso, egual ao que se conhece com o nome de *ofó*, que nasce de ordinario proximo das plantas do café.

---

(1) O indigena chama a esta arvore *báná muála di quinté* (bananeira femea de quintal).

CUÁCO MLAGUÍTA — Arbusto que não attinge mais de um metro d'altura. Serve, de infusão em genebra e vinho branco, para combatter a anaphrodisia.

CLÁ-CLÁ — Arvore que attinge a altura de 45 a 50 metros. Tem boa madeira para construcções. A casca e as folhas são aproveitadas para medicamentos. Esta arvore não é a mesma a que os indigenas chamam *stála-stála*. Vivem ambas na zôna baixa, mas esta eleva-se em zig-zague e a menor altura.

CÓDÓ QUÉ [1] — (*Paulinnia pinnata*, L). Corda para cobrir casas. Trepadeira. A folha e a raiz são medicamentosas.

CAPITÃO — (Pau) (*Celtis integrifolia*, Lam.). Uma das arvores mais altas da ilha. Attinge 50 metros. As folhas e a casca são uzadas como medicamento. D'esta uzam tambem em banhos medicinaes para as crianças.

CABRA — (Pau) *Trema affinis*, Planch.). Arvore de pequenas dimensões. Tem este nome (em dialecto de S. Thomé — *cábla*) porque as suas folhas, que tem propriedades medicinaes, servem para alimento das cabras. O fructo é similhante ao da bananeira.

CÚLU-CÚLU — Arvore d'altura regular, de casca muito grossa, um pouco viscosa. Esta casca de infuzão, na doze de 25 a 30 grammas, é purgante energico. Em maior quantidade é perigoso o seu uso.

---

(1) Parece-nos ser esta trepadeira a mesma que tem na ilha o nome de *códó íbua*. Existe aqui uma grande quantidade de *cordas* trepadeiras camo a *corda pimenta* (*Culcasia angolensis*, Welw.) as cordas *congló blancu* e *congló plêtu*, e outras a que attribuem, mais ou menos, propriedades medicinaes.

Clócótó — Arvore de regulares dimensões, de madeira rija, mas pouco uzada. Applica-se a raiz na cura das pontadas.

Cuáco blàncu — (Cuáco branco). Arvore muito alta. A madeira não é applicada em construcções. Das folhas faz o indigena banhos medicinaes.

Cóla — (*Cola acuminata*, R. Br.). (1) A casca, convenientemente preparada, passa por um bom tonico. Os fructos são muito adstringentes, e constituem para o indigena um dos seus principaes alimentos, como já dissemos.

Colma - (Parece ser a *Lonchocarpus Milletia speciosa*, de Welw.). Ha duas especies — a *colma doida* que serve para apanhar peixe, porque produz os effeitos da *cóca*, e a *colma fria*, que dizem ser aphrodisiaca, applicando-se tambem nas dores do ventre. (Vide conde de Ficalho, no liv. cit. Segundo este distincto botanico esta arvore é o *Lonchocarpus formosianus*, D. C.) Os fructos da *L. formosianus* tem propriedades tonicas.

Cájueiro — (*Anacardium Occidentale*, L.). A casca d'esta bem conhecida arvore, d'origem americana, é adstringente, a raiz é aphrodisiaca, e uma e outra são muito uzadas na medicina dos indigenas, especialmente no tratamento de dyarrheias.

Cáta glandji e cáta piquina - (*Orchipeda*, sp.) (Cáta (ou carta?) grande e pequena). A madeira d'estas arvores não é aproveitavel. A casca da *cáta grande* passa por ser anti-syphilitica, e a da *cata pequena* é empregada na cura d'algumas molestias, como inflamações.

Côdô plégu — (Corda prego). Trepadeira. A raiz e as folhas d'esta trepadeira fazem parte da pharmacologia indigena.

(1) Ha tambem na ilha a *Cola digitata*, Masters.

CÁCHÃO—(Pau. No dialecto indigena-*pô cáçôn)* (*Urophyllum insulare*, Hiern.). Arvore de altura regular, de que os indigenas extrahem as *taboas de cáchão* ou de *peralto* com que construem as cubatas e as *ubuas* ou *ubas*. A casca d'esta arvore é applicada com rezultado na cura das feridas, e diz-se que a raiz é anti-syphilitica. A seiva é gazoza e emprega-se na cura de dores de dentes.

CUÉNÊ — Arvore de pequenas dimensões. Attribuem-se propriedades medicinaes á folha e á casca.

CÁCÚMÁ — Arbusto medicinal, cuja applicação ignorâmos.

CORDA D'AGUA — E' uma trepadeira que produz liquido agradavel ao paladar e de que os indigenas se servem para mattar a sede. Este liquido é um bom tonico, e dizem que cura as doenças d'olhos.

CÊNCÊ — Especie de tuberculo a que o indigena chama *cebola cêncê*. Da raiz, folhas e flores faz-se um vomitorio energico. Uza-se tambem para facilitar os partos. Habita esta planta nos sitios sombrios, perto d'agua.

CAFÉ—(*Coffea arabica*). A raiz do cafezeiro, fervida em agua, e ministrada com vinho passa por energico abortivo. A raiz da canelleira *Cinnamomum aromaticum*, Nees.) é tambem empregada pelos naturaes do paiz como abortivo.

CÓCA—(*Erythroxyton Coca*, Lam.) São conhecidos os effeitos medicinaes d'esta planta, aqui introduzida, não sabemos quando, por José da Costa Pedreira.

CARDAMOMO — (*Amomum Cardamomum* L.). Encontrámos esta planta na roça *Saudade*, a 750 metros sobre o nivel do mar. Foi introduzida na ilha pela Direcção do Jardim Botanico de Coimbra. O cardamomo, como se sabe, é um poderoso excitante muito uzado na medicina.

CORDA CADEIRA — As folhas são applicadas em banhos na cura de certas enfermidades, e como calmante nas dores de rins.

CORDA PAU — E' officinal.

CANNA FISTULA — (*Cassia fistula*, L.) E' muito uzada pelos curandeiros.

CINCHONA. — Ha differentes especies de *cinchonas* na ilha, predominando comtudo a *C. succirubra*, Pav. Os primeiros exemplares d'esta planta foram introduzidos em S. Thomé em 1864 sendo ministro da marinha o conselheiro Mendes Leal. Ha hoje na ilha mais de 1:500:000 d'estas arvores, e mais haveria se a casca da *quina* tivesse nos mercados da Europa um preço mais convidativo. Alguns agricultores de S. Thomé constituiram-se ultimamente em sociedade para a montagem d'uma fabrica de sulphato de quinino em Lisboa.

CANNA D'ASSUCAR — (*Saccharum officinarum*, L). Cosida em agua constitue um verdadeiro peitoral muito uzado pelos indigenas e serviçaes.

A cultura da canna d'assucar foi até meados do seculo XVI, como dissémos, a principal da ilha. Actualmente cultiva-se em pequena quantidade, a ponto de ter de se importar de Angola a aguardente de canna que se consome em pasmosa quantidade.

COQUEIRO - (*Cocos nucifera*, L.) Encontra-se apenas na zona baixa da ilha, praximo do mar, em terrenos alagadiços e de preferencia n'aquelles onde penetra o mar nas grandes marés. A agua de côco, que é muito saborosa, constitue um anti-vomitivo apreciavel.

D

DÁDO — (Pau. O *pô dádu* dos indigenas). Não attinge mais de seis metros d'altura. Emprega-se a infusão das folhas na cura da pleuriz. (1)

DÚMO — (*Gomphia reticulata*, P. de Beauv.). Arvore d'altura regular, cuja madeira é avermelhada. As folhas são consideradas adstringentes e de util applicação em certas doenças.

DENDÊ — (Palmeira de oleo — *Elaeis guineensis*, L.). São conhecidos os usos medicinaes do oleo d'esta palmeira, a que aqui chamam *azeite de palma*, que tambem é empregado na cosinha do indigena e na de muitos europeus.

E

ESCUPILA — (Sucupira ou *muandim—Pentachlethra macrophylla*, Benth.). Arvore de que alguns individuos chegam a attingir 125 a 130 pés. Tem optima madeira para construcções navaes. Segundo a opinião d'um antigo agricultor d'esta ilha, esta arvore não é, como a julgaram o sr. conde de Ficalho e precedentemente Welwitsch, a que aqui é conhecida por *muandji*. (2) A semente e as folhas são usadas na medicina indigena.

ENGLÉLÉ ou INGLÉLÉ — As folhas tem propriedades expectorantes.

---

(1) A gente mais supersticiosa come estas folhas com sal, ao levantar da cama, por causa dos *maus olhados*.

(2) Cremos, porém, que esta confusão vem de existir na ilha uma outra arvore, na apparencia muito similhante a esta tambem de grandes dimensões, que os indigenas conhecem pelo nome de *Cuspila* simplesmente, e que suppômos ser a *Tetrapleura Thonningii*, Benth.

ESPINHO (Pau).— A casca é officinal, e, além d'outras applicações, é usada em banhos aromaticos.

EUCALIPTUS GLOBULUS — Introduzido ultimamente. Cresce muito bem nas zonas baixa, media e em parte da alta, não attingindo porem grandes dimensões.

ESTEIRA (Pau) — *(Pandanus Thomensis*, Henrq.). O succo das folhas d'esta arvore é empregado na cura da dysenteria.

F

FOLHA FORMIGA — *(Fiá flomiga)* O cozimento d'esta folha é applicado com resultado na cura das diarrheias.

FIGU TÔDÔ (Figo de tôrdo)—Arvore de regulares dimensões, cuja madeira não é aproveitavel. A casca triturada e as folhas em banhos, são usadas no curativo da erysipella.

FIGU PLÔCU — (*Ficus*, sp., Figo de porco). Alguns individuos attingem vinte metros de altura sobre uma base de 1m,5 a 1m,20 de diametro. A raiz, a folha e a casca são reputadas medicinaes. A casca e a folha são tambem empregadas na cura das inflamações. O fructo é diuretico.

FIÁ PIQUINA [1] — (Folha pequena). Arvore de 6 a 8 metros d'altura. A raiz e as folhas são consideradas aphrodisiacas.

---

[1] O indigena, na sua complicada therapeutica, usa folhas, raizes e cascas de muitas plantas, ainda não classificadas scientificamente, cuja ennumeração completa nos levaria muito espaço. Damos nota das principaes, que elles designam por *folhas*: *Fià malé* (folha e raizes medicinaes) *Fiá quêza homê* (é aproveitada a folha) *Fi sanjá (fio sardinha)*, *fiá glavâna*, (para banhos medicinaes); *fiá flaquêza*, *fiá gâlu*, (ministra-se depois do parto); *fiá pimpim*, *fiá dentchi*, *fiá vióla*, e muitas outras, cuja efficacia é por elles attestada na cura de bastantes doenças.

Féto macho — São bem conhecidos os seus effeitos medicamentosos. Ignorâmos, porém, o emprego que lhe dão, entre os indigenas.

Fiá záiá — Planta medicinal.

G

Gundú — Arvore de altura regular, cujo fructo é medicamentoso.

Guegue falso — Arvore de 25 a 30 metros d'altura. A madeira é pouco usada para construcções. D'ella fazem os indigenas os seus instrumentos de musica, os *dongos* pequenos, gamellas e boias. As folhas d'esta arvore, pizadas no *ôdô* (almofariz de madeira) são applicadas em fricções para a cura de algumas dôres. De infusão, são ministradas nas doenças provenientes do parto.

Guegue —(*Spondias lutea*, Linn.). (1) O fructo é empregado na cura das doenças biliosas (Vidé Ficalho, *Plantas uteis*, etc., pag. 126). As folhas são muito usadas no tratamento de algumas enfermidades. Segundo a opinião de um distincto botanico que consultámos, esta arvore parece ser a *Pseudospondias microcarpa*, Engl.

Gamélla—(Pau). Parece ser o *Bombax Buonopozense*, (Ficalho). Cresce a grande altura, e tem mais d'um metro de diametro na base. Extrahe-se d'esta arvore um succo leitoso que rapidamente toma a consistencia da borracha. As folhas são medicinaes.

(1) Segundo o sr. Conde de Ficalho.

GLÔN—(Purgueira, *Jatropha Curcas*, Linn.). Abunda na ilha, mas é completamente abandonada. Dez a doze pirtões do fructo constituem um purgativo muito usado pelos indigenas.

GUNI-GÓBÓ Arvore d'altura regular, cujas folhas são empregadas na medicina indigena.

GOIABEIRA [1] — (*Psidium pomiferum*, Linn.). A mulher indigena fabrica com perfeição a *goiabada* ou *doce de tijollo*, que é usado na cura da dysenteria. As folhas e raizes são empregadas na cura da mesma molestia, e d'ellas se fazem banhos adstringentes para a cura de edemas. A madeira d'esta arvore, que chega a attingir 8 metros d'altura, é muito rija.

GÓFE — (*Musanga Smithii*, R. Brown.). Arvore de 15 a 20 metros d'altura. As folhas são medicinaes e muito usadas pelos indigenas na confecção dos seus *remedios*.

GUIGÓ [2] — (*Bridelia stenocarpa*, Mull. Arg.). Arvore que cresce até trinta metros approximadamente. As folhas são medicinaes, e muito usadas pelos indigenas.

GRUMATI — É uma arvore gigantesca. As folhas batidas em agua produzem espuma como a do sabão. Dizem que a casca é um bom tonico; as folhas são refrigerantes.

---

(1) Ha tambem na ilha, certamente importados da America, o *araçá-Psidium littorale*, a *pitangueira* — *Eugenia Michelli*, Lam., e o *jamboeiro* — *Eugenia Jambos*, L.

(2) Existe aqui uma arvore notavel, conhecida pelo nome indigena de *gogó* (*Sorindeia acutifolia*, Engl.). Cresce approximadamente á altura d'esta, e dá madeira muito aproveitavel para marceneria. Não deve confundir-se esta com aquella arvore, porque nos não consta que a raiz, folha ou casca do *gógó* sejam empregadas na medicina indigena.

GIBA — A casca e a raiz d'este arbusto são reputadas medicinaes.

GUNA — Trepadeira. A folha e raiz são usadas na medicina indigena.

GENGIBRE — *(Zingiber officinale*, Roscoe.). É muito usado pelos naturaes do paiz um caustico feito com gengibre pizado e rezina de *sáfú*. (*Canarium édule*) espalhados sobre a folha do *ióbó (Monodora grandiflora*, Benth.). Parece que esta monocotyledonea foi importada da costa fronteira a esta ilha.

H

HERVA TOSTÃO — (*Boerhaavia ascendens*, Willd. (?).) A raiz d'esta planta é applicada nas affecções do figado e estomago. Parece ser a mesma que em Angola é uzada pelos curandeiros negros na cura da ictericia (Vide Ficalho, liv. cit., pag. 242).

HERVA DE SANTA MARIA — (*Chenopodium ambrosioides*, L.). O caso em que esta conhecidissima planta parece ter sido applicada com mais efficacia é na cura do *macúlo*. "Consiste este tratamento, diz o sr. conde de Ficalho, (liv. cit. pag. 243.) em introduzir no anus um rolo feito de *herva de Santa Maria* pizada e misturada com polvora moida e aguardente forte, renovando a applicação ao cabo de algumas horas, e dando ao mesmo tempo ao doente algumas bebidas adstringentes como, por exemplo,. a que se obtem pela infusão da *herva tostão* e de *empebi* (as sementes da *anôna muricáta*, ou *sap-sap* de S. Thomé.)

Herva mosquito [1] — Planta semelhante ao mangericão. E' aromatica, e entra na confecção d'alguns "*remedios da terra.*„

I

Ióbó [2] — (*Monodora grandiflora*, Benth. (?)). Arvore de regulares dimensões. As suas sementes, maceradas, applicam-se com vantagem na cura das molestias de peito. Parece ser a *Monodora myristica*, de Dun. (Vide Ficalho, liv. cit., pag. 86).

Inhé bóbó [3] - (*Xylopia africana*, Oliver. (?)). Arvore que attinge trinta metros d'altura. Dá boa madeira para vigas, barrotes, etc. A folha e raiz são officinaes.

Iza, ou izaquente — (*Treculia africana*, Decaisne.). Da raiz fazem os indigenas um preparado que dizem ter propriedades abortivas [4]. Esta arvore, que attinge 30 metros d'altura approximadamente, produz madeira ordinaria, apenas em-

(1) Entre as muitas *hervas* em que o indigena diz ter achado virtudes therapeuticas, figuram — a *herva moura, herva de rato* (*pêgâlátu*) e algumas outras que aqui parece terem sido introduzidas pelos primitivos colonos, porque só se encontram com mais frequencia nas proximidades das antigas povoações.

(2) O indigena, sempre supersticioso, attribue á semente d'esta arvore a virtude de livrar as creanças de *maus olhados*. Estas sementes extrahem-se de uma especie de cabaça que a arvore produz, são enfiadas n'uma linha, em forma de rozario, e collocadas ao pescoço das creanças.

(3) Tem tambem propriedades medicinaes reconhecidas pelos indigenas o fructo do *inhé muéla* e a folha e raiz do *inhé preto* (*Oxymitra patens*, Bth. (?)).

(4) Das sementes da *iza* ou *izaquente*, extrahe-se um oleo muito fino, que não tem sido aproveitado, por falta de iniciativa.

pregada pelos habitantes do sul da ilha na confecção de bocetas e outros objectos semelhantes.

J

JÁCA [1] — (*Artocarpus integrifolia*, Linn.). O fructo d'esta arvore passa por ser um abortivo energico.

JOÃO GOMES — Arvore de pequena estatura. As folhas são muito adstringentes.

L

LIBÓ — (*Vernonia amygdalina*, Delile.). Arvore de 6 a 8 metros d'altura. Das folhas fazem os indigenas um remedio efficaz para combater as puerpas. A raiz passa por anti-febril e aphrodisiaca.

LUQUE — Trepadeira. A raiz e a folha são officinaes.

M

MAIÓBÁ — (*Cassia occidentalis*) Pequeno arbusto. A raiz, a folha e o tronco teem propriedades vermifugas.

---

(1) A *arvore do pão*, ou *fructa pão* como aqui lhe chamam (*Artocarpus incisa*) foi introduzida na ilha pelo fallecido primeiro barão d'Agua Izé em 1865, tendo-se divulgado rapidamente a sua cultura com optimos resultados. A *artocarpus integrifolia* foi importada do Brazil, em 1808. E' crença geral entre os indigenas que quem planta esta arvore não chega a comer-lhe os fructos, razão talvez porque a sua cultura não está mais dezenvolvida entre elles.

MÁTRI — Planta semelhante á selga, mas de folhas mais pequenas. O succo d'estas, tomado em pequena quantidade, é um purgante activo. Em dose elevada é perigosissimo.

MICÓCÓ [1] — Planta aromatica semelhante ao oregão. E' officinal.

MACÀMBLALÁ — (Macambrará) (*Craterispermun aethiopium*, Mart.). Arvore de 6 a 8 metros d'altura, que só se encontra nas regiões superiores. A raiz é aphrodisiaca. A casca é um bom tonico, e emprega-se, reduzida a pó, para cicatrisar feridas.

MANGUE D'ÓBÓ—(*Corynanthe paniculata*, Welw., Rhyzopharacea). O *mangue do monte*, ou *paco* de Angola. A casca d'esta arvore, diz o sr. conde de Ficalho, [2] "é amarga, um tanto adstringente, e pode talvez ser febrifuga.„ As folhas são consideradas como um bom tonico.

MANGUE DA PRAIA OU MANGUE DO RIO—(*Rhyzophara racemosa*, Mey.). Esta arvore cresce a pouco mais de 12 metros. A madeira, que é rôxa, é excellente para tinturaria. A casca é aphrodisiaca.

MAMÔNA —(*Ricinus communis*, Linn.). Cresce expontaneamente em toda a ilha, onde não é aproveitada.

MICONDÓ OU IMBONDEIRO — (*Adansonia digitata*, Linn.). Da polpa que se extrahe d'esta conhecidissima arvore faz-se um

(1) Não pudémos concluir se esta planta será a *Cissampelos Pareira*, Linn. Os indigenas fazem d'ella o uso que se costuma fazer da *Tiliacora chrysobotrya*, de Welw., o que, em vista da descripção do sr. conde de Ficalho sobre a *Mucôco*, de Angola, a pag. 89 do seu já cit. liv., nos leva a esta supposição.

(2) *Plantas uteis da Africa portugueza.*

remedio celebrado contra dysenterias, hemoptyses e febres putridas. (Vidé Ficalho, liv, cit., pag. 102).

MÁFUNDGI—(*Ficus*, sp.). Trepadeira que attinge grande comprimento e a grossura de mais de 25 centimetros. As folhas passam por medicinaes.

MIL HOMENS - (*Acridocarpus Smeathmanni*, Guill.). Trepadeira. D'ella extrahem os naturaes um purgante muito apreciado; e attribuem ás folhas propriedades aphrodisiacas. A raiz é tambem uzada na medicina indigena.

MUÉLE-MUÉLE BRANCO — A casca d'este arbusto é tida como um bom aphrodisiaco.

MANUEL CARDOSO - A raiz d'este arbusto é purgativa.

MALAGUETAS, BRANCA E VERMELHA, D'ÓBÓ – As folhas e raizes são uzadas pelos indigenas no tratamento de certas molestias.

MAMÃO—(*Carica papaya*). A semente é uzada internamente contra as lombrigas. O succo do fructo immaturo e as sementes tem propriedade anthelminticas.

MABLEMBLÊ - As folhas d'esta arvore, pizadas, misturam-se com agua de côco em lavagens para a cura do sarampo.

MÓLI (PÔ) — Pau molle. Arvore de altura regular e de bôa madeira para construcções. A casca e folhas são empregadas na medicina indigena.

MUANDJÍ MUÉLA OU MUÁLA — Grande trepadeira cuja raiz se ministra em chá, ás parturientes ([1]).

MILHO — (Pau). As folhas d'esta arvore são applicadas no curativo da sarna e, em banhos, para purificar o leite das parturientes. Cresce até 30 metros, e a sua madeira é empregada em esteios.

MELÂNZÉLA — (Corda). Da folha e raiz faz-se um purgante fortissimo, muito uzado pelos indigenas.

MUCUMBLÍ ([2]) — Arvore de que alguns individuos attingem perto de 50 metros de altura. A folha e a casca são muito uzadas na medicina indigena, especialmente applicadas em banhos para a cura d'inflamações.

MARAPIÃO OU ESPINHA — (*Zanthoxylon rubescens*, Planch.). Arvore de bôa madeira, que attinge 40 metros de altura. A casca, de infuzão, serve para curar inflamações e erysipéla; e uza-se tambem em banhos aromaticos, na cura do rheumatismo.

MUÍNDU — (*Morinda citrifolia*, L.). Arvore d'estatura mediana cujas folhas são reputadas medicinaes.

MARIMBÓQUE — Parece ser uma *myrtinea*. E' uma linda arvore para jardim. Da folha e casca preparam os indigenas

([1]) Da infusão das folhas d'esta trepadeira fazem os indigenas mais supersticiosos banhos para as crianças—*para as fazer andar mais depressa.*

([2]) E' de ordinario do tronco d'esta arvore que se extrahem os bichos chamados *ócólis*, que servem para um precioso guisado indigena, que alguns europeus tambem apreciam, como já dissémos.

remedios que reputam anti-syphiliticos. Esta arvore não attinge mais de 10 a 12 metros d'altura e $0^m,10$ de diametro.

N

NESPLA [1] — (Nespereira, *Sterculia tragacantha*, Lindl.). Arvore de altura regular, cuja madeira serve para construcções e tinturaria. A casca e a folha são reputadas de effeitos tonicos.

O

ÓTÁGI — Trepadeira. A raiz, aquecida ao fogo com azeite de palma, é empregada na cura das tosses rebeldes.

ÓCÁ [2] — (*Mafuma*, d'Angola, *Eriodendron anfractuosum*, D. C.). Arvore que attinge mais de 50 metros d'altura. A madeira é aproveitada na construcção de canôas, *dongos*, (*Coches* ou *almadias*, segundo o sr. conde de Ficalho, liv. cit., pag. 104.) As folhas são reputadas medicinaes.

OLEO, PAU OLEO [3] — (*Sorindeia trimera*, Oliver.). Arvore d'altura regular, que produz o celebre *balsamo de S. Thomé*,

---

(1) Esta arvore foi introduzida na ilha, em 1862 ou 1863, pelo fallecido agricultôr José Maria de Freitas.

(2) Ha tambem na ilha uma outra arvore que os indigenas conhecem pelo nome de *Óbá*. Cresce a mais de 40 metros d'altura e produz optima madeira para construcções navaes ou terrestres. É a *Irvingia gabonensis*, H. Br.

(3) N'uma descripção ultimamente publicada, sobre a colheita do balsamo de S. Thomé, vemos que esta arvore ahi vem indicada com o nome indigena *Oleo Belambo* e a classificação scientifica *Santiriopsis balsamifera*, Engl.

Vide a este respeito a nota ao livro, citado por vezes, do sr. conde de Ficalho.

applicado com extraordinaria efficacia na cura de feridas recentes. A casca d'esta arvore tem propriedades tonicas e a raiz passa por aphrodisiaca.

OLEO-BARRÃO - (*Symphonia globulifera*, L.). Arvore de grande altura e boa madeira para construcções. Extrahe-se d'ella um oleo muito fino, que é considerado bom remedio para curar abcessos. A casca é um bom tonico.

P

PÊCEGO—(*Chytranthus Mannii*, Hoock. fil.). Arvore d'altura regular. O succo é medicinal. Este curioso fructo avelludado é conhecido pelo indigena por estas palavras enygmaticas: —*sápé pádê ni pé pô* (chapeu de padre no pé do pau), alludindo á sua fórma tricornea e ao facto de nascer no tronco da arvore.

PÉGA-PÉGA-MOSCA — As folhas d'esta planta são reputadas medicinaes.

Q [1]

QUÉDÂNU — Arvore de 8 a 10 metros d'altura, cuja madeira não é aproveitavel. A folha é officinal.

[1] Embora nos não conste que a arvore conhecida aqui por *Quebra-machado* seja officinal, d'ella fazemos menção n'este capitulo para desfazermos a confusão que tem existido entre as pessoas que se tem dado ao estudo da flora de S. Thomé, que teem classificado a arvore chamada *pau preto* differentemente d'esta. A *obonasea* de que falla o sr. conde de Ficalho a pag. 214 do seu já citado livro, é uma «arvore grande de tronco direito e madeira durissima», que habita nas regiões elevadas da ilha. É a que se denomina *quebra machado*, cuja madeira se parece com a da *Azeitona*, tendo este nome indigena, porque, parecendo ser o *pau ferro* do Brazil, é muitissimo resistente, a ponto de quebrar os machados no acto do corte.

QUÍME — (*Newbouldia ardisæflora*, Welw.). Arvore de mediana altura. Pega d'estaca, e é empregada apenas nas *ubas* ou cercados, como já tivemos occasião de dizer. As folhas são usadas na medicina indigena, depois d'assadas, como masticatorio, para curar dôres de peito.

QUITUÉ ou TITUÉ — A folha e a casca d'esta planta servem para purgante e vomitorio.

QUETUMBÁ — As folhas d'esta planta são reputadas medicinaes.

QUIDÁTÔ D'ÓBÓ — Pequeno arbusto. A folha e a casca são medicinaes.

S

SALÁ-SALÁ ou FOLHA TREZ—Arvore pequena. A raiz, a folha e a casca usam-se em banhos aromaticos.

SÁFÚ — *Mubafo* ou *N'bafo* em Angola. [1] (*Canarium edule*, Hook. fil., *Canarium mubafo*, Fic.). E' uma arvore alta, de cujo fructo se extrahe, pelos processos ordinarios, um oleo muito agradavel ao paladar. A casca é considerada pelos indigenas um bom tonico, e a rezina que exsuda do tronco é tambem usada, com vantagem, na cura das ulceras. Veja-se, sob as suas propriedades medicinaes, o liv. cit, do sr. conde de Ficalho, pag. 115.

[1] Os indigenas e a maioria dos europeus comem o fructo do *sáfueiro*, que teem em grande apreço, sendo de notar que é raro tornar-se agradavel a estes nos primeiros tempos d'estada na ilha, vindo depois a ser muito estimado. Entre as superstições do indigena, ha a de que «*quem come safú e bebe agua bóbó* (branca ou clara) *não torna a sahir da ilha*, lembrando aquella outra de Angola que diz:

quem come cola
fica em Angola.

Sangue—(Pau) (*Haronga madagascariensis*, Chois.). Arvore de pequenas dimensões, cuja madeira pode ser empregada na marceneria e utilisada na tinturaria. Os indigenas empregam a casca e a folha em remedios-*para purificar o sangue*. A raiz é purgativa.

Soá-soá—(*Alsodeia ardisaeflora*, Welw.). Arvore de 10 metros de altura e de boa madeira para construcções. Resiste ao *celélé*. A folha é reputada efficaz na cura de algumas molestias.

Salambá —(*Dialium guineense*, Willd.). Arvore de 10 a 12 metros d'altura. O fructo é saboroso e refrigerante. A folha, raiz e casca são reputadas medicinaes.

Sap-sap [1]—(*Anôna muricata*, Linn.). O nome indigena, segundo o sr. conde de Ficalho, parece ser a corrupção da designação ingleza *sour-sop*, porque é conhecido o fructo d'esta arvore. Este fructo é refrigerante. A casca e a raiz tem, segundo os indigenas, propriedades vermifugas, sendo a primeira empregada, com bons resultados, na cura da dyarrhéia. As folhas verdes, misturadas com tamarindos e ananaz, tambem verdes, fervidas com assucar preto, são usadas como bom depurativo para pessoas sanguineas.

Salacônta—Da raiz da *salacônta*, do *mablemblê* e da *roza bilanzá*, fazem os indigenas uma decocção que dizem ser muito diuretica.

Sun Málé — Arvore de bastante altura, de bôa madeira para caibros e barrótes. A casca e a folha são medicinaes.

---

(1) Ha na ilha tambem a *Anôna palustris* e outras especies importadas.

SÁFÚ D'ÓBÓ—A casca e a folha d'esta arvore são usadas em loções para a cura de dôres no corpo.

T

TAMARINDEIRO —(*Tamarindus indica*, L.). Abunda na ilha esta formosa arvore, cujas propriedades medicinaes são bem conhecidas.

TAPA-OLHO —(*Euphorbiacea* — *Euphorbia Tuckyana*). Arvore bastante alta. A madeira é empregada nas *ubas* ou cercados. O latex é considerado um purgante muito energico.

TABÁQUE—Parece ser o *Cochlospermum angolense*, de Welw. E' uma arvore pequena, elegante, da entrecasca da qual os indigenas preparam fios para redes de pesca. As folhas são usadas na medicina indigena.

U

UNTUÉ OU UNTUÉ D'ÓBÓ—Parece ser a *Xylopia aethiopica*, segundo o sr. Conde de Ficalho. E' uma arvore de grande altura e de boa madeira para construcções.

A casca é adstringente, e segundo os naturaes da ilha, as folhas são bons anthelminticos.

UQUÉTÉ —Arbusto. Com o tronco e a raiz preparam os indigenas remedios que ministram ás parturientes.

UQUÉTÉ D'AGUA—Planta medicinal que habita unicamente a beira dos rios e regatos. E' empregada na cura das feridas.

UQUÉTÉ D'ÓBÓ —(*Pollia condensata*). Arvore que só se encontra na zona alta. E' officinal.

UVA D'ÓBÓ —E' reputada medicinal.

V

VINTE E QUATRO HORAS—Trepadeira. Esta denominação foi-lhe dada pelos indigenas porque o energico purgante que extrahem d'esta trepadeira e que, de ordinario, tomam em *vinho de palma*, só produz effeito vinte e quatro horas depois de ministrado.

VÁLA PLÉ—(Vara da praia). Arbusto pequeno, cujas folhas são consideradas medicinaes.

VLÊMÊ — (Vermelho). Arvore de bastante altura e de boa madeira para marceneria. Attribuem-se propriedades medicinaes ás folhas, e a casca é considerada um excellente tonico.

VUM-VUM — A madeira d'esta arvore é apenas empregada na construcção das cubatas. A casca e as folhas são consideradas medicinaes.

VÁGA-VÁGA D'ÓBÓ—As folhas d'esta planta são consideradas medicinaes.

Z

ZÁMÚMU –Arvore muito alta, de boa madeira para barrotes e caibros. A casca é officinal

ZÊN-ZÊN — Uma das arvores mais altas da ilha. As *folhas* são medicinaes.

Depois de feita esta relação, vimos n'um jornal de Lisboa que o sr. Adolpho Frederico Moller publicou na *Gazeta de Pharmacia* alguns artigos sobre a flora medicinal d'esta ilha, artigos que não nos foi possivel consultar.

CAPITULO VIII

O SERVIÇAL

O serviçal *angola*.—O *ájudá* e o *ácrá*.—Imprescindivel necessidade do contracto.--Acclimação physica e moral do serviçal.— Fugas.— O seu tratamento por parte dos patrões.—O serviçal recontracta-se de ordinario.—Influencia do *forro* sobre o seu caracter.—Falta de meios legaes repressivos do acoitamento de serviçaes.—Diz-se o que é o serviçal do *forro*, e como elle participa das suas qualidades.—Como se tratam os serviçaes nas cubatas dos *forros*. —O trabalhador *angola* nas roças principaes.— Sua dedicação.— Sentimentalidade.--Os *navios* e as suas canções nostalgicas.—Caracteres physicos do serviçal.—O *primeiro sino* e a *fórma da manhã*.—O *patrão grande*.—A vida das roças.—Os *muléques*.—Os *cazeiros*.—O serviço nas plantações e o *empregado do matto*.—Ainda o *gregoriano*.—A *forma do meio dia*.—A colheita do café.— A comida dos serviçaes, a animação da *senzalla* e a *hora do descanço*. —A *fórma da noite*.—A *hora de recolher*.—Os *ritos funerarios* entre os serviçaes.—Confronto com os costumes identicos do indigena da ilha.—As *quimbandas*, o *mulogi* e o *cázumbí*.— Os *milongos*.— O feitiço.—As parteiras e a sua ignorancia brutal.—Batuques funebres.—O *baptismo* e o *cazamento* entre os serviçaes.—Leis sociaes que o patrão dicta n'estas solemnidades.—Descreve-se um cazamento.—A fidelidade d'ellas e a desconfiança d'elles.—Maxima evangelica no *finis* da cerimonia.—O *dia de pagamento*.—Pequenos desgostos afogados em aguardente.—Os *trajos domingueiros*.—Batuque em toda a linha. Considerações finaes sobre a introducção de braços trabalhadôres na provincia.

O principal elemento trabalhador d'esta colonia é representado pelo serviçal que importâmos d'Angola. Ainda ha poucos annos, reinando em Dahomey o sanguinario Behanzin, nosso *fiel amigo e protegido*, segundo as chronicas, (1) conseguimos contractar para esta provincia alguns naturaes d'aquelle paiz, conhecidos aqui por *ájudás*. O dahomeyano, tendo vivido sob um regimen brutal, altamente supersticioso e sanguinario, jamais se amoldou ás necessidades do nosso trabalho rural. Amiudadas vezes se insoburdinava contra o patrão, chegando a feril-o, quando este lhe exprobrava a incorrecção do seu procedimento. Ha pouco mais d'um anno, os *ájudás* contractados com a direcção das obras publicas da provincia insubordinaram-se e atacaram desesperadamente os europeus que vigiavam o seu trabalho, declarando peremptoriamente que n'elle não queriam continuar. Á energia e bom senso do actual curador dos serviçaes se deve certamente o ter-se impedido logo que tão grave motim se dezenvolvesse. Educado para a guerra, sente-se á vontade no meio da desordem que promove, só pelo prazer de exercitar-se na pratica do mal. Os *forros* temem tanto o *ájudá* que raras vezes se abalançam a ir roubar ás roças que os teem por guardas. Este serviçal, pois, já porque alimenta um odio feroz contra o d'outras procedencias; já porque desrespeita constantemente o patrão; e, emfim, porque o seu genio guerreiro se não coaduna com a resignação e constancia do trabalhador; nunca foi nem poderá ser um bom elemento progressivo do dezenvolvimento agricola da provincia.

Alem de que, devemos confessal-o, o nosso dominio em Ajudá foi sempre mais do que hypothetico, e até vergonhoso. (2) D'Accará (ou Ácrá), Serra Leôa e outras possessões in-

(1) Sobre o que fosse o nosso protectorado em Dahomey, leia-se o explendido livro do sr. Augusto Sarmento, ex-governador d'esta provincia, — *Portugal em Dahomey* — no qual este intelligente funccionario expressa factos tão palpaveis e eloquentes.. que lhe mereceram uma completa excommunhão politica.

(2) Vide liv. cit. do sr. Augusto Sarmento.

glezas da costa fronteira, vem annualmente para esta ilha alguns artifices, especialmente carpinteiros, e tambem algumas dezenas de individuos que, por meio de contracto particular, se empregam nos serviços das roças ([1]).

Os primeiros, são apreciabilissimos specimens de quanto podem uma boa administração colonial e um atilado bom senso na educação do negro. Os ultimos, sem essa educação, que emancipando o espirito da ignorancia, leva o homem ao amôr ao trabalho, á pratica do bem, tem um excessivo orgulho da sua nacionalidade, e por isso se não sujeitam á obediencia que o assalariado deve a quem lhe paga para trabalhar. O contracto que os liga ao agricultor é um documento *pro forma*, sem validade juridica, apenas para attestar a idoneidade do colono. Á sombra d'esta feliz independencia, que colloca esta serviçal na condição de usar livremente do seu direito de trabalhar ou não, tem-se experimentado os maiores dissabôres, e não raro tem dispontado nos horisontes da nossa *diplomacia africana* o receio tremendo de reclamações da Gran Bretanha. No relatorio que precede o Decreto de 21 de Novembro de 1878, que approvou o regulamento para o contracto de serviçaes na provincia, dizia o sr. Thomaz Ribeiro, então ministro da marinha,—"que o estado de civilisação entre os indigenas d'Africa não os habilita ainda por si proprios a promoverem a manutenção dos seus direitos de cidadãos livres.„ E com effeito assim é. O contracto representa

---

([1]) Cada um d'estes ultimos individuos é ordinariamente contractado pela seguinte fórma:—Transporte até ao porto do destino por conta do roceiro, pagamento mensal de uma libra para os trabalhadores e 6$000 réis para os capatazes; comida especial, isto é, differente da dos serviçaes d'Angola; e obrigação dos patrões de devolverem o colono á terra da sua naturalidade quando a este não convenha o serviço. Ultimamente foi alterada esta ultima clausula no sentido de ser paga a passagem de regresso pelo colono, quando este dê motivo á rescisão do contracto.

uma necessidade impreterivel para compellir o negro selvagem ao trabalho, visto que, por condicção innata, elle o detesta do fundo d'alma. Renumere-se-lhe o serviço prestado, e reprima-se o abuso que se possa dar no seu tratamento; mas compillam-n'o sempre ao trabalho, porque, se o não fizerem, elle usufruirá contente a sua proverbial indolencia. Para estes homens, perfeitamente obcecados por vicios de raça, profundamente convencidos de que o trabalho deshonra, (1) nem a força logra effeitos civilisadores nem o bom conselho abre brecha em seu espirito pervertido.

Só uma educação regrada, suavemente incutida no seu animo pelo exemplo que instrue e regenera, poderia talvez transmudar a sua inclinação de vadio, tão prejudicial em colonias como esta, essencialmente agricolas. Pouco a pouco se se lhe iriam extirpando os cancros de seus vicios d'origem; ensinando-lhe com suave moderação que o trabalho é hygienico, e aqui recompensado condignamente, emquanto que a ociosidade criminosa o levará á morte e á ruina moral. Altamente supersticioso, o preto poderia aprender tudo isto com invocação constante do poder sobrenatural que n'elle representa a ideia de Deus. Baptisal-o, logo que elle chega do ser-

(1) Henri Planet, no seu livro de analyse psychologica *L'homme et ses croyences*, Paris, 1885, escreve muito sensatamente sobre a theoria do trabalho:—«Para as sociedades antigas, e ainda hoje para as que estão na infancia, entre os barbaros e os selvagens, o trabalho á repellido como uma coisa deshonrosa e indigna d'um homem livre...

A estes individuos é imposto o trabalho, mas então trabalhar não é viver, é ser escravo.»

E como remedio a este mal estar enervante, que o illustre escriptor julga advir da falta de ensino religioso, especialmente do ensino regrado das praticas do catholicismo, diz-nos mais adeante:—«A observação historica mostra-nos que o christianismo presidiu sempre á rehabilitação do trabalho», convencendo que elle honra e nobilita, e que, sendo indispensavel a toda a sociedade (Paul Allard, *Les esclaves chretiens*) é um élo sagrado que nos prende á eterna bemaventurança.

tão, inicial-o no uso e respeito das praticas religiosas, por meios suasorios, que não offendessem rapidamente as suas crenças, seria talvez um bom principio na destruição dos seus vicios.

Tudo isto poderiam fazer os proprietarios das roças, ajudados pelas disposições de uma lei especial e com o auxilio dos parochos das freguezias, que para este effeito deviam ter ordens terminantes e bem definidas. Isto emquanto ao serviçal portuguez. O colono inglez, enferma de outros vicios — que só se lhe manifestam *em nossa casa.* Em primeiro logar, é *estrangeiro;* e esta qualidade põe-o ao abrigo do nosso respeito. Só para as aguas de Tanger tivemos o arrôjo de mandar passeiar o nosso couraçado.

O inglez em terra luzitana é mais do que um hospede; tem mais regalias do que um cidadão—porque é irresponsavel. ([1]) Ultimamente estes individuos teem imposto aos patrões a condição de só trabalharem na cidade, porque receiam ser offendidos pelos outros serviçaes das *roças*, e especialmente pelo *angola.* ([2]) Este é naturalmente humilde, amolda-se aos trabalhos de campo, e parece viver mais ou menos resignado com a sua sorte. É ao seu trabalho que se deve o grande dezenvolvimento agricola d'esta ilha; e por ora, é o unico serviçal que produz regularmente e que melhor indole tem demonstrado.

([1]) Em 1891 foram presos n'esta ilha uns vadios naturaes da *Costa de Cru* (conhecidos aqui por *Crumanos).* O governador deu logo ordem para que fossem immediatamente soltos, «*para evitar uma reclamação da Inglaterra*». E os subditos de sua *graciosa magestade* lá foram para os *mattos*, continuar a sua obra de rapina e morte. Podemos affiançar a veracidade d'estas affirmativas.

([2]) Por esta designação se conhecem, como dissemos, os trabalhadores importados do Sul, ou elles sejam naturaes de Novo Redondo, Benguella, Cambambe ou Loanda. Não confundir com *angolar,* que como já ficou dito é o indigena de S. Thomé que habita a costa sul da ilha, e ao qual nos referiremos no capitulo seguinte.

Ha na ilha tambem alguns pretos de Cabinda, uns cem o maximo, quasi todos empregados em serviços maritimos. Estes individuos, que são evidentemente os melhores marinheiros da Africa portugueza, são de indole pacifica, muito morigerados nos costumes, respeitadores, e dedicados aos patrões; tendo apenas o defeito de se exercitarem constantemente na pratica do roubo. Dezenvolvem uma grande habilidade para fazer certes furtos engenhosissimos, e são incapazes de confessar perante a auctoridade constituida o crime que commetteram.

Como já tivemos occasião de dizer n'um dos primeiros capitulos d'este livro, só o tribunal indigena, com os seus feitiços e horrores, é capaz de lhes arrancar terrorosamente a confissão verdadeira do delicto que commetteram. São, pois, bem diversas as raças que ainda hoje constituem o grupo avultado dos serviçaes. O *angola* é, como diz o sr. A. F. Nogueira, no seu livro já citado, o typo mais inferior da sua raça, o que de mais insupportavel havia na tribu de onde o arrancaram pela força umas vezes, outras porque foi preso como escravo. Compellido á expatriação, apezar da vantagem mesologica que logo experimenta, reage nos primeiros tempos, ao habito que lhe impõem de trabalhar; e assim vive n'uma pesada atmosphera de desconfiança selvatica, macambuzio, de aspecto triste, olhos esgazeados, até ao momento decisivo em que delibera emfim — trabalhar ou fugir. Algumas vezes, no estado tenebroso e indesvendavel do seu espirito, surge a ideia do suicidio ([1]), sempre por meio de en-

([1]) É crença assente entre os serviçaes que, suicidando-se, vão resuscitar na terra natal. Occorre-nos uma historia engraçada a este respeito:—Esta maldita superstição fez com que, ha para mais d'uma dezena d'annos, tentassem *regressar aos patrios lares*, por esta fórma tragica, alguns serviçaes d'uma importante propriedade d'esta ilha.

O caso ia-se tornando epidemico, e o dono da roça esgaravatava na cachimonia uma ideia salvadora. Raro era o dia em que se não

forcamento. Quando desampara o patrão, desconfiado e cheio de horror pelo meio desconhecido em que se encontra, vae em *direcção do sul*, á procura da *terra natal*, até que estaca diante do Oceano, que encontra em todas as direcções.

Esmorecido e cheio de fome, ou succumbe de inanição ou delibera, ás vezes, procurar qualquer centro povoado. E' n'esta occasião que o *forro* se aproveita dos seus serviços. O serviçal então passa a viver mais ou menos satisfeito, porque não trabalha.

Rara é a roça que não tem serviçaes fugidos. Quasi sempre se dá a fuga com os recentemente importados. Acabada, porém, a lucta de desconfiança que em seu espirito confuso se opera, o serviçal, comprehendendo a melhoria que se deu na sua situação, resigna-se, trabalha, e mais tarde chega a ter uma certa affeição a tudo o que o rodeia.

A melhor forma de contel-o é *casal-o*, segundo o *ritual* que descreveremos; criar-lhe necessidades no sitio em que

---

dava um caso d'enforcamento. O administrador da fazenda, vendo desapparecer-lhe tão rapidamente os braços para o trabalho, pensou tambem maduramente no assumpto. Planeou;... fez consultas em vão; até que chegou o momento feliz da palmadinha na testa:

— Eu os arranjarei a vocês, *seus* almas do diabo! Toca p'ra *forma!* Eu os arranjarei!...

Alinhou os serviçaes, uns 300, *a dois de fundo;* mandou-as dar *meia volta a esquerda,* ficando em ordem de *sentido;* e, de chicote em punho, bradou furioso:

— Oiçam todos bem! Vocês matam-se para voltarem para a terra; pois bem, o que lá vae, lá vae. . Mas se algum de vocês se enforcar de futuro, eu enforco-me tambem, e lá os irei encontrar na *terra,* com este chicote nas unhas!

... .

Não consta que se dessem mais casos d'enforcamento n'aquella roça. A nostalgia da patria não mais os accommetteu; sendo portanto para louvar o engraçado expediente adoptado, que, aliás, só teve o inconveniente de mostrar como era respeitado o chicote do bravo administrador.

se estabeleceu; incutir-lhe no animo um certo amor pela familia e pela propria fazenda. Conhecemos serviçaes contractados ha doze e quinze annos com o mesmo patrão. E' este um facto que muito nos appraz registar, porque elle muito honra os agricultores da ilha, nos quaes transparece um grande sentimento de humanidade. Convém accrescentar que o serviçal *angola*, findo o tempo do seu contracto, raras vezes deixa de se obrigar de novo a servir com o mesmo patrão. Uma das causas que porventura constitue excepção a estes factos, é o contacto pernicioso que tem com o *fôrro*, que lhe aconselha a que roube o patrão e fuja para a sua roça, "*onde disfructará uma existencia abarrotada das maiores felicidades*„. E' quasi sempre o serviçal que convive com o *fôrro* o mais eivado de maus costumes, o que furta quando se lhe depara occasião propicia, e o que foge, sem motivo que o justifique. O Regulamento da Curadoria, a que já nos referimos, previne o caso de acoitamento de serviçaes, punindo-o com severidade. Difficilmente, porém, se pode provar este crime, o que dá em resultado, escaparem facilmente á vigilancia da auctoridade e da dos patrões os serviçaes que se evadem das propriedades, onde se lhes exige que trabalhem, para o *dolce far niente* d'uma roça de *fôrro*. Podemos, pois, considerando o serviçal importado como affeito ao meio e ao modo de vida regular que lhe impõem, examinal-o em duas classes bem diversas — o serviçal do *fôrro* e o que serve nas roças de 1.ª ordem. Nas primeiras d'estas roças, as dos *fôrros*, é de uso e conveniencia propria não haver *contracto*, nem a mais leve inspecção da auctoridade. Este serviçal é o maltrapilho que passa na estrada, roto, esfaimado, chaguento. Pelas causas já indicadas, deliberou fugir da roça do patrão, e internou-se na floresta. O *fôrro*, ao presentil-o, longe de acaricial-o, trata-o com modos desabridos, ameaçando-o de apresental-o á auctoridade, o que não passa d'um bem urdido estratagema

TYPOS DE S. THOMÉ

Serviçaes *angolas*.

para utilisar-lhe os serviços, ou pelo menos, *para poder mandar em alguem*. A sua qualidade de *patrão* transmuda-o em verdugo N'alguns d'estes coios de larapios, o serviçal ajoelha diante do *dono*, que lhe não desculpa a falta mais pequena. Em compensação, o serviço, como já dissemos, não mortifica muito estes pobres servidores, porque se restringe quasi a auxiliar os patrões no exercicio pouco espinhoso de seus *misteres*. Habituado, pois, a uma perfeita vida de vadio e larapio, sem respeito a alguem que considere seu legitimo superior, porque apenas sente o terror que deriva dos maus tratos, este serviçal quando mais tarde haja de ser entregue ao seu verdadeiro patrão, é completamente incapaz de trabalhar, porque se identificou completamente com os sentimentos baixos e com o *feliz* modo de vida do *forro*. O serviçal das roças principaes differe essencialmente, por completo, d'este typo prevertido e inaproveitavel. Dada a desculpa da sua proveniencia, concebe-se como será difficil a adaptação rapida a uma vida para elle pouco satisfatoria, mórmente quando o arrancaram ao seio da familia e á felicidade d'um lar onde o trabalho se desconhece.

No conseguimento d'esta adaptação, a que chamaremos acclimação moral, consiste a maior difficuldade de bem administrar uma roça. O serviçal, por mais selvagem que seja, é inspirado por um sentimento innato de justiça, que, sendo contrariado, o leva á fuga ou ao suicidio. Obrigal-o, pois, brandamente, a um serviço regular; incutindo-lhe no animo desconfiado pela expatriação a ideia de que aqui encontrará a sua nova patria, a sua familia, tudo o que lhe parece faltar, é o meio mais proficuo que, com prazer, temos visto empregar. A maioria dos serviçaes das primeiras roças da ilha mostra-se satisfeita nos *batuques* da *senzalla*, depois das horas de trabalho. Parece ter creado amor á cubata que construiu, á hortazinha que plantou em roda d'ella. Deixal-o viver pacificamente, a seu modo, n'esse reflexo da vida do sertão, sem o castigar immerecidamente, sem lhe exigir serviço demasiado, eis, sem contestação, o melhor caminho que temos visto seguir ao agricultor, que pouco mais tem que fazer n'este abençoado solo, onde se desconhecem os mais rudimentares processos da agricultura. Lembraremos que, durante o regimen da escravatura (1), não só era mais trivial a fuga dos serviçaes, senão que era mais perigosa, porque os acompanhava sempre um implacavel odio de raça e uma grande sêde de vingança.

A dedicação do serviçal pelo individuo que o contractou, quando a elle se affeiçôa verdadeiramente, vai até ao ponto de tornar-se n'um perfeito fanatismo. E' tambem verdadeira a inversa. O serviçal castigado injustamente, grava na memoria esse facto por muito tempo, e só procura vingar essa offensa pela fuga. Na *senzalla*, quando os patrões dormem, a altas horas da noite, passam-se scenas de ciume, de protesto, e até *d'amôr*, confidencias entre os pequeninos *ménages*, consultas entre os *navios* (2), que a custo se desvendam.

Um castigo injusto desperta um protesto surdo, de bôcca em bôcca; protesto que a gargalhada selvagem dos confidentes ou o som monotono da *puíta* vai abafar. Pela manhã faltam serviçaes á *forma*; apparece algum ferido; outros adoecem — diz-se "que foi o resultado da pandega„.

E' que poucos acreditam que este pobre trabalhador, victima da sua propria ignorancia, tenha faculdades pensantes, e raciocine e soffra e goze... Ha, especialmente nas suas canções, d'uma toada gentillica que fere o ouvido, uma vaga

(1) Vide a este respeito o relatorio de 1888, habilmente confeccionado pelo ex-curador geral dos serviçaes n'esta provincia, o dr. Chrispiniano da Fonseca.

(2) Ficam-se assim chamando os serviçaes que embarcaram no mesmo navio; e, n'esta qualidade, estimam-se quasi como se os unisse um grau de parentesco.

tristeza indefinivel. Quando conduzem carga para a cidade cantam, de ordinario, n'um côro atroador mas compassado:

Có San Thomé (1)
Curi o'n bund'i ó cu nhinguira
Cá curi o'n bundi ó cu pita

e canções identicas em que se traduz uma saudade, uma recordação constante da patria e da familia...

*

O typo do serviçal *angola*, apesar da diversidade da sua proveniencia, é absolutamente differente do do indigena da ilha. Caracterisa-o um prognathismo pronunciado, a côr muito escura, nariz muito achatado e labios grossos, muito salientes (2). De ordinario, usa camisa comprida e panno (por baixo d'esta) emquanto se não affaz ao *meio*, porque então, aos domingos e dias feriados, dá-se o luxo d'um par de calças de cutim e de uma sobrecasaca comprada na *loja da roça* (3). A vida da roça, divergindo por completo da que se arrasta na chamada cidade

(1) O sr. A. F. Nogueira traduziu litteralmente estes versos pela seguinte forma:

Em S. Thomé
Ha porta para entrar
Não ha porta para sahir.

(2) Vide sobre os typos d'Angola, Benguella e Congo a obra monumental de Hartmann — *Les peuples d'Afrique* e a apreciavel descripção de viagem — *De Benguella ás terras de Iacca*, por Capello e Ivens.

(3) Em cada roça ha um estabelecimento para venda exclusiva aos serviçaes. Sobrecasacas velhas, chapeus de chuva, botas, sapatos, *fracks* uzados, aguardente, genebra e phosphoros, constituem a pequena relação dos generos que em todas se encontra para consumo.

de S. Thomé, pelos *classicos bancos da má lingua* ([1]), justamente porque é laboriosa, é séria, honesta e agradavel. O fazendeiro, tendo que distrahir a sua attenção pelos multiplos serviços que a prendem, vive alheio ás tricas que cá em baixo, n'este plano pantanoso onde se eleva a capital da provincia, fazem o supremo enlevo da pasmaceira indigena. Quando o horizonte começa a aclarear, as nuvens se vão dessipando e as gottas pezadas do orvalho começam a brilhar pela plantação, o sino da roça, n'uma especie d'alvorada do trabalho, cadenciada e forte, desperta os moradores da *senzalla* que se estende pela encosta com a sua variedade de cubatas sem alinhamento. A isto chamam *o primeiro sino*. Começa se a ouvir um rumor surdo, de muitas vozes differentes. Vem os *cazeiros* em busca da sua gente. Lá vem os *empregados brancos* e o *patrão* estremunhado. O sino toca segunda vez para a *forma da manhã*. Rompeu o sol. No meio do maior socego formam-se duas alas de serviçaes — d'um lado as mulheres, do outro os homens. A variedade dos pannos dá um tom agradavel á perspectiva.

Emquanto o *patrão grande* (o dono da propriedade) faz a *chamada*, os capatazes examinam a sua gente, vendo se lhe não falta o *machim*, o *coale* para trazer o café, etc. O sol vem rasgando as nuvens e prateando o mar indolente e os telhados de zinco das habitações da roça, que circundam o *terreiro*. Ouve-se o chilrear da passarada no *óbó* que se ergue mais além; o rumôr da levada que passa no desfiladeiro da *gróta* ([2]); o despertar da *criação*. . ([3]).

([1]) São conhecidos por esta significativa designação os bancos que estão na *Praça do Governador Mello*, amplo soalheiro onde em tempos idos e ainda actualmente se atassalha a dignidade alheia e se põe o exercicio da auctoridade pelas ruas da Amargura.

([2]) Na linguagem particular dos roceiros esta palavra é empregada como synonimo de valle.

([3]) De animaes domesticos.

Os serviçaes, alinhados, mudos, d'uma mudez respeitosa de selvagens, aguardam a *ordem de largar* para o trabalho. A um gesto do *patrão grande*, toda aquella gente se põe em movimento, gesticulando muito, fallando alto, na diversidade de seus dialectos.

D'aquella onda, em que sobresahe á luz tenue do sol o matiz dos lenços e pannos, destacam-se magótes que seguem os *empregados de matto* para os diversos serviços. O patrão, o *commandante em chefe* d'aquella força disciplinada, vai examinar o serviço dos *terreiros*. *Estende-se* o cacao ao sol; vão-se buscar os bois á abegoaria para carregarem os productos da roça para a alfandega; solta-se a levada para mover os *pilões* e as machinas; n'um momento, tudo entrou em actividade. O *grosso do exercito*, dividido em pelotões, com os *cazeiros* á frente, lá vai descendo pelos *cavalêtes* ([1]) das *grótas*, sumindo-se agora entre os cacaozeiros e os cafezeiros, apparecendo logo n'uma clareira produzida pela *plantação que morreu*...

— O' *Quimbumbo*, não t'esqueças de pôr a *quina* ao sol. Vai dar banho aos cavallos, *Mugôngo*. Ah! *Quituchi!* malandro! que não levaste o *machim!* Querias *capinar* com os dêdos, patife?!... O patrão, na varanda da casa, com as suas *botas grandes*, de chapeu d'abas largas, examina todas as *manobras* do pessoal, n'um relance d'olhos constante, perspicaz. Os *muléques*, nús, ficam a chorar pelas mães que foram para o trabalho. Rebolam-se no chão, gritam choram, deitam-se a correr . .

— "O' *Qnilômbo*, salta o café! brada o patrão pr'a cozinha. Estes *ruios* d'estes *muléques* não corvem senão p'ra comer,,... Lá vão os garôtos, nús, aos saltos, mostrar que não fazem *mangônha* (o que nós chamâmos *fazer cera*) rodeando um montão de cacao em capsulas que está ao pé da estufa,

([1]) A parte superior das *grótas*.

no *terreiro*, onde o sol agora já bate em cheio. As galinhas, os patos e as cabras, andam a saltar por ali. Os *muleques* põem-se a cantar *modas* do Reino, que ouviram tocar no *harmonium*; e vão partindo as capsulas a compasso. Um d'elles bate fortemente com uma lasca de madeira n'uma lata de petroleo, vazia... Está arranjado o *batuque*.

Emquanto os patrões tomam o café, dança-se a *semba rija*, e os garôtos dão *cumbas* de fazer cahir. Grande rizota e bater de palmas cadenciado, sempre certo, ao som estallejante da acha de lenha na lata de petroleo.

— *O serviço do moço é pouco, mas quem não o aproveita é louco*, diz o patrão, sorrindo, lá de largo, e marchando pela *marcação* (1), *pr'a dar uma volta á roça*. E, á sahida, com ar imperativo:

— Este cacetinho *d'inglélé* já tem feito muito bom serviço... E segue, a passo de marcha, de chapeu dezàbado, e as botas altas com as prezilhas p'ra fóra dos canos. Está um sol ardentissimo. O mar começa a mecher-se e a espumar, lá em baixo.

— Vá! vá! vá! gritam os cazeiros aos serviçaes preguiçosos, ao presentirem o patrão na estrada.

— Ah! cachorros!...

*

* *

O serviçal comprehendeu emfim a sua missão. Desde o nascer do sol, d'este sol em braza que nos torra e amolece, ahi anda elle, ora de *machim* em punho a cortar o *capim* que rouba a vitalidade á planta, ora de *gancho* na mão, prendendo as vergonteas do cafezeiro para lhes arrancar o bago de café com que ha de encher o *coale*. Uma das coizas que mais nos encanta, ao observar estes serviços, é a ordem, a

(1) A baliza da roça.

submissão do serviçal, perante o *empregado de matto*. E' rarissimo apparecer na administração do concelho uma queixa d'este contra aquelle ou vice-versa. O patrão não exige serviço demasiado nem ordena ao *empregado* que maltrate o serviçal. O *empregado de matto* é que, tendo sahido da infima especie da sociedade metropolitana, até ha poucos annos, só via no preto, que constitue a principal riqueza do agricultôr, um escravo, um ser inferiorissimo em quem pretendia cevar a sua brutalidade fadista. Conhecendo todas as *roças* principaes da ilha, appraz-nos registar aqui o facto, altamente moralisadôr, do humanitarismo dos proprietarios europeus. Haverá quem explique este facto pela necessidade absoluta que estes teem de conservar em ordem os serviçaes que lhes arroteam as terras e que lhes dão o grande valôr que hoje teem; mas, seja como fôr, é altamente sympathico para nós o fazermos a declaração de que os antigos costumes de barbarie, restos da execravel escravidão, desappareceram emfim n'esta ilha. Como recordação viva d'estes costumes, resta-nos a diminuta colonia dos *gregorianos*. O *filho de S. Thomé* nasceu livre. Se essa liberdade lhe approveitou e nos foi favoravel, já o considerámos. No *gregoriano*, porem, esse pobre velho que ahi anda, de roça em roça, mendicante, esfarrapado, existe e existirá, emquanto essa raça durar, o ferrete vivo que esses costumes barbarescos lhe cavaram no rosto. As suas canções são tristes e soturnas como as preces das catacumbas. Adoram n'ellas um ente supremo — o governador que lhes deu a liberdade. Sob esta recordação perenne, que é para elles um estygma opprobrioso, preferem morrer livres, de fome e de abandono, a contractarem os seus serviços com qualquer individuo. Até ha poucos annos, andavam pelas ruas da cidade, tresmalhados, como que a chorarem a sua sorte a occultas uns dos outros, *fazendo fretes* a quem os procurava. Com o augmento do valôr da propriedade, os antigos escravos ou *libertos* que se *portaram bem* com os *senhores*, recebendo d'estes, no acto da libertação, meia duzia de *varas* de terreno, viram augmentar os seus haveres e julgaram-se muito felizes, porque em menos do que n'isso podia consistir a sua felicidade. Sempre humildes, submissos e respeitosos, os *gregorianos*, mesmo os que uzam cadeia de berloques e cinto d'elastico, comprados honestamente com o producto do seu trabalho nas glebas que adquiriram, são uma excepção a este meio supinamente orgulhoso em que o indigena menos civilisado considera o trabalho regular como uma nova escravatura. Mas caiâmos ainda com a nossa vista sobre o serviçal que ali anda, socegadamente, a cumprir as obrigações do seu contracto. O patrão exigiu, porque o devia fazer, que cada um dos contractados trouxesse *á forma do meio dia* um *coale* cheio de café maduro. Quando o sino, suspenso do alto de duas vigas muito compridas, no meio do terreiro, chama os serviçaes á *hora do descanço* e da refeição, os cazeiros mandam parar o trabalho e mandam-n'os seguir para o local da *forma*. O *patrão grande* procede á contagem dos serviçaes que chegam, um por um.

Estes, á maneira que lhes chega a vez, despejam n'uma barrica ([1]) o café *em cereja* que trazem nos *coales*. Raras vezes ha motivo para uma reprehensão, nas roças bem organisadas. Á maneira que vão despejando os *coales*, vão tomando os seus logares na *forma*, que é perfeitamente igual *á da manhã*. Dada a ordem de *destroçar*, seguem todos para a *senzalla*, onde vão cozinhar o almoço de peixe fumado e banana, o manjar mais apreciavel para elles, porque dizem ser o mais substancial. Muitas vezes, os serviçaes que teem serviço especial em caza dos patrões, regeitam a comida

([1]) Pelo calculo feito, cada barrica d'estas, cheia de café em cereja, dà uma arroba d'este genero, depois de se lhe tirar a casca.

d'estes e pedem o peixe fumado e a banana, que mais os satisfaz.

Na *senzalla* agora ha um barulho infernal. É a hora da expansão, a hora de fallar. Pequeninas contendas, de palavras; a critica dos *cazeiros* que nada fazem e pedem muito trabalho; tudo isto, e muito mais, vem á tela da discussão, n'um labyrintho de phrazes em *n'bundo* e nos seus differentes dialectos. As mulheres e os filhos são os encarregados das operações culinarias. O *dono da casa* é quem faz os gastos da palestra nas ruas estreitas e tortuosas da *senzalla*. Todas as cubatas fumegam, toda aquella pequena povoação tem vida. Ouve-se um vozear confuzo por entre aquella atmosphera fumarenta. Alguns serviçaes cantam á *moda da terra*.

De repente, o *sino*, o implacavel sino desafinado, chama-os ao trabalho. E lá vae toda aquella gente, n'uma linha que serpenteia e se parte a cada instante, reencetar os serviços que principiou ao nascer do sol. Os *cazeiros* recebem ordens do *patrão*, á sahida; os *empregados brancos*, anemicos, cabisbaixos, lá se destacam no meio d'aquelles homens musculosos, de peito nú, *machim* pendente da mão direita, e d'aquellas mulheres, com os filhos ás costas, atados pela cintura com os pannos riscados... Ouve-se o bater dos *machins* no cascalho; o *frum-frum* das folhas das arvores que se vergam; as cantigas das lavadeiras que veem do rio, com as trouxas de roupa á cabeça; o sopro barulhento dos *ventiladores* do café; o arrastar do cacao que se está dissecando nos *terreiros*.

O patrão lá está, na varanda da casa de habitação. Os *muléques* continuam a partir as capsulas de cacao. Grita o empregado branco, d'um lado:

— *Ah! malandros que não fazem nada!*

E os *cazeiros*, lá em baixo, no fundo da *gróta*:

— *Và! và! và!*

*

Na *forma da noite*, os serviçaes são obrigados a apresentar um feixe de *capim* para os animaes ou uma acha de lenha para a cozinha. Esta *forma*, por isso, é a mais agradavel á vista. O capim, em grandes molhos atados ao meio, é collocado em frente dos serviçaes alinhados. Os que trazem achas de lenha para a cozinha, ás vezes grandes tóros toscamente cortados, poem-n'os em frente de si, em posição perpendicular, sustendo-os com as duas mãos, na posição de *apresentar armas*. Dada a ordem de dispersar, sahem vertiginosamente da *forma*, n'um movimento quasi simultaneo, e vão depôr as cargas nos logares competentes, para depois retirarem para a *senzalla*, onde vão cozinhar a refeição da tarde. A's 9 horas da noite o sino badala ainda o *toque de recolher;* e, desde então, tudo é socego na roça. O borborinho da *senzalla* reduz-se ao cochichar medroso dos serviçaes nas cubatas, que se amontoam na vertente da montanha, proximo ao *terreiro*, confundindo-se com as arvores pouco altas da plantação que as rodeia.

Aqui e ali ergue-se uma palmeira esguia, (1) uma bananeira folhuda, uma *amoreira* collossal, levantando-se phantastica e orgulhosamente entre a planura rumorejante dos cafezeiros copados. Lá bem distante, nas cubatas dos *forros*, brilham como estrellas, que ora se accendem ora se apagam, as candeias de *papaya* que indicam a *festa*. No morno silencio da noite, escuta-se apenas o rufar monotono e longinquo da *mussúmba*, recordando a orgia permanente em que o *filho da terra* se gasta e se anniquilla.

---

(1) Na roça *Saudade*, uma das palmeiras que mais abunda na ilha, a *Elaeis guineensis*, mede 54 metros d'altura. É a maior d'estas arvores que ali conhecemos.

*
* *

Os RITOS FUNERARIOS entre o serviçal conservam ainda a côr local, perfeitamente selvagem, que os caracterisa, como entidades arrancadas a raças primitivas, cujos costumes por bastas vezes tem sido descriptos por Letourneau, Avezac e outros.

Examinemos, apenas, a sua exterioridade religiosa, na parte em que ella mais ou menos se accommoda á *maneira de ser* do indigena da ilha.

Debaixo d'este ponto de vista, o serviçal, ou porque lhe sirva sempre de guia de suas acções o procedimento do europeu (n'estes casos), ou porque a deslocação o tornasse timidamente propenso á adaptação mesologica, tem pelos mortos um profundo respeito, que expande a seu modo, mas que no emtanto facilmente se divisa atravez do seu procedimento. Ha entre elles curandeiros (*quimbandas*, na lingua de Angola) que approximadamente operam como os *piádô záua*. E' sempre o feitiço (*mulogi*) que attaca o doente, porque o *cázumbí* (alma penada) é a origem de todos os maleficios. Nas occasiões em que o *cázumbí* anda fugido da sua habitação infernal, os serviçaes *esconjuram-n'o* na cubata, affastam-n'o por meio de *rezas* gentillicas, não passando de noite pelos sitios onde a *alma do defunto* anda a penar, por que esta os arrastaria sem dó nem piedade. De ordinario são as mulheres velhas, que sabem fazer *milongos* (remedios), que teem *mésinhas* especiaes para curar o *macúlo*, as que, com orações e muitos gestos desordenados, empregam a sua *sciencia sobrenatural* no meio da admiração selvagem dos consultantes da *senzalla*, afim de afastarem o *cázumbí*.

O *feitiço*, composto de chavelhos, bonecos de barro com pennas de galinha espetadas na cabeça, e muitos outros objectos a que a sua exagerada superstição attribue forças sobrehumanas, lá está ao canto da cubata, prezidindo ao acto solemne. Estas mulheres, em quem elles reconhecem verdadeiros milagres, gozam, como entre os indigenas o *méssê*, d'uma grande preponderancia ali. Nas occassiões do parto, a sua presença é indispensavel; e, ou seja porque a influencia do clima ajude as parturientes ou porque a propria constituição physica d'estas as favoreça, é certo que temos ouvido encarecer a alguns europeus a *sapiencia* d'estas mulheres na especialidade. A procreação, porém, é diminutissima; e este facto explica-se porque a mãe e o filho são acerbamente martyrisados durante o parto. Assistimos a esta tremenda operação, horrorisados com os soccos furiosos que a *parteira* descarregava sobre o ventre da padecente para lhe arrancar o feto. Poucos dias depois do parto, a mãe leva o filho para o trabalho, apezar da recommendação contraria dos patrões, e, com os constantes movimentos que faz no serviço, ora dobrando a espinha nas *capinas*, ora tendo que subir e descer o que aqui chamam *grótas*, a criança é fortemente abalada, resistindo difficilmente a esta barbaridade. Assim se explica o nenhum dezenvolvimento d'esta parcella da população da ilha. Comprehende-se facilmente como o agricultor intelligente desejaria extirpar estes e identicos costumes prejudicialissimos, em seu proprio interesse.

Falta, porém, a implantação suave e racional, methodica, de costumes a que o serviçal se accommodasse sem relutancia; e esses crêmos que não tardarão muito a ser adoptados, attenta a feição pacifica que esta riquissima colonia vai adoptando e a transmutação civilisadora que n'ella se tem manifestado ultimamente.

*

Os mortos entre os serviçaes são conduzidos para o cemiterio, embrulhados n'um panno, e atados a um bambú. Os serviçaes conductores, se encontram pelo caminho quem lhes venda aguardente, desalojam-se do cadaver e demoram-se, satisfeitos, em constantes libações. Na *senzalla* ha *feriado* para a familia do morto, que aproveita o favor do patrão em constante *batuque* e em cantos funeraes, d'uma melancholia triste e selvagem. Untam a testa com as borras *d'azeite de palma*, e barro, em signal de luto. E' trivial os conductores do cadaver, antes de o entregarem ao guarda do cemiterio, darem busca minuciosa aos pannos que este leva para a derradeira morada, guardando os melhores — "porque a terra devia estragal-os forçosamente„, sem proveito para ninguem. De resto, sectarios de um fetichismo perfeito, adoram qualquer objecto, e em sua honra compõem *orações* confusas, que cantam, em melopêas sentidas.

Os batuques funebres prolongam-se por altas horas da noite na cubata do fallecido, cantando os circumstantes n'um côro pezado e lugubre:

Iá muquétô é... oáfô... ô... ô... (1)
Cantô izá ringuê ó é...

---

(1) A traducção approximada d'estas palavras, que assim feriram o nosso ouvido, é:

Este já morreu,
Não volta mais para o pé de nós.

Este costume de prantear os mortos, logo em seguida ao seu passamento, que é quasi universal e representa entre os povos civilisados uma regressão aos tempos mais obscuros, se attentarmos na forma porque estes *prantos* ainda hoje se fazem, especialmente em Portugal (Theophilo Braga, liv. cit., tom. I, pag. 196 e seguintes), estes costumes, dizemos, são peculiares a todas as raças d'Africa. Frei Luiz de Souza, escreve sobre a morte de D. Manuel: «Ao quarto dia depois do fallecimento *se ordenou a cerimonia antiga do pranto.*» Segue depois a descripção solemne d'esta cerimonia barbara. «Gil Vicente allude a estes *prantos.* Quando em 1578 morreu o rei D. Sebastião, repetiramse os *prantos populares...* ainda que algum tanto enchutos, e ao dia seguinte levantaram rei ao cardeal.» (Theophilo Braga, liv. cit. pag. 200).

A VIDA DA SENZALLA, modificada mais ou menos á vontade dos patrões, representa no serviçal a maneira de pensar e a comprehensão social d'estes approximadamente. O filho do serviçal (e é só este o que aqui se designa como *muléque)* só se baptisa quando tem alguns annos d'edade. Temos assistido a baptismos d'adultos. E ainda assim, é só nas roças principaes que mais se observam estas praxes religiosas, o que dá em resultado estar por baptizar o maior numero dos serviçaes introduzidos, e que, como se sabe, foram arrancados ao gentio e para aqui transportados immediatamente. O cazamento entre os serviçaes é uma especie de *cazamento á moda da terra*, tendo como differença essencial a intervenção dos patrões.

O dos indigenas é o rezultado de uma sympathia mutua: caza-se depois d'um *batuque;* ás vezes precedendo o namôro enternecedor (1) ao *ar livre;* em summa, quando as duas

(1) Entre os negros é bem curiosa a mimica do sentimento affectivo. O beijo não existe entre elles, nem como prova d'amor maternal. Tanto o serviçal como o indigena de S. Thomé, quando arde em chammas d'amor, faz gestos larguissimos, aperta muito as mãos da pessôa a quem se dirige, dá-lhe palmadas nos hombros, etc Nunca se beijam, e raras vezes se abraçam. Os cumprimentos na rua, como já dissemos, obedecem a certas regras de uma *diplomacia* propria. Constam de apertos de mãos que se atiram descrevendo um grande arco de circulo, em compasso demorado, mãos abertas, de dedos desunidos, como uma luva de lata á porta d'um luveiro.

Com a opinião de Kolben *(Histoire du Cap de Bonne Esperance)* Tylor e outros ethnologos distinctos, concordâmos em que o negro selvagem não tem no fundo da sua alma a concepção perfeita do amôr, tal como o sentimos e interpretâmos. Os prazeres sexuaes attrahem-n'o instinctivamente. Satisfeitos os desejos brutaes que o accommettem e que o tornam voraz, um grande sentimento de repulsão pelo objecto que o attrahiu o invade em acto continuo.

almas se procuram, se attrahem, se encontram. Nas roças, porém, as *leis sociaes* que o patrão dicta são mais perfeitas e dão ao acto uma exterioridade mais respeitavel. ([1]) Entre os serviçães existe tambem o *divorcio*, mas este só tem logar quando da parte de ambos os *conjuges* ha concordancia completa no *desquite*. Fóra d'esses casos, e a não ser a *requerimento* da mulher, é imposta a vontade suprema do *patrão*, e o *cazal* continua legalmente constituido. Uma das coizas que mais prende o serviçal á roça é o *cazamento*. Comprehendendo-o, o agricultôr procura *acazalar* os serviçaes, fazendo com que entre elles se observe o respeito pela mulher do proximo e que haja a doçura permanente das *luas de mel*. A mulher serviçal ganhou certamente com a expatriação ([2]) o emancipar-se do jugo prepotente que sobre ella era exercido na sua terra natal. Aqui é a dona da sua cubata (que vale dois ou trez mezes de salario), e é o patrão quem exige para ella o respeito do seu *estado*.

Ordinariamente é o homem quem pede a mão da *donzella* que o apaixonou. Para este effeito, sollicita, com um certo ar de envergonhado, uma audiencia ao patrão, e expõe-lhe vagarosamente as phases da paixão que o allucinou.

Ante a descripção commovente, o patrão indaga se a mu-

Referimo-nos ao amôr que leva á constituição da familia legal, á affeição expontanea e santa que mantem o doce equilibrio do lar, porque, apezar de tudo, crêmos no amôr maternal entre elles.

([1]) O desquite, entre os indigenas de S. Thomé, é a coisa mais natural d'este mundo. A mais futil questão, o pretexto mais simples e banal, produz a divisão dos *conjuges*. *Cada um vae para sua casa.* É quasi sempre a mãe quem fica com os filhos, ao que o homem se não oppõe, porque, n'este caso, declara — *que não tem a certeza de serem seus.*

([2]) Vide a este respeito *As Novas Jornadas de Silva Porto* (Bolet. da Sociedade de Geographia, 6.ª serie, anno de 1886).

lher requestada é *solteira*, se *tem juizo;* finalmente se, segundo as famosas theorias de Debay e outros physiologistas, poderá competentemente contrahir matrimonio; e, n'este caso, é chamada á sua presença. O aspecto receiosamente libidinoso e selvagem dos *noivos* em frente do patrão é digno de contemplar-se. Passada a breve inquirição sobre os costumes do pretendente e da *futura*, o patrão diz-lhes que não ha duvida alguma em proceder-se ao acto requerido; dispensa os proclamas e mais praxes; e pergunta sacramentalmente á *noiva*: — *É de sua vontade casar com o Catumbélla?*... (se o noivo tem este nome, é claro). E, no caso de resposta affirmativa, no dialecto fallado pela *diva*, dirigindo-se ao noivo: — *É de sua vontade casar com a Bumba?* A's vezes é isto dito mais prosaicamente, porque o fim d'estas perguntas é apenas saber se a mulher *sentiu bater o coração* pelo requerente; porque, no caso contrario, fica de nenhum effeito a pretensão do Adonis de tanga. [1]

Quando o cazamento se effectua, o que afinal sempre succede, porque factos precedentemente consummados deram ao serviçal a coragem necessaria para fazer o pedido, o patrão, com phrazes convincentes, atiradas como flechas sensibilisadoras aos corações latejantes dos *nubentes* em perspectiva, explica-lhes qual a situação em que vão collocar-se com o *estado* que expontaneamente pretendem contrahir; o auxilio que mutuamente se devem prestar; recita-lhes epithalamios dôces, em portuguez que elles percebam; e finda com esta *tirada* estafadissima em latim traduzido logo:

— *Crescite et multiplicamini*...

Mais tarde, quando desabrocha o *fructo negro* d'aquelle

---

[1] Nem sempre a mulher serviçal é fiel ao contracto de cazamento. O genio extraordinariamente ciumento do negro manifesta-se então terrivelmente, e é essa a cauza quasi exclusiva dos crimes praticados pelos serviçaes.

amôr, ha, n'algumas roças, um *premio* remunerador para os *cazados;* o que, fazendo com que estes observem religiosamente a recommendação biblica, muito regozija os patrões, que assim veem augmentar a prole... dos serviçaes.

*
* *

O DIA DE PAGAMENTO, que costuma ser o primeiro domingo de cada mez, é, por excellencia, o grande dia de festa na *senzalla*, onde aliás não faltam outras *festas* diariamente. O trabalho aos domingos e dias santificados finda ao meio dia. Ao toque do sino para a *forma*, é feita a *chamada geral* na *loja*, pagando-se pontualmente aos serviçaes, conforme os serviços que dezempenham. Os que aprenderam officios e os exercitam pontualmente vencem um salario muito superior ao que recebem os serviçaes empregados nos trabalhos ordinarios.

N'um momento, depois *da forma* das 11 horas, nas roças onde isso é permittido, forma-se um ajuntamento enorme á porta da *loja*, onde um empregado vai lendo a *folha de ponto*, emquanto outro ou outros vão fazendo o pagamento. Os serviçaes que são multados, por faltas no serviço, protestam no acto contra o desconto na *feria;* allegam que não lhes fica dinheiro para comprar pannos e lenços, e muitas outras razões capazes de fazer chorar as pedras.

Immediatamente, porem, passa essa tempestade de desgostos, ante a indifferença glacial do *pagador;* e desapparece para as garrafas que estão nas mãos dos serviçaes a aguardente que pouco antes se continha n'um grande barril que está sobre o balcão.

Os chapeus de côco e de copa alta, os *fracks*, as cazacas, as calças que já conheceram, por largos e dilatados annos, outros possuidores, são immediatamente vendidos aos freguezes aguardentados. Com as novas *encadernações de grande gala*, cambaleantes, n'uma vozeria infernal, dançando a custo no *terreiro*, os serviçaes sentem-se felizes e com a denodada coragem d'exgotar outro barril d'aguardente.

A previdencia do patrão, porém, oppõe-se á realisação d'este esplendido ideal, prohibindo que se lhes venda mais cachaça. A festa no emtanto continua, n'uma algazarra enorme, perfeitamente gentillica. Misturam-se dezenas de vozes roucas pela embriaguez; os dançarinos, de mãos levantadas, em largos gestos desconcertados, perdem a acção da gravidade; a *puíta*, o tambôr, a lata de petroleo, fortemente feridas pela acha de lenha, atrôam os ares, por entre aquelle barulho infernal, em que só se ouve um eterno: *é!... é!... é!... é!...*

No meio, porem, d'aquella enorme gritaria, reina sempre a ordem mais perfeita, sendo raras as occasiões em que o patrão tem que intervir com a sua auctoridade, fazendo recolher os manifestantes ás cubatas. Quem está habituado a lidar com esta gente, facilmente perceberá que n'aquelle enorme espalhafato, que ao inexperiente pareceria uma revolta, não ha mais do que a grande manifestação da alegria que sentem pela sua situação; alegria exacerbada, é certo, pelos ardores do alcool, que apezar d'abrandado pelos patrões com o melhor dos intentos, não deixa comtudo de produzir os seus effeitos.

*

* *

A sensibilidade no homem estupido, como o serviçal, é mais facilmente ferida do que se possa suppôr. Uma leve reprehensão, uma simples questão de ciumes, uma ligeira altercação, produzem n'elle phenomenos psychicos de uma grande tenebrosidade. E, no emtanto, não se nota no seu aspecto o mais pequeno indicio do dezespero que o corróe. Um dia, inesperadamente, quando ninguem o suspeita, apparece enforcado um serviçal,—o corpo hirto, recurvo, fazendo pender o tronco flebil d'um cafezeiro, desenhada a suprema angustia no rosto desfigurado. Para deixar de satisfazer os seus terriveis desejos, bastaria ajoelhar-se: a corda ou tanga não correria no pescoço. Vê-se que uma invencivel vontade de morrer o levou áquelle logar, onde, com uma coragem brutal, poz termo aos grandes desgostos que lhe minavam a existencia, sem que ninguem o suspeitasse. Para quem ignore este extraordinario processo de suicidio, e a rapidez com que a asphyxia produz a morte, estes casos serão apparentemente — um crime.

O suicida, na maioria dos casos, tem que puchar com o pezo do corpo a corda que amarrou da arvore ao pescoço, para que o nó aperte. Ainda na maior intensidade da dôr, não deita um braço á corda homicida, não tenta affrouxal-a, não faz em summa senão um exforço naturalissimo e feroz para consummar a destruição da sua existencia attribulada!. .

E dir-me-hão que o impôr-se uma nova sentimentalidade religiosa a esta gente a não levaria a acabar, ou pelo menos a diminuir, este triste processo de *suavizar desgostos?*.. Para nós, os que vêmos nas tectricas manifestações anarchicas d'este desabar de seculo um pronuncio do geral despimento de crenças que ameaça a sociedade universal, afigura-se-nos a ministração dos bons sentimentos religiosos ao serviçal um meio efficaz de o conduzir satisfatoriamente ao trabalho e á pratica das boas acções. Ainda que fosse por turnos (nas roças de mais numeroso pessoal) podia o agricultor, ao menos uma vez mensalmente, levar os seus serviçaes á freguezia mais proxima, onde o prior fosse obrigado á catechése, por meio de interpretes — catachése explicita, convincente, insinuante. Nós importámos para aqui um homem, um manequim boçal, irreligioso (ou, melhor – sem religião) e assim o conservâmos, com a aggravante do meio depravado que descrevemos. Se a religião do estado, senhores pessimistas, é apenas "um freio á estupidez,„ ainda assim a admittimos n'este caso. Mas imponha-se esse *dique*, com o qual condescendeis, á impetuosidade da estupidez que campeia e nos arruina e se destróe, em nosso geral desproveito e do bom senso que tanto se apregôa.

Estude o governo esta magna questão de consciencia, porque, como dirigente dos destinos dos individuos que nasceram sob a bandeira que ainda conserva as quinas, é o unico responsavel pela anniquillação moral e material das novas sociedades africanas.

Despedacem os iconoclastas destemidos, a bombas de dynamite, o velho torrão europeu, que (digam embora) evolutivamente caminha para a derrocada; mas sejam ao menos *retrogrados* (se lh'o querem chamar) para com estas terras onde ainda, mercê de Deus, existe a virgindade da alma e a perfeita ignorancia, completa em tudo, até nos processos de descrêr e de matar . .

*

*   *

Examinado o serviçal nos seus diversos aspectos e no seu modo de viver, modificado pela influencia do clima, do logar e do meio social, passemos ainda de relance sobre a conveniencia absoluta que ha em os poderes publicos auxiliarem a introducção de braços na provincia [1], que, talvez entre poucos annos (e praza a Deus que tal não succeda) haja de pas-

---

[1] O officio do min. da mar. de 22 de março de 1884 declara que o governo não tem opportunidade para deferir a supplica da Camara Municipal de S. Thomé, que pedia para ser auctorisado o governo local a contratar serviçaes para serem sublocados aos agricultores.

sar pela maior das crises que a pode affligir e talvez anniquillar - a falta de pessoal para os trabalhos agricolas ([2]).

A provincia d'Angola, resentindo-se do grande impulso colonisador que ultimamente se tem manifestado no nosso paiz, ha de necessariamente dilatar a sua actividade, para o que, evidentemente, necessita do pessoal que poderia deixar sahir para esta ilha. Os symptomas d'esta crise medonha já hoje se manifestam no preço exagerado do resgate dos serviçaes, que duplicou em menos de dez annos. Não são só os *contractadores* que monopolisam esta *agencia*, sobrecarregando o agricultor; é que, dia a dia se nota a falta de pessoal que possa resgatar-se para a provincia, porque os agricultores de Angola, tendo augmentado em numero e expandido a sua actividade, sentem que sobre elles peza a impreterivel obrigação de não deixar *sahir* senão o pessoal absolutamente dispensavel.

E se isto se dá já hoje, facilmente se conclue que, sendo raras actualmente no interior d'aquella provincia as guerras de que resultava a escravidão imposta pelo gentio aos presioneiros, que depois se contractavam, entre poucos annos,

---

([2]) São dignas d'estudo as palavras sensatas que o sr. Oliveira Martins escreve a este respeito:

«As culturas exoticas (café, algodão, assucar etc.), mais que nenhumas outras, exigem, em dados momentos, a certeza absoluta dos braços trabalhadores: e era isso o que a escravidão dava e o que o trabalho livre não pode garantir.»

«Ou o preto só trabalha excepcionalmente e não abandona o estado selvagem; ou é susceptivel de se fixar no trabalho agricola. No primeiro caso, a intermittencia arruinará as plantações; no segundo, o negro trabalhará para si, e não para o fazendeiro.» (Oliveira Martins, *O Brazil e as colonias portuguezas*, pag. 210 e 211).

«A idéa de uma colonisação agricola, pela emigração portugueza livre, diz finalmente o illustre escriptor, é, por muitos motivos, uma chimera *liberal*. (*Idem, ibidem*, pag. 218.)

quando esta e outras causas mais se accentuarem, (embora socialmente isso represente um facto transcendente de progresso,) esta ilha, se não se antecederem providencias completas, soffrerá economicamente uma crise que a todos é dado prever. Todos sabem como em Africa se obtem o serviçal que depois se contracta. Essa forma de obtel-o não desapparece de momento, embora se modifique, pouco a pouco.

A lei de 29 d'abril de 1875 ([1]), feita de molde para salvar a agricultura da crise de 1875-1876, vigora ainda na provincia, e ha n'ella disposições bastantes que permittem ao governo a satisfação dos desejos geraes dos agricultores de S. Thomé. "O que estes então pediam, e pedem ainda, e com justiça, escrevia o sr. Vicente Pinheiro em 1883, é a importação de trabalhadores em transportes do estado, e por conta da provincia, nos termos da lei e regulamentos do trabalho livre.„ Essa importação, da qual, evidentemente, depende o futuro da ilha, longe de acarretar despezas ao governo pode até ser-lhe uma razoavel fonte de receita.

Em 1881, segundo o relatorio do governador de então, havia na ilha 21 grandes roças, numero triplicado hoje, mercê da actividade particular que se dezenvolve dia a dia.

A grande area de terreno que ainda resta por cultivar está n'este momento, segundo nos consta, sendo vendida a pequenas parcerias agricolas, a trabalhadores que viviam quasi ociosos por falta de quem lhes fornecesse elementos de trabalho. Esta rapida subdivisão da propriedade, suscitou naturalmente dois factos principaes — a carestia do terreno e a falta de braços.

Não sendo provavel que por muitos annos se mantenham os preços actuaes dos dois generos que constituem especialmente a riqueza da ilha — o café e o cacao, facilmente se prevê como a mais leve crise economica pode anniquillar,

([1]) Vide tambem o *regulamento* de 21 de novembro de 1878.

n'um momento, tantos e tão dignos esforços, o que certamente não succederá se as propriedades, tendo braços sufficientes, se valorisarem no periodo da manutenção dos preços correntes.

O agio da especie metallica e a revolução brazileira explicam de per si, além d'outras circumstancias secundarias, o alto preço que attingiram os generos coloniaes. E' certo que quasi todo o café produzido na ilha é consummido no Reino, como já vimos; mas S. Thomé já hoje exporta mais cacao do que café, e attenta a facilidade de manipulação d'aquelle producto, é de prever que, nos terrenos adequados á esta plantação, ora produzindo café, não haja de futuro mais replantações d'esta planta ([1]). O cacao como se sabe, é quasi todo exportado para o estrangeiro, embora por via da metropole, que assim quiz proteger simultaneamente o paiz e os individuos que em Lisboa transaccionam em generos coloniaes. A proposito, convém notar que a nova pauta alfandegaria, decretada em abril do anno passado, produziu aqui os seguintes resultados:

— Desviou por completo a navegação estrangeira, que era importantissima, e trazia para esta ilha algumas dezenas de contos de réis annualmente;

— Tentou reprimir o contrabando (que não se fazia), dando em resultado que actualmente não é despachada na alfan-

([1]) Vimos no livro algumas vezes citado, do sr. A. F Nogueira, e tambem n'um artigo do sr. Adolpho Frederico Moller, no *Jornal de Horticultura Pratica*, que a planta do cacao é mais estimada pelo agricultor de S. Thomé especialmente porque vive mais tempo do que a do café. Não é exacta esta affirmativa. Temos visto arvores de café *(coffea arabica)* muito mais velhas do que as do cacao *(Theobroma cacao)* o que é materia corrente e sabida entre os agricultores da ilha, e se explica certamente pela enorme quantidade relativa de vitalidade que a plantação d'esta ultima arvore rouba á terra, a ponto de dispensar as *capinas*, quando está em plena exhuberancia.

dega a terça parte do tabaco que se consome na ilha, apezar da rigorosissima portaria provincial que pouco depois se publicou no sentido de reprimir a venda de tabaco sem o sello respectivo;

— Finalmente, fez logo descer a uma terça parte os rendimentos camararios. (1)

Nem ao menos o legislador logrou proteger a escassa industria nacional, elevando enormemente os direitos differenciaes de importação, porque a manufactura estrangeira, apezar de sobrecarregada com a nova pauta, ainda n'algumas industrias, como a da saccaria, offerece vantagem aos agricultores sobre a carissima e imperfeita industria nacional.

E sobre tudo isto, a pauta em questão ainda fez "subir enormemente o preço de muitas mercadorias indispensaveis á agricultura, como tambem tornou cara a vida„. (2)

Mas deixemos a apreciação d'este desgraçado documento, que tão fundo feriu economicamente esta riquissima colonia, e reentremos no assumpto. Em 1883 a introducção de um serviçal custava 50$000 réis (3) — o seu resgate custa

---

(1) Vide o Orçamento Geral da Camara Municipal d'este concelho para o corrente anno economico.

(2) Relatorio da *Associação Commercial* e *Agricola de S. Thomé*, 1892, pag. 8.

(3) Vide *A Provincia de S. Thomé e Principe*, pelo sr. Vicente Pinheiro, pag. 67.

Paulo Porto Alegre, no seu livro *Monographia do Café*, pag. 136, ed. de 1879, diz que os *Coolies e Kanganis* (trabalhadores de certas tribus) nas fazendas de café em Ceylão, se contractam para fazerem 12 capinas annuaes recebendo apenas por todo esse serviço 36 a 48 schillings. Os contractos são feitos com cada trabalhador de per si. Á facilidade com que obteve trabalhadores deve o Brazil o desenvolvimento enorme da agricultura do café, que ali se começou em 1830.

A junta geral d'esta provincia, em sessão de 21 de abril de 1865, deliberou responder nos termos os mais honrosos para os agricultores de S. Thomé, á consulta do benemerito marquez de Sá da Banactualmente 100$000 réis pelo menos, tendo tambem, como vimos, augmentado de preço os generos de primeira necessidade para o seu sustento e do restante pessoal das roças. N'estes termos, só o alto preço a que os generos d'exportação subiram, pode explicar o apparente equilibrio financeiro em que a agricultura da ilha se mantem. E dizemos apparente, porque é necessario que se saiba que apenas meia duzia de agricultores teem até hoje uma vida economica verdadeiramente desafogada, vivendo todos os restantes na doce esperança de um melhor futuro.

Praza a Deus que esse futuro a todos sorria... A baixa do agio nas operações commerciaes ha de dar-se, tarde ou cedo, e tambem não é crivel que a revolução brazileira se prolongue indefinidamente. (1)

Quando estes dois factos se derem (e hão de dar se, cremol-o, para felicidade da Europa em crise e do Brazil revoltado) ficará aqui aberta uma pequena crise resultante do abaixamento de preço nos principaes productos que a ilha cultiva. Esta é a crise inevitavel, porque effectuando-se actual-

---

deira para a abolição da escravatura, lembrando ao mesmo tempo que, operado este grande facto civilisador, se devia proceder immediatamente á importação de serviçaes d'Angola, onde o termo medio do custo de cada trabalhador não podia exceder a 25$000 réis.

Nas *colonias inglezas* do Cabo e Natal, não existe a lei do trabalho coercitivo, porque para os diversos serviços agricolas se aprezentam voluntariamente os zulus que alli affluem e até os negros que rezidem nas proximidades da costa portugueza de Moçambique (*Sá da Bandeira*, *O trabalho rural africano*, pag. 78) o que muito auxilia o progresso d'aquellas ricas possessões britannicas. «Em agosto de 1872, o sr. F. Vanzeller que, por ordem do governo portuguez, havia ido á republica do Transwaal, encontrou no caminho que seguia para o Natal uma caravana de pretos que, de mais de 600 milhas de distancia, se dirigiam a esta colonia, afim de ali procurarem trabalho; affiançado que é grande o numero de pretos que fazem a mesma jornada com esse destino. (Idem, pag. 79.)

(1) Como já dissemos, isto foi escripto em 1893.

mente as compras de terrenos, tomando-se por baze os altos preços correntes, os novos agricultores mostram confiar demaziadamente na sorte. As crises provaveis, ha de o tempo trazel-as, e por isso não anteciparemos commentarios. Como, porém, obviar a que a maior de todas as crises, a falta de braços, anniquille o trabalho de tantos annos? Esta é a questão de vida ou de morte para esta colonia, porque, como muito bem se escreve no relatorio da Associação Commercial, que já citámos, "na maior ou menor facilidade em encontrar braços para a agricultura,, está o progresso ou o anniquillamento da ilha.

Julgâmos nós, com a opinião sensata de todos os que se interessam por S. Thomé, que se podia evitar a crise:

1.º — Intervindo o governo na acquisição do pessoal trabalhador, emquanto é tempo, e pelos meios que a lei lhe faculta, o que, como já dissemos, não reprezenta sacrificio de qualidade alguma para o mesmo governo;

2.º — Fazendo executar a lei do recrutamento e repressão da vadiagem, decretada ha mais d'um anno. D'esta execução adviriam os seguintes dois factos de primeiro alcance: — O indigena que está na posse de terrenos que não cultiva nem vende, ou os arrotearia, para não ser julgado como vadio, ou os venderia pelo seu justo valor, e criar-se-hia uma força publica á altura de manter o actualmente hypothetico direito de propriedade, e talvez estes factos operassem por si sós um completo reviramento no modo de ser social do indigena, que poderia tornar-se utilisavel para os serviços para que tem de fazer-se introducção de braços com tamanha difficuldade e tão grande dispendio de capital. Se os poderes publicos, abraçando estas medidas, ambas decretadas e ambas lançadas a um criminoso olvido, fizerem modificar, em primeiro logar as pessimas condições hygienicas em que vivem os serviçaes e os *forros*, dando, especialmente a estes, escolas, "mas não unicamente para aprenderem a ler e escrever mal e fazerem d'esse dom uma ruim applicação„ ([1]) como tem acontecido; se d'isto se compenetrarem os nossos homens d'estado, o solo suberrimo da ilha se encarregará de obviar a que as crises se manifestem. Ha 8 ou 9.000 individuos que, collaborando (por ignorancia, é certo) no desprestigio e ruina da ilha, podiam ser o seu principal sustentaculo e a fundamental garantia do trabalho de todos nós. A vontade particular é impotente para os demover do caminho que seguem.

Ha uma laboriosa populacão de serviçaes, que se não multiplica porque se arruina no exercicio supersticioso de seus costumes gentillicos, e que no emtanto reprezenta muitas centenas de contos de réis. O patrão não tem seguro o serviçal que contractou, porque elle lhe foge, e é acoitado immediatamente, sem que a auctoridade, por falta de lei exequivel, possa com facilidade saber o paradeiro do fugitivo e restituil-o ao trabalho. O agricultor pede diariamente braços que o ajudem no amanho das terras que por alto preço conseguiu, e não os encontra, apezar de dispôr do capital preciso para os adquirir. Partem-se em bocados nos precipicios dos carreiros chamados estradas os carros que conduzem generos para a alfandega, e morrem nos atoleiros os bois que os conduzem. O pessoal das roças ahi vai diariamente, n'um percurso de alguns kilometros, ao sol em braza, vergando ao pezo da carga que, por falta d'estradas, não pode ser conduzida d'outra fórma; e esta é talvez uma das principaes causas da espantosa mortalidade que se dá entre elles.

E que se tem feito? E que se tenciona fazer? A' iniciativa particular nada mais se pode exigir; porque tudo o que ha feito a ella se deve exclusivamente. De resto, o lado moral por que devemos encarar estas questões, salienta-se n'um

([1]) Citado *Rel. da Associação Commercial* e *Agricola*.

grande desprestigio para nós, porque sempre as nossas colonias viveram, medraram e morreram, descuradas pela attenção official, anniquillando-se liberrimamente á sombra do mais incrivel abandono.

*

* *

A questão da introducção e conservação de braços utilisaveis para os trabalhos ruraes, sob um clima que, devemos confessal-o, não é verdadeiramente benigno, e n'uma colonia já agora considerada o verdadeiro typo da *colonia-fazenda*, em que o europeu não reziste aos serviços do matto, sendo apenas o dirigente do trabalho do negro, impõe-se como uma questão capital. Nos oito annos decorridos de 1885 a 1892, entraram n'esta ilha, legalmente contractados, 10:411 serviçaes, dos quaes não existe metade empregados nos serviços agricolas dos respectivos patrões. A fuga e a morte explicam estas falhas constantes, que põem em sobresalto o trabalhador europeu, já de si ameaçado de lhe ser invadida a propriedade que, por falta de cadastro, pertence *aos mais fortes*. Desde dezembro de 1876, data em que, abolida já a condição servil, começou a emigração da provincia de Angola, até hoje, teem sido contratados para esta ilha mais de 20:000 serviças, dos ques, como já dissemos, pouquissimos, findos os cinco annos de contracto, teem requerido reconducção para a terra natal. Addiccionando a este numero o relativamente grande de escravos e libertos que em seguida á abolição da escravatura tomaram contracto com os antigos *senhores*, desapparece no nosso calculo da população geral uma parcella numerosa d'essa raça que, por falta de regime hygienico, nem sequer deixou descendentes. Se o patrão é o primeiro interessado na conservação do serviçal; se o alimenta condignamente e não o maltrata, o que é um facto incontestavel, o mal vem certamente da falta de medidas hygienicas que colloquem o serviçal como o *fôrro* ao abrigo da acção delecteria do clima, porque, relativamente, é muito mais elevada a mortandade entre estas classes do que entre as restantes que compõem a população da ilha. (1) "Querer transformar subitamente a sociedade; derrubar tudo para reconstruir tudo; abrir um abysmo para salvar a sociedade do abysmo; são extravagancias de imaginações enfermas, que desconhecem as leis da historia, e as leis que prezidem á evolução social." Mas em mais de quatro seculos de occupação, tempo havia de sobejo para se ter elevado á verdadeira altura moral e material a que é hoje, relativamente, a mais rica colonia de Portugal. Nos escombros da confuza historia da ilha, nem o mais leve vestigio se vê da acção benefica do poder central. O antigo fazendeiro revoltoso, conluiado com a praga damninha dos degradados, transformou-se depois em traficante de escravos, emquanto a actoridade se achincalhava e cahia na podridão dos doestos. Tudo passou; — deu-se a evolução almejada. E', pois, tempo de, antes de mais nada, se sanear a ilha, da qual a mãe patria já hoje conhece bem a riqueza. Alteradas profundamente as condições climatologicas geraes, deve-se esse facto importantissimo ao dezenvolvimento rapido da agricultura, unica e excusivamente. Para lançar a semente á terra, o agricultor derrubou as florestas seculares, cheias de detrictos vegetaes e animaes; dissecou os pantanos que poude; criou uma atmosphera menos saturada de miasmas. E, no emtanto, a antiga *Povoação* dos primeiros colonos, a actual *cidade de S. Thomé*, a capital d'este abençoado torrão, jaz ha quatro seculos n'um estado deploravel, toda rodeada de pantanos! Está patente o attestado do trabalho official, n'esse enorme cemiterio onde tantas energias, tantas vontades sublimes teem baqueado.

(1) J. d'Andrade Corvo — *Economia Politica*.

As condições physicas e moraes do genuino habitante da ilha, são como já o demonstrámos, quasi primitivas. A grande mortandade que as estatisticas accusam ([1]) provem, estabelecendo a comparação, do *forro*, do serviçal, e, modernamente do novo *degradado* que para aqui se enviou com a denominação de *vadio* ou *colono*. A classe dos europeus e a dos pretos civilisados, tomando novos habitos, adoptando uma regrada vida de trabalho, subtrahiu-se felizmente ao grande contingente de vidas que fornecia a essas estatisticas. De mais de cento e vinte *vadios* e *colonos* que foram enviados pelo ministerio da marinha para a provincia desde 1890, podemos dizer, para edificação dos *africanistas* de lá, que poucos existem hoje. Porque elles não eram outra coisa senão miseraveis sem protecção, que sentavam praça na companhia de policia, não rezistindo ao serviço violento e á má alimentação por muitos dias. Estes *colonos*, sem protecção, sem aptidões para qualquer emprego ou officio, vagueavam, ao sol e á chuva, pelas ruas da cidade, famintos, cadavericos, até que, conduzidos ao hospital pela auctoridade, ali encontravam rapidamente a morte. A metropole, no seu louvavel costume, tentou mais uma vez mandar para as colonias a sua ralé de vadios e maltrapilhos, de gatunos e faquistas; mas, sem o querer nem o pensar (fazemos a justiça de acredital-o) mandou-nos... *condemnados á morte*.

Simplesmente triste e edificante como systema de colonisação!...

([1]) Os obitos da população europêia são relativamente diminutos, especialmente entre as classes que observam os necessarios preceitos hygienicos.

CAPITULO IX

OS ANGOLARES

Breve recompilação historica. — De como a nossa falta de bôa administração e vigilancia sobre os *angolares* creou lendas as mais temerosas. — Como se amançam *feras*... sem resistencia. — A occupação da freguezia dos *Angolares*, e a occupação .. dos seus terrenos. — Resultados praticos. — O Rei dos *Angolares* transforma o seu *estado maior*. — Attitude pacifica d'este povo. — Conservação dos caracteres physicos da sua raça. — Industria, religião e *lingua dos angolares*. — Suas aptidões industriaes. — Abandono a que tem sido votados pelos governos. — Como elles vivem n'uma sociedade áparte, com leis especiaes. - Prophetisa-se uma nova *republica de Andôrra*. — A propriedade entre elles. — Leis sociaes apreciaveis.

Os *angolares*, cuja historia ficou delineada nos primeiros capitulos d'este livro, devem a liberdade de que sempre gozaram n'esta ilha, ao naufragio que lhes succedeu proximo das *Sete pedras*, no anno de 1540, calcula-se, e quando certamente iam ser vendidos como escravos em qualquer ponto da costa africana. Subtrahida, pelos barbaros meios então praticados, á infima especie das raças selvagens, esta nova colonia tão miraculosamente salva, ignorou certamente por largos annos que existiam na ilha outros habitantes; e assim estabelecida na sua parte sul, tratou, pouco a pouco, de alargar a sua esphera de influencia.

No seu constante marchar para o interior ou pelas praias,

deparou-se-lhe, em plena actividade, uma grande população. Em 1547 deu-se um d'esses primeiros encontros, cujos resultados lastimaveis já descrevemos. Tinham-se então já estabelecido nos seus *quilombos* pelas encostas sempre verdes que bordam a formosa *angra de S. João*, na parte meridional da ilha. Viviam apenas da pesca [1]. Haviam aberto muitos mas estreitos caminhos pelas serranias, e multiplicado, como o permitte a extraordinaria fecundidade das mulheres africanas, o seu numero que, por occasião do naufragio, não era superior a 200. Até 1693 [2] os *angolares* viveram irriquetos

[1] Vide Lopes de Lima, pag. 9.

— Referindo-se ao methodo de Hegel sobre as cathegorias geographicas das diversas populações humanas, escreve Oliveira Martins, no seu livro *As raças humanas*, pag. 27:

«O mar tem attracções, e é facil de comprehender que os habitos marinheiros devam dar ás regiões littoraes caracteres seus proprios, distinctos dos das regiões interiores.»

Sobre o augmento progressivo dos *angolares*, encontramos tambem na obra citada, pag. 28, algumas illucidações que mais nos provam o caracter isolado e incorruptivel que esta pequena população tem conservado:

«Os recursos do commercio maritimo, os recursos alimenticios que a população obtem da pesca, a fertilidade por via de regra superior nos littoraes, eis ahi algumas correntes no sentido da propagação da especie humana.»

[2] Mendes Leal, no relatorio colonial que, quando ministro da marinha, apresentou ao parlamento, em 1864, faz derivar a raça do actual indigena de S. Thomé, em parte da dos *angolares* «que em 1:84 e 1693, por espaço quasi de cento e vinte annos, tantas devastações causaram na ilha.» E' provavel que Mendes Leal chegasse a esta errada conclusão pelo facto de saber que os antigos *angolares*, n'uma das suas muitas sortidas, faram roubar mulheres ás roças. Mas este argumento, que é áliás o unico que descortinâmos, não tem valor algum, porquanto é historicamente certo que essas mulheres foram resgatadas em seguida pelo *capitão dos mattos* Matheus Pires, não havendo, portanto, tempo sufficiente para o typo *angolar* produzir alterações na já confusa raça que habitava a ilha.

e ás vezes aggressivos, por supporem talvez, na sua condição d'escravos providencialmente alforriados, que os procuravam para novamente serem sujeitos á escravidão. Quem de perto conhece a indole pacifica d'este povo, jámais alterado physiologicamente por qualquer cruzamento ([1]), não póde explicar d'outra forma os seus constantes *assaltos* ás differentes raças que então predominavam na ilha.

A *guerra do matto, que durou 120 annos*, e á qual pôz cobro o capitão general Ambrozio Pereira de Barredo (1693), não passou certamente de uma sequencia de encontros entre os differentes selvagens que existiam na ilha, encontros ora accidentaes ora propositados, e movidos sempre pelo eterno odio de raça. Em roda d'este povo, como em roda de tudo o que é desconhecido, formou-se uma apreciação sophistica e lendaria, que levou os diversos chronistas da ilha a arrogar-lhe uma barbaridade até á anthropophagia.

Até ha poucos annos (taes eram a crueza e dimensões da lenda!) raros europeus tinham penetrado n'aquella pequenina *republica*, onde pacatamente vive ainda a mais industriosa população indigena.

Um dos funccionarios mais energicos que a provincia tem tido, o governador Estanislau d'Almeida, querendo deixar, na sua passagem por esta ilha, *um alto feito*, um marco milliario da sua bravura, mandou, em 1878, como já dissemos, occupar militarmente a *villa dos Angolares*, que era e é, como as demais *villas* da ilha, uma agglomeração de palhotas e casas de *peralto* mal construidas.

Não nos consta, por qualquer documento official, que essa occupação achasse resistencia, por parte d'essa gente que diariamente continuava a vir á cidade, em ordem e com submissão, a vender a madeira, o peixe, e outros productos da sua industria. E' que a Africa é a terra das *lendas* e a patria dos *modernos heroes*... Infelizmente. Poucos annos antes, o governador Gregorio José Ribeiro limitou bastante a influencia dos *angolares*, que se estendia desde a *Pedra furada* até á *freguezia das Neves*, entrando os europeus na posse da maior parte dos terrenos que estes occupavam.

E assim se desvendou o *tenebroso mysterio*, que tanto inspirára a *chronica official*, resultando d'estes serviços o ser reconhecida a auctoridade do governador, tendo o *ex-rei dos angolares* que restringir apenas o seu brilhante *estado maior*, passando a ser servido por *alferes* e *tenentes* em vez de *marechaes de campo* e *generaes emplumados*.

*

* *

Ha mais de um seculo que os *angolares*, perdendo pouco a pouco o receio de se approximarem dos centros do resto da população indigena, convivem com esta, adoptando em parte os seus usos e costumes. Em numero de dois mil approximadamente, graças a esta apreciavel *febre* de possuir terrenos que atacou os colonos europeus, vivem apertados nas praias que vão da *Pedra furada* a *Engóbó*, receiosos ainda de que ali os despertem. Grande numero *d'angolares* emprega-se na industria da pesca na freguezia das *Neves*. E' curioso, porém, que o seu typo conserve ainda os primitivos caracteres anatomicos, divergindo assim por completo do indigena propriamente dito, alterado profundamente por constantes cruzamentos. Esta intranzigencia de costumes, excepcionalmente curiosa, dá áquella raça um cunho particularmente apreciavel, fazendo-a conservar um typo uniforme e distincto do dos outros habitantes da ilha. Distingue-os especialmente o extraordinario comprimento dos braços, e o aspecto denunciador de um typo anthropologico inferior.

*

* *

Em religião o *angolar* é fetichista e supersticioso como o negro d'Angola. Depois da occupação de 1878 foi restaurada a egreja, toscamente construida de pedra e cal, que existia na villa; mas o abandono constante a que aqui teem sido lançados os negocios espirituaes ha annos, deixou que ella se desmoronasse, restando apenas vestigios da sua existencia (1).

A *lingua* fallada por elles é um mixto do *dialecto de S. Thomé*, que fará o objecto do seguinte capitulo, e do *n'bundo*. Vejâmos para exemplo, o seu modo de contar (2):

1 — Ũa.
2 — Dôssu.
3 — Têxi.
4 — Cuâna.
5 — Tâno.
6 — Samâno.
7 — Samboári.
8 — Náqué.
9 — Uvua.
10 — Cuim.
20 — Maquiédi.
30 — Máquiétátú.
40 — Máquié náná.
50 — Xincoenta.
60 — Máquié sámãno.
70 — „ samboári.

---

(1) Uma commissão de *angolares* veio ha pouco tempo pedir á auctoridade administrativa licença para construir nova egreja, implorando, para levar o seu *desideratum* a fim, a cooperação do governo, ao que, cremos, este accedeu.

(2) Affiançam algumas pessoas d'esta ilha que o *angolar* só conta até *dez*; e assim, quando vem vender taboas de *peralto* á cidade as colloca em montões de 10. O que mais convive com o europeu tem-se aperfeiçoado n'este e n'outros sentidos, contando, unidade por unidade, até cem.

80 — Máquié náqué.
90 — „ „ nôna.
100 — Ua cênto.

Nenhum d'elles falla portuguez. Alteram as palavras do dialecto indigena por uma forma especial, obedecendo aos preceitos fundamentaes derivados d'este dialecto e do *n'bundo*.

Os *angolares* são intrepidos marinheiros, arrojadissimos mesmo. Uzam grandes *dongos* ou canôas, sem quilha, que fabricam com perfeição dos troncos *d'óbá*, *gógó*, *amoreira* ou *ócá*. A sua principal industria é a da pesca. Elles proprios fabricam o fio para as redes (1) e os demais petrechos necessarios.

São os melhores machadeiros da ilha, e os seus serviços são utilisados, muito proveitosamente, nas derrubadas dos *óbós*. Para dar uma ideia do genio industrioso d'esta raça, aprezentâmos uma pequena relação dos principaes artefactos por ella produzidos: (2) Abanadores feitos da folha do *pau esteira (Pandanus thomensis*, Henrq.); *cabos* da fibra de *pau tabaque*; boias d'esta mesma madeira; cordas *d'andalla* para subir á palmeira; tirantes de *amoreira (Chlorophora excelsa*, Benth.) para esgotar agua das embarcações; gamellas de *pau branco* (3) e *pau cadeira* (4) etc., o que tudo fabricam com admiravel perfeição, utilizando-o em serviço proprio e vendendo-o nas *feiras* e nas praias. O *angolar* adoptou ha tempo o trajo do *fôrro* (á européia). Em 1864 foi creada uma escola d'instrucção primaria na séde da freguezia, escola que teve

(1) Com a folha do *pau esteira*.

(2) Para a *exposição colonial do Porto* enviou a commissão executiva d'esta ilha uma apreciavel collecção que os *angolares* offereceram, a pedido do auctor d'este livro.

(3) *Hasskarlia didymostemom*, Baill.

(4) *Kickxia africana*, Bth.

TYPOS DE S. THOMÉ

O Rei dos *angolares*.

a vida... das *rozas de Malherbe*. Não são eleitores ha annos; vivem *aparte*, sob as ordens dos *chefes* que ainda respeitam, e fóra da vigilancia da auctoridade chimerica que se pretendeu ali estabelecer; e tão admirados elles proprios d'este abandono que a si mesmos se tributaram offerecendo taboas para a fazenda publica (Portaria prov., n.º 4 de 1874). Perguntava a portaria regia de 5 de fevereiro de 1878 quaes as industrias que estavam em exploração na ilha. Por parte dos *fôrros*, a resposta ficou dada pela forma que apontámos n'um dos precedentes capitulos. E, no emtanto, aproveitadas as aptidões dos *angolares* que deveriam ser, esses 2000 individuos, "outros tantos obreiros do progresso e engrandecimento da ilha,,, (1) poderia certamente responder-se com mais honra para a provincia e para os seus administradores, áquella pergunta. O que torna mais apreciavel e digna d'estudo esta *colonia* é o ter crescido pelo seu proprio esforço, fóra do contacto pernicioso d'este meio tão improductivo e tão cheio de revoltas. A sua organisação social, ha pouco tempo *desvendada*, como vimos, é d'uma incrivel perfeição. O antigo *capitão dos angolares*, (2) apezar d'apeado apparentemente do seu solio de rei absoluto, continua ainda a ser o primeiro magistrado d'aquellas terras. Excepcionalmente pacificos, não ha de ordinario entre elles grandes conflictos a rezolver. Quando os ha, a auctoridade constituida ignora-os. O *rei* exerce livremente as suas funcções, castigando os delinquentes secretamente e elevando a altos dignitarios da corte os *subditos* que se distinguem. O actual chefe d'aquelle estado *dissolvido*, um pobre velho tropego, mantem um luzido *estado maior* de *gene-*

(1) A. F. Nogueira, liv. cit. pag. 36.

(2) Estabelecida e reconhecida a nossa auctoridade na freguezia *de Santa Cruz dos angolares*, d'entre elles era nomeado pelo governador um *capitão de serra*, de attribuições iguaes ás que teem os *chefes da policia rural.*

raes, a que prezide fardado de tenente-coronel medico. As ordens emanadas do *paço d'andalla* são submissa e religiosamente cumpridas. As oligarchias prejudiciaes dissolvem-se a seu mandado; o poder real mantem-se inalteravel na pequenina faixa de terreno que corre desde a *Pedra Furada* á *Praia Engóbó*, e ali sómente, porque, cá fóra respeita-se uma auctoridade... *estrangeira*. E' assim que elles nos encaram, sorrindo do nosso adormecimento. Temos visto na cidade o *rei dos angolares*, competentemente fardado, sollicitando audiencia do governador, com quem pretende derimir... *questões diplomaticas*. Ora, como a primeira auctoridade da provincia o recebe com taes distinctivos e lhe attende, delicadamente, as reclamações, é de prevêr que brevemente os *angolares*, ciosos da sua *realeza republicana*, arvorem o seu pavilhão nas *terras de Santa Cruz*, como pinctorescamente lhes chama o sr. Ferreira Ribeiro, visto que isso não seria caso novo ([1]) n'esta bella ilha.

Até ha poucos annos, elles não ligavam valôr algum á propriedade, o que aliás se dava com os restantes indigenas. Mudaram de opinião quando os convenceram das theorias que Prudhon tinha sobre este assumpto. Como actualmente não vigora o imposto predial rustico, isso pouco importa ao governo; mas, quando elle vigorar, graves questões se suscitarão entre os *angolares*, porque a propriedade entre elles pertence, *pantheisticamente*, a um e a todos, embóra nos re-

([1]) Os telegraphistas inglezes teem junto ao seu *palacio de ferro*, hasteada no chão, a bandeira do seu paiz; o que as nossas auctoridades fingem não ver.

Dá-se o caso que, estando a estação telegraphica situada ao sul da fortaleza de S. Sebastião, quem pela primeira vez avista a ilha d'aquelle lado do mar julga que vai demandar o porto d'uma *colonia ingleza*, porque é a bandeira d'esta nação a primeira que se avista, fluctuando orgulhosa sobre um comprido poste espetado em terra.

gistos da conservatoria isso não conste. Du Chaillu, na sua esplendida obra *Voyage dans l'Afrique Equatoriale*, (1) diz que, entre os povos que estudou, a propriedade, a que estes não ligam valôr algum, pertence ao chefe da familia. Estas theorias, perfeitamente contrarias ás de H. Spenser, que não admitte a propriedade individualisada, são as que este pequenino povo adopta, tendo em vista que o *rei* é o chefe supremo d'aquella grande familia. Todos são obrigados a trabalhar na razão directa das suas forças. Os impossibilitados physicamente, lá teem o seu quinhão á meza commum. A dôr que fere um *subdito da nação*, passa como uma corrente electrica, por todos os peitos. D'esta união maravilhosa, brota a força de que ainda hoje dispõem. Offender um *angolar* é offendel-os a todos. O *rei* decide os pleitos, e marca, thermometricamente, a intensidade dos aggravos feitos. Aos *estrangeiros* (que somos nós por exemplo) não se diz isto, porque as suas leis são imperfeitas, e podem querer impôl-as. Quando acontece ser prezo algum *angolar* pela nossa auctoridade, veem grandes commissões á cidade pedir a sua soltura e *offerecer dinheiro para isso.*

Certamente que o *poderoso rei* não acceitaria para si esta ultima forma summaria de processo; mas isso explicará *S. M* talvez por suppôr a nossa auctoridade menos adiantada, e por isso mesmo mais accessivel ao suborno. De resto, a grande philosophia social d'este *potentado* resume-se quiçá n'estas palavras de J. J. Rousseau:—"o homem nasceu livre e por toda a parte geme em ferros; o que julga senhorear os outros é de todos o maior escravo„. (2)

Assim pensando, dá aos seus *subditos* a mais extraordinaria liberdade que pode imaginar-se; e vive, finalmente, muito feliz e socegado n'estes quatro palmos de terra onde pode-

(1) Vide *E. de Laveleye*, «*De la proprieté*».

(2) *O contracto social.*

riamos talvez ir aprender alguma coisa. Anthropologica ou socialmente esta raça, que, vivendo alheia ao movimento geral da ilha tem os seus usos e costumes especiaes primitivos, conserva a uniformidade do typo do interior d'Africa nos seus caracteres physiologicos muito apreciaveis.

E porque é bem simples a sua historia, nos limitámos a dar d'ella esta breve noticia.

CAPITULO X

O DIALECTO DE S. THOMÉ

Proveniencia e formação do dialecto de S. Thomé.—Regras a que obedeceu a construcção d'esta linguagem, e alterações porque tem passado.—Rapido estudo comparativo d'este com outros dialectos da mesma procedencia —Adagios, proverbios e apophtegemas usados pelo indigena de S. Thomé.—A poesia popular. —Vocabulario.

A chamada *lingua de S. Thomé* é um dialecto derivado da lingua portugueza, sem forma regular, participando de todos os vicios da linguagem archaica, e adulterado muito de leve pela approximação d'alguns idiomas da Europa e dos dialectos africanos. Sendo os primeiros colonos para aqui enviados os degradados e os filhos dos judeus expulsos de Hespanha ([1]),

---

([1]) O facto da estada dos judeus n'esta ilha está perfeitamente averiguado. D. José Montero de los Rios, no seu livro «*Los judios d'España*», diz que El-Rei D. João II, quando os judeus foram expulsos de Hespanha, fixou em sceiscentas o numero de familias que podiam refugiar-se em Portugal, «y como excediesen de el los refugiados, tomóles los hijos y con una crueldad, digna do toda censura, los envió á las islas desiertas, que entonces se descubrieron e appellidaron de *los lagartos* (?) conociendo-se despues con el de Santo Tomé.»

Foi especialmente no reinado de D. Manuel que mais se accentuou a perseguição contra os judeus, tornando esta «*epoca* enormemente agitada, não só pela perseguição contra os judeus como pela corrupção da fidalguia.» (Theophilo Braga, *O povo portuguez*, etc., vol. II, pag. 115).

comprehende-se bem como a genese d'esta linguagem, d'uma construcção abstrusa e falha, provém de fontes pouco limpidas. Documento algum antigo ou moderno nos apresenta specimens do dialecto que aqui se falla; mas é evidente que elle ha de ter passado por diversas transformações, acompanhando assim as que se operaram na lingua de que deriva. Para que se faça uma verdadeira lingua, diz o dr. Letourneau, é necessario ter havido uma grande vida social, com todos os incidentes, todos os conflictos, todas as aventuras da liberdade. Não ha na historia nebulosa d'esta ilha tradicções guerreiras, factos heroicos que avultem, nem tampouco esses tramas sangrentos, essas luctas titanicas de povos que reagem, loucamente, cegamente, contra a barreira das prepotencias. Sem povos autocthones, sem campo sufficiente onde se debatessem as consciencias oppostas, póde dizer-se que a verdadeira historia d'esta pequena ilha ([1]) se passou no referver de pequeninas vinganças da auctoridade e na expansão brutal, pouco offensiva é certo, do orgulho dos *senhores* d'escravos.

A extrema indigencia do vocabulario, que é a perfeita corrupção da nossa lingua com as palavras indispensaveis para a mutua comprehensão das necessidades do indigena, attesta a miseria social do seu passado. Sem obediencia a principios fundamentaes, formando-se apenas pela audição imperfeita dos vocabulos da nossa lingua, este dialecto differe do que se falla na ilha do Principe, do que é fallado pelos *angolares*, e, o que é mais, soffre até grandes differenças nas diversas freguezias que compõem este concelho. Affiançam alguns individuos, pouco attreitos a estudos philologicos, que o dialecto de S. Thomé tem palavras latinas, francezas, inglezas, hollandezas e hespanholas. Não é isto verdade. Percebe-se perfeitamente que, sendo o portuguez uma das linguas que

([1]) A ilha de S. Thome tem, pouco mais ou menos, 92:900 hectares de superficie.

compõem o grupo roumanico, os dialectos neo-latinos, como este, na sua formação insensata, produzissem palavras que phonologicamente pareçam derivar directamente da lingua mãe — o latim. E' isso uma questão de mero acaso, mais do que um preceito digno d'acceitar-se. Pouca estabilidade e nenhuma convivencia com o indigena tiveram aqui os hollandezes, os hespanhoes, os inglezes e os francezes; não podendo, portanto, deixar na linguagem do paiz vestigios da sua sinistra passagem ([1]). E', pois, evidente que este dialecto deriva exclusivamente da nossa lingua, tendo-se transformado como essa mesma lingua, e tomando dia a dia uma forma differente, que o torna de difficil estudo. Um dos principaes elementos corruptores do dialecto de S. Thomé tem sido o proprio colono portuguez, porque, fazendo gala em fallal-o com os naturaes da ilha, o pronuncia conforme as palavras

---

([1]) Sobre a influencia da migração phenicia (annos 1200 a 1500 A. C.) na linguagem antiga, escreve Julio de Vilhena no seu apreciavel opusculo *As raças historicas da peninsula*, paginas 56 e 56 v.:

— «Collocados n'uma excellente posição geographica, favorecidos por todas as circumstancias que promovem a navegação e o commercio, os phenicios alcançaram no mundo antigo o imperio dos mares.

Como todas as nações colonisadoras, exploraram as terras em que se estabeleciam; e as lendas recolhidas dos antigos geographos por Mariana e aproveitadas pelos nossos chronistas mostram que a peninsula foi para elles um manancial fecundo de riquezas. Que vestigios deixaram da sua passagem no solo da Iberia? Nenhuns no direito e na religião, alguns, *ainda que ligeiros*, na linguagem; e outros, um pouco mais accentuados, nos costumes maritimos.»

Com uma occupação estavel, a linguagem dos phenicios apenas levemente se confundiu com a da peninsula. Claro é, pois, que sómente com a passagem rapida dos subditos das nações a que nos referimos por S. Thomé, a influencia accusada não tem razão de ser, principalmente porque a occupação estrangeira aqui foi, odiosamente repellida, conservando-se os pseudo conquistadores completamente afastados dos habitantes da ilha que, amedrontados, se recolhiam ás florestas.

lhe ferem o ouvido, inventando novos vocabulos e accommodando á sua lingua os que lhe parecem mais confusos. Na sua essencia, este dialecto é o portuguez mal fallado; ou antes —*fallado por uma criança*, que outra coisa não é em todas as manifestações psychicas, o homem primitivo. Obedecendo a esta regra geral, a palavra *dinheiro*, por exemplo, ouvida pelo indigena foi transformada em *diêlu*. O nosso colono, porém, entendeu *materialísal-a*, e chamou-lhe — *gêlo*. As necessidades da *rima branca*, contribuiram tambem alguma coisa para esta alteração, nos seguintes *versos* que se attribuem a um marinheiro, referindo-se á abundancia de camarões ([1]) que ha nos rios, ao valor da moeda, etc.:

Maldita terra
onde se pesca camarão na serra,
onde o dinheiro é gêlo,
um pinto um sêllo,
onde as mulheres podres se chama sans *etc.*

A influencia das linguas estrangeiras sobre este dialecto, se a ha, é quasi nulla. Querem alguns ver na palavra *pó-çôn*, com que hoje se designa a antiga *Povoação*, a corrupção da palavra hespanhola *poblation*, o que não tem razão de ser, porquanto é certo que uma das regras a que o dialecto obedece é—a transformação das nossas palavras terminadas em *ão* para *on*, como por exemplo — *casaco-gibôn*, certamente derivado de *gibão*. Porque este dialecto formou-se do portuguez dos seculos XV e XVI, em que existia esta terminação. Na forma de cumprimentar — *çá bôá?* ([2]) — ha quem veja a corrupção da phrase franceza — *comment s'en va?*, o que tambem não é certo, se attentarmos nos preceitos a que obedeceu a formação do dia-

(1) *Palemon olfersi,* Wied.

(2) A resposta a este cumprimento é, de ordinario *á chô*. . (estou bom) ou *gué gué gué* (menos mal, assim assim).

lecto, e que mais adiante indicaremos. Se dissermos a um indigena que pronuncie as palavras — *está bôa*, elle, com a tendencia que tem para a accentuação das vogaes finaes, dirá — *çá bôá*. Uma phrase muito uzada pelos indigenas, e que já empregámos n'um dos precedentes capitulos, reforça este argumento: *çá mina filhe enté ó* — é menina até agora. E' facto averiguado pelos que se teem dedicado a estudos glotticos, que o monosyllabismo foi precedido da agglutinação; e este dialecto, composto caracteristicamente e primitivamente de elementos de justaposição, tem apenas uma pequena tendencia agglutinativa devido á proximidade das linguas e dialectos do continente africano. Na estructura e na composição dos elementos phoneticos, este dialecto approxima-se bastante do creoulo de Cabo Verde, salientando-se talvez um pouco pela origem mais proxima da lingua que o produziu.

As transformações porque este dialecto tem passado, mórmente desde o principio d'este seculo até ha trinta annos, epoca em que a ilha esteve quasi ao abandono, dirigindo-se toda a actividade para a então capital da provincia, a ilha do Principe, explica a existencia de termos hybridos, cuja etymologia é difficil de deslindar.

Actualmente, que a colonia européia augmentou extraordinariamente em numero, e, seja dito de passagem, em qualidades moraes, o creoulo da ilha apresenta uma nova phase — a confusão com a nossa lingua. Nada, pois, mais facil actualmente do que acabar com este incomprehensivel modo de fallar, que a tantos abusos se presta, obrigando o indigena, mórmente em actos officiaes, a exprimir-se em portuguez, acabando assim a existencia dos interpretes, que tantas vezes podem ludibriar os executores da justiça, como já tivemos occasião de dizer.

*

* *

E' provavel que, em algum tempo, a imaginação ardente dos indigenas tivesse gravado em palavras escriptas no dialecto de que nos occupâmos o seu modo de sentir. Baldamente procurámos esses preciosos documentos, que porventura existam, para nos servirem de ponto de partida e guia n'este trabalho. Os enormes incendios que por tantas vezes arruinaram por completo as povoações da ilha (1), especialmente o de 1585, deviam ter eliminado por completo os vestigios que existissem da primitiva linguagem escripta pelos habitantes d'esta ilha.

Durante os tres saques successivos dos hollandezes (1640, 1641 e 1643), a cidade foi sempre incendiada ou destruida por outra forma. Menos damno não causou ao que então existia a barbara invasão franceza de 1706.

Assim pois, é pela simples audição do dialecto que compuzémos as regras morphologicas da sua estructura e o vocabulario com que as accrescentâmos. A ilha de S. Thomé era, como as de Cabo Verde, (as decantadas *Gorgonas* dos Phenicios), deshabitada, como já dissemos.

Em todo o golpho de Guiné, só a Ilha de Fernão do Pó tinha por habitantes os *bubis*, quando ali aportaram os portuguezes; habitantes estes que certamente não constituem uma raça autocthona, pois devem para ali ter sido arrojados do continente fronteiro por qualquer fatalidade como a que em 1540 fez aportar ao sul da Ilha de S. Thomé os *angolares*.

Francisco Newton, o nosso infatigavel explorador zoologico

(1) «As perdas mais importantes dos archivos ultramarinos tiveram logar na desgraçada epoca do dominio hespanhol.»

(*Memoria ácerca das imprensas do governo*, Lisboa, 1880)

que, com o velho Anchieta, tem enriquecido o Muzeu Nacional de Lisboa, diz-nos que percebeu na linguagem dos *bubis* grande copia de palavras da lingua dahomeyana.

A *lingua de Cabo Verde* é, como diz Lopes de Lima, "uma algaravia mestiça de termos africanos e portuguezes, misturados de palavras mais ou menos estropiadas de idiomas estranhos, trazidas de certo pelo convivio da navegação.„ A esplendida posição d'estas ilhas no Oceano explica a existencia d'estas palavras no seu dialecto, visto que, em todos os tempos da antiga navegação, serviam de ponto d'escala para as innumeras embarcações que cruzavam aquelles mares.

Só a Ilha de S. Thomé tem, até hoje, estado sob a nossa exclusiva influencia no que respeita ao seu dialecto. As alterações que constantemente se notam na pronuncia provem, além das causas que já indicámos, d'um novo elemeuto corruptor introduzido – o serviçal, e não da influencia de linguas estrangeiras.

Torna-se indispensavel o estudo do dialecto fallado pelos pretos de S. Thomé n'um trabalho d'esta ordem.

A linguagem é o documento mais persistente das civilisações que se extinguiram ou que foram substituidas, como diz o illustre professor Theophilo Braga. O sr. Adolpho Coelho, ao iniciar entre nós, sob um aspecto scientifico ([1]), o estudo da philologia comparada, escrevia: — "Por mais incompleto que fique o nosso trabalho, estamos certos de que vem preencher uma lacuna.„

Convencidos, pois, de que, recompôndo pelo estudo atturado das locuções d'este dialecto parte da feição ethnologica do indigena de S. Thomé, preencheriamos ao mesmo tempo uma falta que se notava, emprehendemos tão ardua tarefa para nós.

([1]) *Os dialectos roumanicos ou neo-latinos*, vol. I, pag. 4.

Frei Joaquim de Santa Rosa de Viterbo, na *advertencia preliminar* ao seu *Elucidario*, escreve sobre a transformação porque teem passado os vocabulos da nossa lingua no decorrer dos tempos:

— "Eu não me detenho a investigar de que nação a palavra escura e pouco trivial nos procedeu; procuro tão sómente o indagar, em que sentido antigamente se tomou. Porque é certo que a maioria das palavras d'então tem hoje um sentido diverso ou pelo menos arrevesado.„

E conclue:

— "Quantos vocabulos escriptos com os mesmos caracteres foram empregados para exprimir conceitos diametralmente oppostos?„

Estas transformações, lentas mas evidentes, porque passou a nossa lingua, influiram de certo no dialecto de S. Thomé, que, nascendo do portuguez dos seculos XV e XVI, tem hoje palavras que encontrámos em documentos d'aquella epoca, com sentido diametralmente opposto.

Preponderando na nossa Africa como na metropole o ensino religioso, o indigena que collocámos em S. Thomé adoptou o habito, que ainda hoje conserva, de trazer ao peito orações escriptas em latim, costume identico ao que encontrâmos na metropole (1).

Ha na ilha innumeros *feiticeiros* que fazem orações *para matar* (2), *para curar*, *para fazer amar*, etc., quasi sempre escriptas em papel cheio de cruzes e n'um latim incomprehensivel, copiado de velhos alfarrabios e manuscriptos que

(1) Theophilo Braga. *O povo portuguez* etc., vol. 2.º pag. 20. «As orações escriptas são trazidas em bolsinhos com poder talismanico.»

(2) Nas *Sentenças da Inquisição* ha tambem *orações para mattar* (Tom. II, pag. 182 v.) e a ellas se refere o sr. Theophilo Braga no liv. cit. a pag. 195.

não mostram a profanos. Talvez assim se explique a existencia de palavras latinas no dialecto.

A formação das palavras que o constituem, obedecem, porem, muito especialmente ás seguintes regras:

—Mudança do *r* em *l* ou *t* na transformação do vocabulo portuguez para o creoulo.

— Mudança do diphtongo *ão* em *on*.

—A terminação em *ia*, é, d'ordinario, *giá* e *iá*, algumas vezes *dgiá* ou *djá*; e igual terminação tem as palavras em *eia* ou *êa*.

—Na palavra *coração*, encontrâmos a mudança do *r* em *l* e a terminação em *on* — *clóçôn*. (1)

Por igual mudança passa a palavra *razão*, que em S. Thomé se pronuncia *lázôn*. (2)

A palavra *acção* de que os indigenas fizeram *áçôn*, encontra-se em Viterbo com esta mesma forma — *áçon* — "Nas *ordenações* se diz – *auçam*„ (*Elucidario*, pag. 103).

"*Cajóm*—caso, motivo, occasião (Ibid., pag. 156).

Tabalhion — tabellião — (Ibid. pag. 225).

Exemplos das terminações em *ia* e *eia*:

Cortezia – *cutugiá*.

Dia — *dgiá*.

Maria – *Máiá*.

Cadeia, cádjá.

Candeia, candjá.

Correia, *cóiá*.

---

(1) No Seculo XV, em que a ilha de S. Thomé foi descoberta, escrevia-se *coraçom*, o que nos mostra a natureza mais proxima da palavra do dialecto. No *Leal Conselheiro*, de El-Rei D. Duarte, escripto entre 1428 e 1437, lê-se «... e como devynham os que os vão buscar por o sentirem no *coraçom*»...

(Theopilo Braga, liv. cit., pag. 113, II vol).

(2) N'este mesmo livro e na mesma pagina lê-se tambem: «... e assy outras taes virtudes que Nosso Senhor quer outorgar a alguas pessoas, nem se podem comprehender per *razom*».

—A terminação em *áde* é algumas vezes *té* e outras *adji*: *Vontade*, —*vonté*.

Trindade, — *tlindádji*, ou simplesmente *tindádji*, e ainda *dádji* (*Mé Dádgi*—Manual da Trindade).

—Suppressão da consoante final das palavras:—*fallar*, *flá*; *correr*, *cólê* (1).

—Accentuação das vogaes finaes (2).

—A terminação em *te* é *tchi*: — *noite*, — *nòtchi*; *dente*, — *dèntchi*; *abacáte*,— *bácátchi*.

—O diphtongo *ei* é, n'este dialecto como no de Cabo Verde (Santo Antão), substituido por *ê*: A palavra *primeiro* pronuncia-se *promêro* no dialecto de Cabo Verde e *plumêlu* no de S. Thomé.

Em Cabo Verde substitue-se o *v* por *b* (3) — *pobo*, *oubi* (povo, ouvi); em S. Thomé dá-se essa mudança algumas vezes, por excepção, como em *vir* — *bí*; *vestido* — *bichidu*.

—Tem este dialecto a maxima tendencia para o iotacismo, pois que invariavelmente *de* se pronuncia *di*, *que* — *qui*, etc.

—Encontramos a apherese de vogal ou de syllaba n'algumas palavras como: *menina-nina*; *até-té*; *elle-ê*.

—Varias mudanças nas vogaes atonas: — *luspêtu* — respeito. (4)

— Syncope de vogal no infinitivo dos verbos: — *querer* — *quêlê*; *conhecer* — *côncê* (5).

---

(1) Encontramos no *Elucidario*, de Viterbo, as palavras *coller*,—arrecadar, colher; e *collecta*,—colheita (pag. 202) que muito se approximam das que tem igual significação no dialecto de S. Thomé.

(2) Excepto em palavras terminadas em *o*, como *esperto* — *supétu*, e n'outras em *e*, como *grave* — *glávi*, *chave* — *sábi*, etc.

(3) Algumas vezes (poucas) tambem encontramos esta mudança no dialecto de S. Thomé, como n'esta phrase:—*sun bá páchá* (Senhor, vá passeiar!)

(4) No dialecto de Cabo Verde diz-se *ruspêtu*.

(5) No dialecto de Cabo Verde pronunciam-se *crê*, *conchê*, as palavras *querer*, *conhecer*.

—A forma typica dos adjectivos é, de ordinario, tanto n'este como no dialecto de Cabo Veade, a forma masculina portugueza. No de S. Thomé, porém, pode dizer-se que *não ha genero nem numero*, porque se *ũa* (¹) *um — uma*, tomou a forma feminina em lugar de *huu*, tambem uzado na linguagem portugueza do seculo 16.º, foi certamente por mero acaso ou para mais clareza da pronunciação.

Assim, para designarem um homem não dizem tambem *ũa homê*, (²) mas sim *ũa nimguê*, certamente por maior facilidade na dicção. Como não tem plural, designam mais de uma pessoa ou coisa acrescentando-lhe o adverbio *montchi* (muito). *Mulheres — muála montchi; peixes — piche montchi*, isto para indicar grande quantidade. Querendo referir-se a um dado numero de mulheres, duas, tres ou dez, dizem:—*dôssu muála, tlêchi muála, déchi muála*, etc.

Nos pronomes pessoaes ha uma grande paridade entre o dialecto de S. Thomé e o de Cabo Verde. Em ambos se encontra a particula nazalada *'n* — eu. *Tu*, pronuncia-se *bu* em Cabo Verde e *bô* em S. Thomé; e em ambas as ilhas a terceira pessoa d'este numero é — *ê*. *De ti*, n'aquella ilha pronuncia-se — *di bô*, e n'esta — *dgi bô*. *Sentir*, *matar*, *entender* pronuncia-se em ambas as ilhas: *chinti*, *mátá*, *entendê*. O *pá* ou *pló-mô-Dêssu*, de S. Thomé, encontra-se no dialecto cabo-verdeano na sua formula simples *Pámôdi* (por amor de) e no dialecto macaista — *prómôdi*.

N'este ultimo dialecto, que, como os primeiros, tem por fonte principal a lingua portugueza, encontrâmos a palavra

---

(¹) No *Clerigo da Beira* escreve Gil Vicente:

«*Francisco*: Sabeis pai que esqueceu lá...

A *furôa*?

Clerigo: Vai por ella.

Francisco: De *hũa* legua heide ir trazel-a?»

(²) Na maioria dos documentos do *Livro das Ilhas* encontra-se esta palavra *homê* tal qual a pronunciam os indigenas de S. Thomé.

sium, — *senhor*, que muito se approxima do *sun* do dialecto de S. Thomé, que tem igual significação. No que o dialecto d'esta ilha diverge essencialmente d'aquelles que escolhemos para termo de comparação é na mudança do *r* em *l*, que n'aquelles se não encontra.

No de Macau *correr* [1] pronuncia-se *corê*. *Subir*, *gostar*, *mandar* tem igual pronuncia nos dois dialectos — *subi* (algumas vezes *subli* em S. Thomé) *góstá* e *mandá*. "O creoulo portuguez da Guiné, diz Mr. Bertrand Bocandel, no seu livro *Notes sur la Guinée portugaise*, não é senão uma alteração da lingua portugueza, e é composto de muitas palavras d'aquella lingua, tendo algumas cahido já em desuso. Este creoulo, diz ainda o distincto viajante, varia em cada logar.„

Transcrevemos do opusculo de Adolpho Coelho, *Os dialecticos romanicos*, pag. 5, o principio de uma carta escripta em dialecto caboverdeano: — "*Nha amigo. Cu préssa en scrêbê ês dôs fôja di papel, qui dentro d'ês carta en lâ manda nhô*„ — (Com pressa escrevi estas duas folhas de papel que dentro d'esta carta lhe envio). No dialecto de S. Thomé a palavra *amigo* pronuncia-se *migu*, e *meu amigo* — *migu mun*.

Observadas as alterações que indicámos, estas palavras teem pronuncia e significação iguaes em ambas as ilhas.

Escrever diz-se—*sclêvê;* carta—*cáta;* e no resto pouca dif-

---

[1] No *Elucidario*, de Viterbo, encontramos uma grande quantidade de palavras archaicas, de estructura igual ou semelhante a muitas do dialecto de S. Thomé. Não permittindo as dimensões d'este livro que mais nos alonguemos n'este assumpto, não fazemos sobre ellas as observações lexiologicas que nos suggeriram, abstendo-nos tambem de copiar de alguns escriptores do seculo XVI, esse grande seculo de progresso colonial e intellectual, a genuina lingua popular d'esse tempo, da qual derivou o dialecto que estudamos. Os verbos *clear* e *cliar*, criar, produzir, encontram-se em Viterbo, (pag. 194); assim como *complá*, conjunctivo do verbo cumprir, (idem, pag. 205) e outros que em S. Thomé teem pronuncia muito approximada ou igual.

ferença encontrâmos, a não ser na palavra *nhô* que em Cabo Verde significa *senhor*, sendo a equivalente em S. Thomé — *sun*, como já dissémos. Tambem no dialecto de que tratâmos se encontra o termo *nhô*, como particula negativa, significando algumas vezes litteralmente — *não tenho*, como n'esta phrase de Stockler: — *'n bá cumê, fómi nhô*, (vou comer, não tenho fome), e n'esta outra:—*gêlu* (ou *diêlu*) *nhô*, (não tenho dinheiro).

— O *ch* das palavras portuguezas encontra-se transformado em *s* no dialecto de S. Thomé — *chorar-sólá*; *chapeu* — *sápé*.

— O *j* transforma-se ás vezes em *z*, como no adverbio JÁ que se pronuncia — *zá*.

JOSÉ, que se diz *Zózé* (e algumas vezes *Jósé*) *laranja*, que se pronuncía — *lânza*.

Fazem tambem a mudança do *j* em *z* na palavra *botija* que se diz *butchíza*, mas já a não fazem em *hoje*, que pronunciam *hôjê* e raras vezes — *hôje*.

— O pronome *ê* (elle), que encontrâmos n'estes dialectos encontramol-o, talvez na sua forma primitiva, no *Cancioneiro da Vaticana*, transformado em *el*:

"Quando eu vi esta cinta que m'*el* leixou
Chorando com gran coita e me nembrou
A corda da camiza que m'*el* filhou . . ."

(N.º 309)

Na canção n.º 350, encontrâmos a palavra *coraçom* de que o indigena fez *clóçôn*, como dissémos:

"E já cobrado é seu *coraçom*
Pois el ficou hu lha mha cinta dei . ."

Em Gil Vicente, o mais popular auctor quinhentista, encontrâmos, taes como hoje se pronunciam em S. Thomé, muitas palavras que os que as ignoram suppõem ter nascido da influencia estrangeira.

N'uma *Relação de Viagem*, de 1580, que Theophilo Braga cita no tomo I, pag. 375, do seu livro sobre os *Costumes do povo portuguez*, encontra-se a descripção dos trajos d'esse tempo, com uma nomenclatura que muito nos ajuda na reconstituição d'este dialecto. Chama-se *gibôn* ao *casaco* e *cláçôn* ás *calças*, no dialecto de S. Thomé. "No seculo XVI, os homens da cidade de Lisboa trajavam uma saia de baeta preta, *calções* de panno escocez, burzeguins de marroquim;... e, com a chegada de el-rei catholico (Filippe II) alteraram o seu antigo trajo, porque, posto que conservaram a capa de baeta, começaram a usar do *gibão* de raso, bragas e calção de velludo e meias de seda, coisa que nunca tinham calçado„. (Vide citada *Relação de Viagem*). No *Cancioneiro da Vaticana*, n.º 978, encontra-se a palavra *gibôn* nos seguintes versos em que se descreve o vestuario da epoca:

"Joham Fernandes que mal vos talharom
Essa saya que tragedes aqui
Que nunca eu peyor talhada vi
E siquer muito vol-a encortarom
Cá lhi talharon cabo de *gibon*.„

— A formação dos nomes proprios, nos dialectos de Cabo Verde e S. Thomé, faz-se quasi sempre por aphérese, assim: - *Eugenia*, diz-se em ambas as ilhas — *Géna; Helena, Lêna; Roberto, Bétu;* conservando, como se vê, a maxima tendencia para a pronuncia das syllabas predominantes, e affastando-se da *accentuação das vogaes finaes*, que constitue regra geral na formação dos nomes communs.

*

* *

Difficilmente se póde escrever, pela primeira vez, uma lingua sem litteratura, e que só pela rocompilação auditiva nos forneceu elementos para o fazer. (1) "O som empregado pelos negros fere de modo diverso os differentes ouvidos, resultando ser a ortographia — forçosamente sonica — muito fluctuante.„ Assim, adoptámos esta ortographia, sem o emprego de signaes graphicos, uzados na escripta das linguas aggluttinantes, (2) fazendo apenas excepção para os termos derivados dos dialectos d'Africa, e tendo sempre em attenção as regras a que obedeceu a formação d'esta linguagem. É claro que, apezar da carencia de termos, poderia dezenvolver-se este dialecto, debaixo dos preceitos estabelecidos, creando os que faltassem, se alguma coisa de aproveitavel elle tivesse para os estudos linguisticos. (3) Está formulada a nossa opinião a este respeito. No emtanto, o que, depois de um vagaroso trabalho, colhêmos para a confecção da parte grammatical d'este estudo, apezar de deficiente, obriga-nos a dividil-o em duas partes — a *morphologica*, com o resumo das regras que pudémos formar, e a que apresenta os adagios e proverbios populares e a poesia indigena. Seria absolutamente inutil outra tentativa. Estes adagios e esta poesia são ainda o producto da nossa civilisação, divulgados modernamente por algum indigena mais civilisado. Perfeitamente nativo nada encontrámos no indigena, a não ser um elevado grau de intelligencia por cultivar. Nem muzica, nem poezia, nem tradições. — Tudo foi importado, até o proprio habitante da ilha. "A litteratura, segundo Taine, é, como tudo mais, um pro-

(1) Conde de Ficalho, livro citado, pag. 85, n.

(2) H. Carvalho — *Lingua da Lunda*, A. F. Nogueira, *O l'un kunbi*.

(3) N'este dialecto encontramos d'extraordinario os complementos negativos *fô* e *fâ*, que alguns querem que derivem respectivamente do *point* e *pas* dos francezes. O ultimo é empregado algumas vezes como complemento euphonico da oração simplesmente — *guádá piquina fâ* — espere um pouco.

ducto fatal da raça, do meio, do momento, modificado n'este ou n'aquelle sentido, mas modificado apenas pelo temperamento particular do artista.„ O que colligimos da poesia verbal dos indigenas, confirma este juizo. A quem lêr a parte historica d'este livro, não póde parecer estranho que a este povo, sempre abandonado aos seus instinctos, falte toda a tradicção social apreciavel. Os naturaes do paiz, educados na metropole, teem-se, porem, distinguido sempre. Era natural d'esta ilha o bacharel Leandro José da Costa, que foi deputado por este circulo, pelo qual trabalhou desinteressadamente, publicando entre outras obras de merito, as *Cartas d'um viajante em França*, em 1880.

Francisco Stockler, alma d'oiro batida sempre cruelmente pelas rajadas d'uma sorte adversa, foi o primeiro cultivador da poesia entre os indigenas. Callejada por uma adversidade constante, a sua alma contemplativa e candida, refugiou-se, ao declinar da vida, nos barathros d'um grande indifferentismo pelos homens a quem tão pouco mereceu e pela propria natureza que a sua alma de poeta tantas vezes sentira palpitar. Rindo de tudo e de todos, com um d'esses sorrisos loucos que a alma desesperada arranca, até ria de si proprio.

São d'elle estes quatro versos, escriptos na cadeia:

Sun Fàchicu Estoclê
Tómà cádjà fé lóça d'ê,
Chimid bánd, chimid cáfê,
Fotchi só cu çá di pàdêcê.

cuja traducção litteral é:

O sr. Francisco Stockler
Fez da cadeira a sua roça,
Semeiou bananas e café,
Mas só é rico em soffrimentos.

Abrindo este parenthesis para registar o testemunho da nossa admiração e do nosso respeito por dois illustres mortos, cumpre-nos fechal-o com duas palavras em homenagem a um sympathico e intelligentissimo moço que a morte ha poucos annos roubou a esta ilha, d'onde era natural, e de que fazia, justamente, uma das suas glorias mais queridas — Costa Alegre.

São d'elle estes versos em que rescende a calida poesia dos tropicos evolada de um espirito sentimental e de eleição. Que suave sentir e que encantadora melancholia elles encerram!

AS ANDORINHAS

«Na quadra dos rosaes e das florinhas,
Architectaram duas andorinhas
O estreito ninho no beiral florido
Da casa em que nasci.
N'esse cofre d'amores suspendido
Que modelo de vida amena e pura,
De conforto, de paz e de ventura,
Meu Deus havia ali.
Logo que amanhecia
Ellas partiam n'um voar pausado,
Como noivos gentis de braço dado
A procurar o pão de cada dia;
E assim que o sol rolava o disco d'oiro
Para as bandas do occaso, sobre o mar,
Antes que a lua erguesse o rosto loiro,
Logo que anoitecia, ellas voltavam
E juntas a cantar
No seu pequeno ninho penetravam.
E apoz doce murmurio que parece
Que a Deus dão graças n'uma curta prece,
Nos braços uma da outra repousavam.
Um dia eu vi sahir com estranheza
Uma das andorinhas só. Voou
Silenciosamente

Perdendo-se na espessura da deveza.
Pouco se demorou.
Batendo as negras azas de contente
Voltava no biquinho sustentando
Pedaços d'algodão, de linho brando,
De tudo quanto é leve
E anda no ar disperso:
Iam forrar decerto o ninho leve
E transformal-o... em berço!
Durante a incubação é que era vel-a,
Ver a andorinha pae atarefada,
N'um continuo vae vem.
Logo de madrugada
Ia buscar o almoço para ella,
Para a andorinha mãe.
Depois partia em busca do jantar.
Á caça na floresta.
Se a ouvia pipilar
Voltava logo diligente e lesta.
Que venturoso par!
Tiveram filhos. E foi n'esse ninho
De duas andorinhas que eu vi bem,
Que eu soube quanto amor, quanto carinho
E maguas te hei custado, ó minha mãe!
De beijos que harmonia,
Que doce hilaridade,
Na casa aérea, venturosa havia!
—Em tão pouco consiste a f'licidade
Que um ninho é largo espaço para ella.
E n'esta solidão
Em vão no amor buscando-a se esphacella
Meu pobre coração.
. . . .
Ah! se a ventura, a flôr appetecida
Meu coração não quer,
É que não vê a illuminar-me a vida
Uns olhos de mulher!»

E prestando esta saudosa e devida homenagem, continuemos na explanação d'este estudo, concatenando os elementos constitutivos da morphologia grammatical do *dialecto de S. Thomé.*

*

* *

Adjectivos demonstrativos ([1])

Cé e *icé*, para designar objectos proximos de quem falla ou da pessoa com quem se falla.

— *Sápé cé cu bô çá cu è ni cabeça* — este chapeu que tu tens na cabeça.

Cápótchi icé cu bô çá cu ê bichídu — esse capóte que trazes vestido.

Qué cé — esta casa.

Qué cé lá — aquella casa.

Qué chi cu çá antchi á lá — essa casa que está mais distante.

Os dois ultimos exemplos mostram a falta de demonstrativos para designar objectos distantes.

Adjectivos numeraes cardinaes ([2])

Ũa, *dôssu*, *tlêchi*, *quátlu*, *chincu*, *sêchi*, *sétê*, *uôtu*, *nóvê*, *déchi*, *ônzê*, *dôzê*, *tlêzè*, *quatôzê*, *quingi*, *dizacêchi*, *dizácétê*, *dizauôto*, *dizánóvê*, *vintchi* (ou *dôssu déchi*) *vintchi ũa* (ou *dôssu déchi cu ũa*) *tlinta* (ou *tlêchi déchi*) *culènta* (ou *quá-*

([1]) Pronomes, conforme alguns grammaticos. Querem alguns indigenas provar que o demonstrativo *cé* ou *icé* deriva do francez, *cet*, com o que não podemos concordar, pelas razões que já expuzémos.

([2]) E' curiosa a maneira como o indigena conta o dinheiro, porque *aportugueza* a designação da moeda, para melhor se fazer comprehender, e então diz — *duzentu légi* (ou *léi*) *tlêzentu légi*, *ũa miléi* (1$000). O *fôrro* faz a contagem da moeda pela seguinte forma:

tlu déchi) *chincoenta* (ou *chinco déchi*) *cêcenta* (ou *sèchi déchi*) *sêtenta* (ou *sétê déchi*) *uôtenta* (ou *uôto déchi*) *nóventa* (ou-*nóvè déchi*) *ũa centu* (ou *ũa chentu*), *dôssu centu*, *tlêchi centu*, etc.

Adjectivos numeraes ordinaes (1)

Plumêlu — primeiro
Sengúndu — segundo
Tlucêlu — terceiro
Qualtu (ou *quátu*) — quarto
Tud 'áchi — todo
Quáli-quáli — qualquer

Pronomes possessivos

Dgi mun — meu, de mim
Dgi bô — teu, de ti
D'ê — seu (d'elle)
Dgi nôn — nosso, de nós
D'inâncê — vosso, de vós
D'inêm — seus (d'elles)

ũa moéda..........	180	réis
ũa patàca..........	240	»
ũa sêlu............	360	»
ũa sêlu sechi'ntê.....	450	»
tlêchi moéda........	540	»

Lopes de Lima escrevia em 1842 sobre a moeda em circulação na ilha (*Ensaios Estatisticos*, pag. 37.)

—«A unica moeda provincial que ha nas ilhas de S. Thomé e Principe é a de cobre, cunhada parte d'ella no Brazil e parte na Casa da Moeda de Lisboa. Esta moeda foi substituir ha cerca de uns trinta annos uns bocados de metal, de baixa liga, a que chamavam—*oracrá* — que então ali corria como moeda miuda. Tambem se faziam pagamentos em oiro em pó.»

(1) Não ha adjectivos *numeraes proporcionaes*.

Sun flá dgi mun? — o sr. falla de mim?
Butchísa dgi mun — a minha botija.
Lóça dgi bô (1) — a tua roça.
Lóça d'ê — a sua roça (d'elle).

Pronome relativo

Homê cé (ou *nimguê cé*) cu *nôn bê huôntê*—aquelle homem *que* nós vimos hontem. Encontrâmos n'este dialecto os *adverbios* de tempo *hôzé*, hoje, *huonté*, hontem, e *óla*, que, significando litteralmente *hora*, se emprega para designar a *occasião*; os de logar: *ándji*, aonde; *ni liba*, acima; *ni bássu*, abaixo; *dentlu*, dentro; *pétu*, perto; os de quantidade: *montchi*, muito, *máchi*, mais, e *tantu*, tanto, e o de excepção: *só só só*; a conjuncção *quá*, n'este exemplo — *quá cu fé bô fé quá cé?* (2) — que razão tiveste para fazer isso?, e muitas outras formas grammaticaes cuja ennumeração alongaria muito este trabalho. Usam os indigenas quasi todas as nossas exclamações; mas o seu espanto manifesta-se mais amiudadas vezes por phrases d'admiração e terror como estas — *Ávlê Máiá!* (Ave Maria), *Santchicimu sáclámêntu di átáli!* (Santissimo Sacramento do Altar). Entre a classe baixa a exclamação (3) *cácáô*.. exprime "todas as manifestações vivas e subitas da alma."

Os augmentativos formam-se com a palavra *montchi* ou *muntchi* (4) (muito) como em *dôchi montchi* (muito dôce). Para

(1) Tambem se diz *lóça bô*.

(2) Tambem se pode dizer — *quá mandá bô fé quá?*

(3) Esta interjeição, da qual se usa e abusa a cada instante, parece derivar da palavra *cácá*, termo baixo que significa — excremento — *caca*.

(4) Existem os superlativos relativos *machi*, mais, e *peólu* peior.

designar o mais alto grau de augmento, teem uma forma especialissima muito curiosa. Exemplos:

Sêcu clá cá tá (muitissimo secco). *Dôchi méné méné* (muitissimo dôce). *Blâncu fé né né* (muitissimo branco). *Áua clálu fé né né* (agua muitissimo clara). *Plêtu lú lú lú* (muitissimo preto). *Quá limpu pé pé pé* (coisa muitissimo limpa). *Quá súzu cótó cótó* (coisa muitissimo suja). *Vlêmê bá bá bá* (muitissimo vermelho). *Liju cân cân cân* (muitissimo forte, muito rijo, referindo-se ás pessoas e ás coisas). (1)

*

Ensaiando a conjugação dos verbos *fallar*, *andar* e *comer*-FLÁ, 'NDÁ, CUMÊ, notámos, no que nos serve de paradigma, a falta de *gerundio* e seus compostos e de *preterito mais que perfeito*, no modo indicativo, sendo aliás difficil a conjugação em outros tempos, modos e pessoas.

MODO INFINITIVO, PRESENTE IMPESSOAL

Flá — fallar

PESSOAL

Sing. —	'n flá (2)	Fallar eu
	Bô flá	Fallares tu
	Ê flá	Fallar elle
Plur. —	Non flá	Fallarmos nós
	Inâncê flá	Fallardes vós
	Inêm flá	Fallarem elles

(1) Um grande numero de preposições da nossa lingua se encontram n'este dialecto. Fóra, *fô;* até, *anté*, *enté* ou *té;* com, *cu;* contra, *contla;* de, *dgi* ou *di;* para, *pá* ou *p'lô*.

(2) O pronome pessoal nasalado *'n*, na linguagem fallada transforma-se muitas vezes em *á mi*.

PRETERITO PERFEITO COMPOSTO IMPESSOAL

Tê fládu	Ter fallado

PESSOAL

Sing. — 'n tê fládu	Ter eu fallado
Bô tê fládu	Teres tu fallado
Ê tê fládu	Ter elle fallado
Plur. — Non tê fládu	Termos nós fallado
Inâncê tê fládu	Terdes vós fallado
Inêm tê fládu	Terem elles fallado

FUTURO COMPOSO IMPESSOAL

Á cá bi flá	Haver fallado

PESSOAL

Sing. — Ámi (ou 'n) cá bi flá	Haver eu fallado
Bô cá bi flá	Haveres tu fallado
Ê cá bi flá	Haver elle fallado
Plur. — Non cá bi flá	Havermos nós fallado
Inancê cá bi flá	Haverdes vós fallado
Inem cá bi flá	Haverem elles fallado

SUPINO

Fládu	Fallado

MODO INDICATIVO

TEMPO PRESENTE

Sing. — Á mi cá flá (ou *'n flá)*	Eu fallo
Bô cá flá	Tu fallas
Ê cá flá	Elle falla
Plur. — Non cá flá	Nós fallâmos
Inancê cá flá	Vós fallaes
Inêm cá flá	Elles fallam

PRETERITO IMPERFEITO

Sing. —	'n qui á flá	Eu fallava
	Bô qui á flá	Tu fallavas
	Ê qui á flá	Elle fallava
Plur. —	Non qui á flá	Nós fallavamos
	Inancê qui á flá	Vós fallaveis
	Inêm qui á flá	Elles fallavam

PRETERITO PERFEITO

Sing. —	Á mi flá zá (ou *'n flá zá*)	Eu fallei
	Bô flá zá	Tu fallaste
	Ê flá zá	Elle fallou
Plur. —	Non flá zá	Nós fallamos
	Inancê flá zá	Vós fallastes
	Inêm flá zá	Elles fallaram

PRETERITO PERFEITO COMPOSTO

Sing. —	Á mi tê flâdu (ou *'n tê flâdu*)	Eu tenho fallado
	Bô tê fládu	Tu tens fallado
	Ê tê fládu	Elle tem fallado
Plur. —	Non tê fládu	Nós temos fallado
	Inancê tê fládu	Vós tendes fallado
	Inêm tê fládu	Elles teem fallado

PRETERITO MAIS QUE PERFEITO COMPOSTO (1)

Sing. —	Ámi táv'á flá (ou *'n táv'á flá)*	Eu tinha fallado
	Bô táv'á flá	Tu tinhas fallado
	É táv'á flá	Elle tinha fallado
Plur. —	Non táv'á flá	Nós tinhamos fallado
	Inancê táv'á flá	Vós tinheis fallado
	Inêm táv'á flá	Elles tinham fallado

FUTURO IMPERFEITO

Sing. —	'n gá bi flá	Eu fallarei
	Bô cá bi flá	Tu fallarás
	Ê cá bi flá	Elle fallará
Plur. —	Non cá bi flá	Nós fallaremos
	Inancê cá bi flá	Vós fallareis
	Inêm cá bi flá	Elles fallarão.

FUTURO IMPERFEITO COMPOSTO

Sing. —	Á mi tê dgi bi flá (ou *'n tê dgi bi flá)*	Eu hei de fallar
	Bô tê dgi bi flá	Tu has de fallar
	Ê tê dgi bi flá	Elle ha de fallar
Plur. —	Non tê dgi bi flá	Nôs havemos de fallar
	Inancê tê dgi bi flá	Vós haveis de fallar
	Inêm tê dgi bi flá	Elles hão de fallar

(1) Ha falta de *preterito mais que perfeito* do modo indicativo em todos os verbos d'este dialecto.

Futuro perfeito composto

Sing. —	'n tê dgi flá	Eu terei fallado
	Bô tê dgi flá	Tu terás fallado
	Ê tê dgi flá	Elle terá fallado
Plur. —	Non tê dgi flá	Nós teremos fallado
	Inancê tê dgi flá	Vós tereis fallado
	Inêm tê dgi flá	Elles terão fallado

MODO CONDICCIONAL

Sing. e *plur.* conjugam-se como o presente do indicativo, excepto na primeira pessôa do singular que é *'n gá flá*. O *condiccional composto* conjuga-se como o *preterito perfeito* do modo indicativo, excepto na primeira pessôa do singular que é — *'n gá flá zá.*

Imperativo

Sing. —	Flá bô	Falla tu
Plur. —	Flá inancê	Fallai vós

O *modo subjunctivo*, tempo prezente, conjuga-se como o *condiccional* no mesmo tempo.

Perterito imperfeito do modo subjunctivo

Sing. —	Chi 'n gá flámé	Que ou se eu fallasse
	Chi bô cá flámé	" " " tu fallasses
	Chi ê cá flámé	" " " elle fallasse
Plur. —	Chi non cá flámé	" " " nós fallassemos
	Ch'inancê cá flámé	Que ou se vós fallasseis
	Ch'inêm cá flámé	Que ou se elles fallassem

Perterito perfeito composto

Sing. —	Chi 'n gá tê fládu	Que ou quando eu tenha fallado
	Chi bô cá tê fládu	Que ou quando tu tenhas fallado
	Chi ê cá tê fládu	Que ou quando elle tenha fallado
Plur. —	Chi non cá tê fládu	Que ou quando nós tenhamos fallado
	Ch'inancê cá tê fládu	Que ou quando vós tenhaes fallado
	Ch'inêm cá tê fládu	Que ou quando elles tenham fallado.

Preterito mais que perfeito composto

Sing. —	Óla 'n gá flámé	Que ou quando eu tivesse fallado
	Óla bô cá flámé	Que ou quando tu tivesses fallado
	Óla ê cá flámé	Que ou quando elle tivesse fallado
Plur. —	Óla non cá flámé	Que ou quando nós tivessemos fallado
	Óla inancê cá flámé	Que ou quando vós tivesseis fallado
	Óla inêm cá flámé	Que ou quando elles tivessem fallado

Futuro imperfeito

Sing. —	Chi 'ngá flá	Se eu fallar
	Chi bô cá flá	Se tu fallares
	Chi ê cá flá	Se elle fallar
Plur. —	Chi non cá flá	Se nós fallarmos
	Ch'inancê cá flá	Se vós fallardes
	Ch'inêm cá flá	Se elles fallarem

Futuro imperfeito composto

Sing. —	Óla 'n tê di bi flá	Se eu houver de fallar
	Óla bô tê di bi flá	Se tu houveres de fallar
	Óla ê tê di bi flá	Se elle houver de fallar
Plur. —	Óla non tê di bi flá	Se nós houvermos de fallar
	Óla inancê tê di bi flá	Se vós houverdes de fallar
	Óla inêm tê di bi flá	Se elles houverem de fallar

Futuro perfeito composto

Sing. —	Óla 'ngá tê di flá	Se eu tiver fallado
	Óla bô cá tê di flá	Se tu tiveres fallado
	Óla ê cá tê di flá	Se elle tiver fallado
Plur. —	Óla non cá tê di flá	Se nós tivermos fallado
	Óla inancê cá tê di flá	Se vós tiverdes fallado
	Óla inêm cá tê di flá	Se elles tiverem fallado

*

* *

'ndá — andar

MODO INDICATIVO

Tempo presente

Sing. —	'n gá 'ndá	Eu ando
	Bô cá 'ndá	Tu andas
	Ê cá 'ndá	Elle anda
Plur. —	Non cá 'ndá	Nós andâmos
	Inancê cá 'ndá	Vós andaes
	Inêm cá 'ndá	Elles andam

Preterito imperfeito

	(1)	
Sing. —	'n tá cá 'ndá	Eu andava
	Bô tá cá 'ndá	Tu andavas
	Ê tá cá 'ndá	Elle andava
Plur. —	Non tá cá 'ndá	Nós andavamos
	Inancê tá cá 'ndá	Vós andaveis
	Inêm tá cá 'ndá	Elles andavam

Preterito perfeito

	(2)	
Sing. —	'n 'ndá zá	Eu andei
	Bô 'ndá zá	Tu andaste
	Ê 'ndá zá	Elle andou
Plur. —	No 'ndá zá	Nós andámos
	Inancê 'ndá zá	Vós andastes
	Inêm 'ndá zá	Elles andaram

(1) Ou *'n qui 'ndá, bô qui 'ndá,* etc.

(2) Ou *á mi 'ndá zá.*

O *futuro imperfeito* varia na forma da conjugação do v bo precedente, pela seguinte maneira:

	(1)	
Sing. —	'n tê 'ndá	Eu andarei
	Bô tê 'ndá	Tu andarás
	Ê tê 'ndá	Elle andará
Plur. —	Non tê 'ndá	Nós andaremos
	Inancê tè 'ndá	Vós andareis
	Inêm tê 'ndá	Elles andarão

IMPERATIVO

'ndá bô	Anda tu
'ndá inancê	Andai vôs

O *modo subjunctivo*, tempo presente, conjuga-se com indicativo, no mesmo tempo.

FUTURO IMPERFEITO

Sing. —	Chi 'n gá 'ndá	Se eu andar
	Chi bô cá 'ndá	Se tu andares
	Chi ê cá 'ndá	Se elle andar
Plur. —	Chi nôn cá 'ndá	Se nós andarmos
	Ch'inancê cá 'ndá	Se vós andardes
	Ch'inêm cá 'ndá	Se elles andarem

(1) Pode, porém, conjugar-se como no verbo *flá-'n gá bi 'ndá*, e

*

* *

Cumê—comer

MODO INDICATIVO

Tempo presente

Sing. —	'n gá cumê	Eu como
	Bô cá cumê	Tu comes
	Ê cá cumê	Elle come
Plur. —	Non cá cumê	Nós comêmos
	Imancê cá cumê	Vós comeis
	Inêm cá cumê	Elles comem

Preterito perfeito

Sing. —	'n cumê zâ	Eu comi
	Bô cumê zá	Tu comeste
	Ê cumê zá	Elle comeu
Plur. —	Non cumê zá	Nós comemos
	Inancê cumê zá	Vós comestes
	Inêm cumê zá	Elles comeram

Futuro imperfeito

Sing. —	'n gá bi cumê	Eu comerei
	Bô cá bi cumê	Tu comerás
	É cá bi cumê	Elle comerá
Plur. —	Non cá bi cumê	Nós comeremos
	Inancê cá bi cumê	Vós comereis
	Inêm cá bi cumé	Elles comerão

IMPERATIVO

Cumê bô	Come tu
Cumê inancê	Comei vós

O *modo subjunctivo*, conjuga-se como o indicativo, no tempo presente.

MODO SUBJUNCTIVO

FUTURO IMPERFEITO

Sing. —	Chi 'ngá cumê	Se eu comer.
	Chi bô cá cumê	Se tu comeres
	Chi ê cá cumê	Se elle comer
Plur. —	Chi non cá cumê	Se nós comermos
	Ch'inancê cá cnmê	Se vôs comerdes
	Ch'inêm cá cumê	Se elles comerem

E assim se conjugam todos os verbos d'este dialecto, que não varia de terminação no infinitivo impessoal dos mesmos, tendo apenas n'alguns a variante do *participio activo*, obedecendo phonologicamente ás regras da nossa grammatica.

*

* *

É pasmosa a quantidade de proverbios e adagios de que se servem os habitantes de S. Thomé, até nas conversas mais triviaes. Os nossos proverbios, as nossas anedoctas, e até os apophtegemas mais conhecidos, teem sido por elles transformados, e d'elles se servem, na conversação, muito amiudadas vezes. Uzam d'uma linguagem parabolica, muito engraçada, com imagens felizes, por meio da qual exprimem laconicamente o que pensam. As raparigas sobre tudo, teem uma phraseologia amorosa que, aparte o que ella tem de pornographica, se torna muitissimo interessante. Se é um rapaz magro que as cumprimenta por esta forma:

—*Mina bô gustá mun?* (menina, gosta de mim?) respondem, despretenciosamente, com um sorriso grave, seguindo o seu caminho:

—*Ê á nó sun mun. Ná cá gustá glápô fã, cé lá blábúdu* (Eu não senhor. Não gosto de *carapau*, gosto de *barbudo*, (1) alludindo á magreza do *Adonis*). Quando se estabelece tiroteio *d'amabilidades* entre os *suns* e as *sans*, ou entre os *mântchebin* e as *mina* (rapazes e raparigas), findam aquelles quasi sempre as entrevistas em que foram infelizes por *sentenças* como esta:

—*Gêlu* (ou *dièlu*) *çá cu çá homê d'è, cá tè gèlu cá tè muála.* (O dinheiro é que é o homem d'ella—quem tem dinheiro tem mulher). N'estas conversas, sempre em voz alta, sobresahe a toáda secca dos augmentativos, a que já nos referimos, e que dão a este dialecto um agradavel aspecto auditivo. N'esta phrase, por exemplo:

(2) *Compá! vim péma mun cá blágá plá-plá-plá* (Compadre, o vinho da minha palmeira está a sahir muito).

As advinhações feitas pelo indigena canstituem talvez uma das suas invenções mais originaes. A proposito de qualquer coisa fazem um *enygma* como este:

—*A'mi cu migu montchi bá páchá; óla bilá; ámi mandá puntá mun camiá, è ná cètá fã.*

(1) *Blábúdo* (barbudo), peixe de boa qualidade, que abunda em toda a costa.

(2) *Blágá* significa — trocar, desmanchar, desfazer, escorrer, etc. É uma das palavras d'este dialecto que se presta a mais interpretações. Os diminuitivos formam-se sobrepondo ao nome a palavra *piquina* (pequeno, pouco, curto). Exemplos:—*mina piquina* (muito menina, ou *menina pequena*);—*guádá piquina* (espera um pouco).

A decifracção dada pelo indigena é — *canôa*. Traduzindo litteralmente vê-se que isto tem um certo valôr inventivo: — Eu, com muitos amigos, fui passear (pelo mar); quando voltei perguntaram-me que caminho tinha seguido, mas já não pude acertar com elle. O *papafigo*, o *tordo*, o *óssóbó*, a galinha, o boi, teem o seu enygma allusivo. Do porco diz o indigena: — *Plôcu ná piá ó sé fan, pundá ê çá zudê* — (O porco não vê o céo, porque elle é judeu). ([1]) Os adagios e proverbios que andam na bôcca do indigena são tambem os nossos adagios e proverbios, adulterados alguns, copiados outros fielmente. O sr. Carlos Salles Ferreira, publicou ha annos no seu hebdomadario, ora com a publicação suspensa por falta de pessoal typographico, alguns d'esses adagios. A proposito de jornalismo nas colonias, convém aqui registar que, afóra a provincia da Guiné, é esta, entre todas as nossas colonias, a que tem tido menos publicações periodicas ([2]). Depois do *Boletim Official* que,

([1]) A proposito de judeus, tem aqui cabimento a descripção d'um facto succedido ha annos com um respeitavel commerciante judeu já fallecido. *Os filhos da terra* menos civilisados vivem na convicção de que *os judeus teem rabo*. Altas pesquizas fizeram, sempre em vão, para verificarem o facto. Estando o commerciante a quem nos referimos a negociar uns saccos de café com um *fôrro*, que ia acompanhado de muitos outros, o compradôr levou o genero á balança decimal para ser pesado. É claro que o judeu, ao descançar a carga no taboleiro, curvou a espinha, ficando em posição que desafiava a curiosidade antiga dos indigenas na verificação a que alludimos. Aproveitando este ensejo, e emquanto o negociante punha os pesos na balança, os *forros* trocaram olhares significativos, e o que se achava mais proximo chegou mesmo a apalpar o sitio onde devia estar o rabo, incidente este afinal que passaria desapercebido para o negociante se o examinador não exclamasse contentissimo finda a verificação — *Ná tê lábu fô!* (não tem rabo). E consta que o negocio se fez então, muito a contento da parte vendedora, que exprimia a sua grande alegria em altos gritos e gestos largos.

([2]) Vide *Subsidios para a historia do jornalismo nas provincias ultramarinas portuguezas* (1885) pelo sr. Brito Aranha.

como já dissemos, começou a publicar-se em 1857, houve os seguintes jornaes impressos: 1870 — O *Equadôr*, litterario, agricola e scientifico, que foi collaborado pelo sr. Ferreira Ribeiro; 1883 — *O Jornal de S. Thomé e Principe*, hebdomadario politico, redigido pelo dr. Silva Sanches; 1885 — *O Correio de S. Thomé*, semanario politico, orgão do commercio e agricultura da ilha, dirigido pelo sr. Salles Ferreira. Manuscriptos, houve:—em 1874, um semanario redigido pelos naturaes da ilha, sendo seu inspirador ou redactor um individuo que n'essa epoca se suicidou por ver, dizem, a marcha irregular *dos negocios que o jornal advogava;* e em 1881, *O Escandalo*, orgão da classe dos sargentos do batalhão de caçadores, que depois se insubordinou.

ADAGIOS E PROVERBIOS

1.º — Finguí môlé, finguí nan molê fan; áua sugá, nomi n'ácábá fà.

O rato morreu, o rato não morreu: o rio séca, mas não perde (não acaba) o nome.

— Quem torto nasce, tarde ou nunca se endireita?

2.º — Glávâna pô çá lôngu, fiá guinhon ni bôdô d'áua ná cá sugá fà.

A gravana pode ser comprida; o agrião á borda da agua não séca.

— Quem foi rei nunca perde a magestade?

3.º — Flámâçon pichi, cámá chiá gañmá.

Fama de muito peixe e so escamas.

— Muita parra e pouca uva; ou, por fóra cordas de viola, por dentro pão bolorento.

4.º — Ninguê cá dómini cu cáçô cá lantá pl'á man cu pluga.	A pessoa que dorme com cães levanta-se de manhã com pulgas. — Quem se deita com creanças...
5.º — Ê ná çá plumêlu glavàna cu suba subê n'ê fã.	Não é a primeira gravana em que chove.
6.º — Cálu bilá sôuô.	De comer *carurú* passar a comer *sôuô.* — Passar de cavallo para burro.
7.º — Padê cu ná tê môçu cá clágá missáli bá glèsa.	Padre que não tem criado, carrega o missal para a egreja. — Quem é pobre não tem vicios?
8.º — Gánhá mansu só cá págá dgivida.	A gallinha mansa é que paga as dividas. — A corda rebenta pelo mais fraco?
9.º — Odô suzu cu andgí pôdli.	Pilão (ou almofariz) sujo com dendem pôdre. — Junta-se a fome com a vontade de comer?
10.º — Pô fogu vé ná tê mátchi di pêgá fã.	O pau carbonisado não custa a arder. — Quem o foi uma vez, ha de sel-o sempre?

11.º — Clupa dgi ventá cu mandá tómá fôgu ni Santiágu.

A necessidade de fumar é que me fez procurar fogo em Santiago (em casa do inimigo).

— A necessidade é inimiga da virtude?

12.º — Tudu quá custá cálu cá bi bilá blátu.

Tudo o que custa caro ha de vir a ser barato.

— Não ha fome que não dê em fartura, ou o contrario do nosso dictado — «o que é barato é caro»?

13 — Sun ni liba búdu scá flá d'áua?

O senhor em cima da pedra falla mal da agua.

— Fallar de corda em casa de enforcado?

14 — Súba dji glavàna ná cá clèssê àlíba fâ.

A chuva da gravana não faz crescer herva.

— Vozes de burro não chegam ao Ceo.

15 — Plôcu lévi só cá tè pena glôssu.

Só o porco magro é que tem pello grosso.

— Recebem-se as cousas como de quem ellas vêem, ou — "cada um dá o que tem».

16 — Ó pé d'ũa dgiá ná cá bilí cámiá fá.

Os passos d'um dia não abrem caminho.

17 — *Nimguê ni uê di bandu ná cá flá mali di sódé fà.*

Quem está diante do bando não deve dizer mal do soldado.

— Com teu amo não jogues as peras.

18 — *Bançá sècu bê mámon ná pó tchilà fà; bançá culu cu scá boscá mámon ná bê fà.*

O ramo secco da palmeira vio o mamão maduro não o poude tirar; o ramo verde que procura o mamão não o acha.

— Se a mocidade soubesse e a velhice pudesse...

19 — *Uní, uní, chiá báchin.*

Bago a bago enche-se a gamela.

—Bago a bago enche a galinha o papo.

20 — *Nimguê cu cá tchilá méli cá lóló dêdu.*

Quem tira mel lambe os dedos.

—Quem trabalha tem alfaya.

21 — *Mina muála cu náchí bôá fa, ná cá tandji homê ni liba pêma fà.*

A menina que ainda não é mulher, não entretem o homem que sobe á palmeira.

—Cresce e apparece.

22 — *Quá cu boá dá bôca çá bócádu, modu cu quá cu boá dá plôcu çá lama.*

A cousa de que a bocca gosta é bocado; assim como a cousa de que gosta o porco é lama.

— Cada um come do que gosta.

23 — *Nimguê di lóça çá áua vági, máchi clálu cu è çá cá fédi làma.*

A gente da roça é como a agua empoçada, por mais clara que esteja, cheira a lama.

— O habito não faz o monge. A fortuna não dá nobreza.

24 — *Álè cá matá nimguê, cótá cábêça, quá cu cá cumê clóçon çá bálu.*

El-Rei manda matar cortando a cabeça, mas o que come o coração é o barro.

— O espirito vence a força. Morra o homem, mas fique a fama.

25 — *Ómáli pô çá blucu ê nă cá guli cánuá fă.*

O mar pode estar bravo, mas não engole a canôa.

— O diabo não é tão feio como o pintam; — por peor que seja, não ha de comer gente.

26 — *Caçó di côlê quá, ná custá mandá plumê fá.*

Cão de correr (de caça) não é preciso mandal-o muito.

— Mulher facil não precisa ser muita rogada.

27 — *Pêma cu ná boá fa cá fé sálu.*

Palmeira que ainda não está feita faz sal.

— É estragar o fructo (refere-se a mulheres) colhel-o verde.

28 — *Mudla gláví plá póçôn ni lóça cá çá suia.*

Mulher bonita para a cidade, na roça é despresada.

— Na terra dos cegos quem tem um olho é rei.

29 — *Báná máglu só cu cá quiè ná bê fèla.*

A banana magra (que não está feita) é que vae primeiro á feira.

— O que é bom a todo o tempo se vende.

30 — *Muála chimintéli ná cá côiè gintchin têlá fã.* A mulher do cemiterio não escolhe gentio para enterrar. — A mulher publica é de toda a gente.

— *Qué sé ná cá fátá dèmònô n'è fã* (Casa sem Deus (allu são ao crucifixo) não falta o demonio n'ella).

— *Sáfú glavâna çá dôchi cu çá ni liba d'oqui: pliquitu cá çá liba, plôcu cu 'ngánhá çá bássu* (O safú da gravana que está na arvore do morro é doce: o periquito que vôa á arvore é que o faz cahir, mas o porco e a galinha, que estão em bai xo, é que o comem. — *Guardado está o bocado...*)

— *Ça liba d'óqui cu'n piá bô ni vágí d'áua cumá bô lábá lélé cu flégòn gámála* (Foi de cima do morro que eu te vi no fundo do valle a lavar o corpo como quem lava uma gamella — *As paredes teem olhos*).

— *Flógá tê tempu, funçôn ná cábá fã, vive enté óla nòn sólá cá tud'achí.* (Folga emquanto é tempo e duram as funcções, porque todos temos muito tempo para chorar. — *Não ha bem que sempre dure nem mal que se não acabe*).

— *Subi péma longu, piá chi ventu 'ndá cu è fã: tómá muála d'homè, piá chi ê nã pálá sanguè fã* (Sobe á palmeira alta, mas toma cuidado com o vento que a pode derrubar: escolhe mulher mas toma cuidado na escolha. — *Antes que cazes vè o que fazes*). — *Andgí bóbó ni uê cótádô fã: mina môçu ná flimá ni uè mantchebin fãn.* (Dendem maduro não escapa ao olho do cortador: menina moça não escapa ao mancebo.) —*Cócòndja nancê flimi, molè tôtô: nimguè ná molè ni mundu si dèfètu fan.* (O coqueiro nasceu direito, morreu torto: ninguem morre n'este mundo sem defeitos).

*
* *

Andam na bocca do povo milhares de *historias da carochinha*, mais ou menos bebidas no nosso romanceiro e, portanto, sem significação ethnica que não seja a de ajudar-nos na demonstração de que a vida d'este povo é um reflexo apenas da vida metropolitana. Nenhum facto historico, porem, se deduz d'estas historias que, á noite, nas cubatas, em grandes reuniões das *enormes familias*, constituem um dos seus grandes attractivos. Nem um reflexo apenas das constantes invazões que soffreram e da vida agitada que sempre teve esta colonia nos ominosos tempos passados!...

A tragedia do *Capitão do Congo* é um disparate mal engendrado, copia tradiccional de costumes de outras raças d'Africa mais guerreiras, e d'ella nos falla Francisco Galmon, na *Relação das faustissimas festas* por occasião do casamento de D. Maria I com seu tio o infante D. Pedro, em 6 de Junho de 1760, (Theophilo Braga, o *povo portuguez nos seus costumes, crenças e tradicções*, vol. I, pag. 398) — "Dia 16, *Reinado dos Congos*, que se compunha de mais de outenta mascaras, com farças ao seu modo de trajar, riquissimas pelo seu muito ouro e diamantes de que se ornavam.. „ — Dia 19, sahiu pela cidade o *estado dos pardos*, seguido de danças varias na seguinte ordem: a de um *soba magico*, composta de varios animaes; a de doze leões com Hercules por guia; a dos *Calhastros*, a dos *Ambacas*, e dos *Molecques*, cada uma com doze figuras; a de *talheiras*, a de *negrinhas pequenas*, a de *moleques pequeninos d'Angola*, a do *catupé* e por fim o *Baile do Congo*.„ O *Tchilólí* é a reprezentação avariada da vida e feitos de Carlos Magno. A maior fertilidade da imaginação indigena manifesta-se na composição feliz de *enygmas* e *advinhas*, que, como em Cabo Verde, constituem um grande passatempo familiar. Adolpho Coelho (*Os dialectos neo-latinos*, pag. 9) descreve-nos assim esse costume: — "Os creoulos em Cabo Verde, pelo menos em S. Thiago, teem por costume contarem historias, isto é lendas ou contos. Quasi sempre essas historias são contadas á noite, assentando-se as pessoas que fazem parte d'esse passatempo de caracter verdadeiramente familiar, á porta da rua ou dentro de casa.„ Este costume, como se sabe, é tambem peculiar á Europa, e ainda hoje muito em uso em Portugal, nas festas á lareira e nos *cavacos de soálheiro* (Theophilo Braga, liv. citado, pag. 374 e seguintes).

No seculo XVI especialmente, predominou entre o povo portuguez uma especial predilecção pelas *advinhas*, e d'este costume temos preciosos documentos historicos (A. Thomaz Pires, *Advinhas do Alemtejo*, Theophilo Braga, livro citado). Damos um specimen da *advinha* do indigena de S. Thomé, na impossibilidade de podermos inserir aqui as muitas que temos colligido e que farão o objecto de um estudo especial: — *Ũa mina piquina sótchi ni çòm, zánè subi ni liba de chima glitá áqui d'Álé*, (uma criança pequena sahe do chão, berra, e, subindo muito alto, começa a gritar — *Aqui d'El-Rei!*) A decifração é — *Foguete*.

A forma da *advinha* é sempre esta, e nunca a forma metrica, que foi geralmente a adoptada na Europa.

A falta de tradições historicas, até na pobreza da poesia indigena se nota. Predomina a devassidão nas composições que conhecemos, de uma esthetica muito rachitica e restricta a um só pensamento inicial — *a mulher devassa*.

*

* *

Antes de entrarmos propriamente na apreciação da poesia popular, d'aquella poesia espontanea e mascula da qual o auctor anonymo é todo este pequeno grupo ethnico, apresentêmos os specimens da poesia que, embora producto do intellecto indigena, foi arrancada aos moldes da nossa poesia, tendo, portanto, mais belleza de forma mas muito menos côr local. São de Francisco Stockler, o mallogrado rapaz de quem já fallámos com saudade, as duas quadras seguintes:

Plò castigu clupa mun
Basta vida cu'n çá nê:
Cu cujân sê fôgû nê
Cu gibêla sem vintè!

Para mal dos meus peccados
Vivo bem atrapalhado:
Em caza o fogo apagado
E os bolsos sem um vintem!

Mundu dá bálançu
Tudu quá bilá vóla:
Chinélu bilá bóta
Lôçu culá cânçu

O mundo anda em balanço
Pois a tudo já deu volta:
Tornou-se o chinello em bota,
Com arroz se cura o *canço* (1).

Damos ainda, como demonstração do engenho de Stockler, duas poesias que por ahi andam na bocca do povo. Toda a gente as conhece. A que começa, *Dèssu mun válè mun, Sun*, exprime o estado ataraxico da sua alma nos dias de maior infortunio. A segunda, *Quá mandá bô scá fugí mun?* (para que foges de mim?), é d'um lyrismo encantador, que a traducção não poderá reflectir.

É o impeto da paixão brutal, virgem, no meio de uma natureza suggestiva, exhuberante; d'estas paixões de pyrexia que anniquillam um ser, mas que no emtanto ninguem comprehende. Ser poeta n'uma terra d'estas onde a natureza é

(1) *Cançu*, asthma, derivado de *cançaço*.

sempre verde, magestosa; onde os sonhos febris são talvez o unico consolo da vida crua; onde a ambição se circumscreve ás pequeninas coisas, ou rebenta e vôa por esses mares; ser poeta n'um paraiso que tem tambem as negruras do Orco, deve ser a palma do soffrimento. Comprehende-se pois a tua desgraça, pobre rapaz!

Dêssu mun, valê mun, Sun!	Deus meu, valei-me, Senhor!
Mócum stáva, piá mun çá,	O que eu era e o que eu sou!
Mócum çá... piá mun bilá!	Como estava e como estou,
M'un bilá, piá mun chigá!	Deus meu valei me, Senhor!
Ch'in bá meza, fómi nhô;	Vou p'ra meza com horror;
Ch'in páchá 'ngá vangáná;	Quando ando cambaleio;
N'gá bêbê ê cá da 'nsácá;	Se bebo logo nauzeio;
Dêssu mun, valê mun, Sun!	Deus meu valei-me, Senhor!
Ch'in bá cama, sônô nhô;	Na cama, sem somno. Vou
Ch'in cantá, ê cá fê sólá;	Cantar começo a chorar;
Ch'in sólá, ê cá fê glitá,	Se choro fico a gritar ..
Mócum stáva piá mun çá!	Como eu era e como eu sou!
Ch'in mundjá, ê cá fê táçôn;	De pé, quero estar sentado;
Ch'in taçôn ê cá fê mundjá;	Sentado, sinto-me mal;
Eh! çá pêna! *mácundjá!* (1)	N'esta impressão infernal,
Mocum çá, piá mun bilá!	Meu Deus vêde o meu estado!
Cábêlu bilá blancu áchí;	O cabello branqueou;
Béba mun clessê pássá;	A barba cresceu, cresceu;
Claçon fônô, gibôn suzu;	O fato é o d'um sandeu;
Mun bilá, piá cu 'n chigá!	O que eu era e o que eu sou!

(1) *Mácundjá*. Planta que dá uma especie de fava pelluda que produz, em contacto com o corpo, uma forte comichão.

Quá mandá bô scá fugí mun?
Quá mandá bô bá condê?
Chi bô fé áchí pa 'n quécê,
Çá máchi cu 'n scá lemblá bô.

Para que foges d'aqui?
P'ra que te vás esconder?
Se o fazes p'ra m'esquecer
Mais me lembrarei de ti.

Ch'in glává bô, quécê glávu,
Pódá póbli pêccádô,
Piá nôn Santu Slávadô
Pódá San Pêdu cu nêgá Sun.

Se te offendi, aqui estou,
Dá perdão ao peccador;
Vê o exemplo do Senhor
Que as offensas perdoou.

Máchi boá Dêssu mátá mun
Dô qui pêna cu 'n çá nê...
Cu 'n fé bô, quá cu nôn tê,
Quá mandá bô scá fugì mun?

A morte é melhor, oh! sim,
Do que viver a penar!
Se fiz mal só por te amar
Porque foges tu de mim?

Melhó 'ngá mólê ũa vê
Dô qui óla cu 'n plendê bó!
Quá bô tê nô mê d'óbó?
Quá mandá bô bá cóndê?

Matta-me antes — sei morrer
Por minhas culpas, sem dó,
Mas não fujas p'ro *óbó*
Não te vás p'ra lá 'sconder.

Máchi bô lentlá n'óbó;
Máchi cu bô scá fugí mun;
Máchi cu bô scá puní mun;
Çá máchi qu 'n scá lemblá bô...

Para que foges d'aqui
P'ra que te vás esconder?
Se é para te eu esquecer
Mais me lembrarei de ti...

A poesia popular é geralmente erotica, como afinal o são tambem as danças. Com a musica do *Célé*, *Célé*, *Célé*, temos ouvido entre outras poesias a que começa assim:

Ũa dęiá Pulója scé (1)
P'lá mã cedu è scá páchá,
Contlá Pindji, neglu d'è,
Cá fé záua ni cámiá. etc.

(Um dia a Protazia sahiu a passeio pela manhã cédo e encontrou o seu serviçal Pindje a ourinar no caminho.)

(1) Pela correcção da forma, estes versos se não são originaes de Stockler, devem pelo menos, ter sido emendados por elle.

Esta these é desfiada minuciosamente com as côres vivas d'um realismo perfeito, que muito satisfaz o paladar artistico do indigena. Durante a epoca da *gravàna* (Maio a Setembro) temos ouvido esta cantiga allusiva ao *frio* d'essa estação:

Tempu di glávãna
Fiò cá mátá-mun,
Clòpu 'ntèllu
Scá tlèmè tá tá tá...

(No tempo da *gravàna* o frio matta-me.
Todo o corpo está a tremer muito.)

É esta a verdadeira poesia do povo. N'este genero temos ainda alguns specimens como este:

'n bá cáma,
Sònó ná tòmá fã,
Pensámentu montchu
Ni cabeça.

(Fui para a cama, mas não pude dormir, porque tinha muitos pensamentos na cabeça.)

E ainda estes versos:

Vintchi muála Gábòn,
Tlinta Engóla
Qu'n tè ni qué
Nèña ná scá ièn fãn.

(Vinte mulheres do Gabão, trinta de Angola, que tenho em casa, nenhuma me agrada.)

Véla tchilá supêtu,	Brincaste co'a vella accessa
Véla quêmá bô áza:	E a vella queimou-te a aza [1]:
Bô flógá cu chindja,	Foste brincar com a cinza
Bô pê mon ni bláza.	Mas puzeste a mão na braza.

[1] Allusão á borboleta. Estas ultimas duas quadras cantam os indigenas com a musica do *Lóqui bèndè pânu.*

Látu módê quêzu,
Gátu mátá látu,
Cáçô çá cu tê dentchi
Dê pêtá pê gátu.

O rato mordeu o queijo,
O gato mattou o rato,
Mas o cão é que tem dente
Para ir morder o gato.

*
* *

Passêmos agora á composição de trechos em dialectos de S. Thomé, empregando quanto possivel as phrases mais usadas pelo indigena.

—*Mina, áua pô çá clálu, bôdô d'ê çá cu tè suzo:*

—*Bô pô çá glávi, máchi bô tè dèfètu.*

(Menina, a *agua* (o rio) pode estar clara, mas as margens estarem sujas: tu podes ser bonita, mas teres defeitos.)

— *Áua ná uchi sê dècè fã.* (O rio não se turva sem descer a agua do monte.)

— *Gánhá ná pântá ni mátu sè bè quá fã.* (A galinha não se espanta no matto sem ver alguma coisa.)

— *Áua pontchi ná tè salu ni limon fã.* (Agua ponte (rio que tem ponte) (1) não tem sal nem limão.)

— *Á ná cá vôlô cu mina cé lumiá men d'è fã.* (Não se insulta a filha sem offender a mãe.)

— *Blancu málifètu cá quiá gábon bóçáli.* (Branco malcriado tem criados boçaes, ou — cria criados boçaes.)

— *Béga chiá ná cá blócè nimguè fã, cé lá fómi.* (Com a barriga cheia ninguem se aborrece, só com fome.)

— *Báná ni liba d'oqui çú cátchibu tlóváda.* (A banana dos morros está sujeita á trovoada.)

– *È çá cáçô cu môlè ni qné gánhá, cu è ná cá gánhá cu mólè ni qué di cáçô; á cá flá cáçò cu mátá pá pò cumê.* (Ainda

(1) Assim conhecem os naturaes o rio *Agua Grande* que passa na cidade de S. Thomé, porque é o unico que tem ponte.

bem que o cachorro morreu no galinheiro; se fosse galinha que morresse em casa de cão, dir-se-hia que este a mattou para a poder comer.)

— *Muála plócu só cu quiá hómê lama.* (A mulher porca é que faz o homem sujo.)

— *Luspètu muála cázádu çá ni uè málu d'è.* (A mulher cazada é só respeitada diante do marido.)

— *Chi málu d'è cá molè zá, è cá çá máchi piólu.* (Se o marido lhe morresse, ainda ella fazia peior.)

— *Quá di mundu çá vádgin.* (O que ha no mundo é vaidade.)

— *Mlaguíta pó çá sècu, ná tómê pàssa ni uè fã.* (A pimenta pode estar secca, mas sempre é preciso cautella em não a chegar aos olhos.)

— *Nimguè di Santómé ca tè ũa vintem* (ou *'ntè*) *flá è çá licu montchi; magi nimguè di Pótugá pò tê vintchi contu, è cá flá è na çá licu fã.* (*O filho de S. Thomé* que tem um vintem (algum dinheiro) diz logo que é muito rico; mas o de Portugal póde ter vinte contos sempre diz que o não é.)

—*Ni múndu cè máchi dizódgi cu á cá bè çá plô via di muála.* (N'este mundo todas as desordens que ha são por causa das mulheres). [1] — *Dgiá cu bô bá lóça mun, 'nçá bánà cu pichi dá bô cumè, cóplá vim pèma dá bô bèbè.* (No dia em que tu fores á minha roça, hei de assar banana e peixe para tu comeres, e comprar vinho para tu beberes.)

E' interessante a maneira como os indigenas se cumprimentam, porque, sem pretexto de qualidade alguma, logo que se avistam e trocam as primeiras palavras, se dispõem a entreter a cavaqueira por muitas horas. Na conversação, as palavras finaes acabam sempre com uma grande reticencia em *é*... Vejamos o modo de cumprimentar: —*flá nimguè mantchá.*

— *Uè cu bè bô é... nóva sáudjé?...*

---

(1) *Cherchez la femme.*

— *Dèssu dá sun mun bon dgiá. Sáudjí di sun mun çá bôá?* (Bons olhos o vejam. Como vae a saude? Deus lhe dê muitos bons dias. A saude do senhor como vae?)

A estas perguntas responde-se quasi com as mesmas palavras: — *Sáudjí çá bôá*, etc., findando sempre com esta phrase: —*Áchi ni mom de Dèssu.* (A saude está boa, assim, assim, na mão de Deus).

— *Andji bô sun cá bè*	Aonde vae!
— *'ngá chigá áí üólé mè 'ngá bilá*	Vou ali, mas volto já.
— *Bá cu Dêssu*	Vá com Deus.
— *Cumá bô bè 'ngá bè 'ntè di tá lá uôto dgiá*	Irei e demorar-me-hei oito dias.
— *Bô sèbè flá láçòn?*	Sabes orações?
— *'n sèbè piquina*	Sei pouco.
— *Quenguè chiná bô?*	Quem t'as ensinou?
— *Méssè mun cu chiná mun*	Ensinou-m'as o meu mestre.
— *Quenguè çá méssè dgi bô?*	Quem é o teu mestre?
— *Flá pa 'ntendê*	Diga para eu ouvir (ou saber).
— *Guád 'n flá pádê nóssu*	Deixe-me dizer o Padre Nosso.

(1) *Pádê nóssu cu çá n'ó sé, santchificádu seja vóssu nômi, ávênhá nóssu nouto lênu, seja fêta vóssa vontádgi, áchí ná téla cumá n'ó sé, ó pôm*

(1) Como se vê, as palavras do *Padre Nosso* approximam-se todas das palavras portuguezas, o que se explica por terem os indigenas estudado as orações da nossa lingua, adulterando-as sem as confundir, n'este caso, com o dialecto.

nóssu di cada dgiá non dá ôzé, peduá mun nossa dgivida áchi cumá nóssu péduàmu nóssu dévédô, non dèchin cáin tentáçôn, livlá nossa máli, amen, Jèsú. (1)

— *Bô çá butchizádu?*	Tu és baptisado?
— *Iôchi* (ou *nhôchi*)	Sim.
— *Chi bô cá nã çá butchizádu fã, 'ngá butchízá bô cu nômi du Padè, de Filhu, de Splitu Santu*	Se não fosses baptisado, eu te baptisaria em nome do Padre, do Filho e do Espirito Santo.
— *Ni Pótugá nimguê tud'áchí çá butchizádu?*	Em Portugal toda a gente é baptisada?
— *Iôchi, tud'áchí á cá butchizá*	Sim, toda a gente é baptisada?
— *Aóla inêm min'áchí cu á cá bè ni lua, quenguè cá butchizá inêm?*	Dize-me agora, as creanças que se encontram na rua quem as baptisa?
— *Sun Álèi cá mandá pánhá inêm ni lua, bá cu è qué di lóda, mandá butchizá*	Sua Magestade manda-as buscar á rua e manda-as para a casa da *roda*, para serem baptisadas.
— *Ê çá bôá, anté nôtlu dgiá, è compá...*	Pois muito bem. Até outro dia, compadre.
— *Dgiá cu non tê di bè, zanó, no 'ngá cábá quá tud'áchí*	Quando nos encontrarmos outro dia concluiremos este assumpto.
Ébié! Ébié! Ébié!..	Adeus, adeus, adeus.

(1) Dizem tambem *Zizú* e *Injiza*.

Ouçâmos, finalmente, um colloquio d'amor. Já conhecemos o *D. Juan* e a *diva;* despertemol-os, porém, com as suas palavras dôces, luxuriosas, na entrevista alegre ao ar livre:

— *San, bon dgiá ê...*	Senhora, bons dias.
— *Sun, bon dgiá ê ..*	Bons dias, senhor.
— *Ê çá san guê glaviê..*	A senhora é muito sympathica.
— *San tê ũa quá dá mun?*	Não me dá nada?
— *Quá póbli cá tê?*	O que póde dar quem é pobre?
— *Andji cu çá quê san mun ê?...*	Onde é a casa da senhora?
— *Nã tê quê fô...*	Não tenho casa.
— *San cá dóminí ni mátu?*	Então dorme no matto?
— *Quê cu cá dóminí n'ê ná çá dgi mun jã*	A casa onde eu durmo não é minha.
— *Áchí mê;'ngá bi piá san mun ê...*	Isso é o mesmo. Eu vou lá ver a senhora.
— *Andji sun cá bê mun ê?*	Onde é que me ha de encontrar?
— *'n scá bi*	Eu lá irei.
— *Sun çá zudê*	O senhor é judeu.
— *Nan çá zudê fã, zudê çá chi cu bêndê Clistu*	Não sou judeu; judeus foram os que venderam Christo?
— *Que dgiá sun cá bi ê?...*	Quando é que o senhor vem?
— *Anti áman pássá*	Até depois d'ámanhã.
— *Máchi ni quê chitu quê san çá nê?...*	Mas em que sitio é a casa da senhora?
— *Quê mun çá vági glandgi*	A minha casa é na varzea (ou valle) grande.

— *Cumá 'ngá fé pa 'n bê san é?...*	Mas o que hei de eu fazer para encontrar a senhora?
— *Sun cá bè, sun cá puntá, sun cá sêbè*	O senhor vae, pergunta, e saberá.
— *Ozè cu 'n fádá san só cu 'nbi*	Mas eu disse á senhora que vinha hoje.
— *Ami cun lá sun ná cá bi fan*	Cuidei que o senhor não vinha.
— *San sèbè cu n' ná cá pô tá sè bi fă*	A senhora sabe que eu não podia faltar.
— *'n bi sèbè di quí cu non flá dgiá cè*	Lembra-se da nossa conversa do outro dia?
— *Ó sun scá flá quá vèdè?*	O senhor falla serio?
— *San, pláquè álima d'inêm zentchi mun*	Juro-o por alma da minha familia.
— *'ncundá sun scá flá quá flógá*	Pois julguei que o senhor estava a brincar.
— *'n scá mècè pá san mun mlácá mun ña dgiá*	Peço-lhe então que me indique dia para fallarmos.
— *Cé lá enté ôzê nôtu dgiá*	D'hoje a oito dias.
— *Ozè nôtu dgiá çá londgi montchi. 'n çá plichizádu montchi di san mun*	D'hoje a oito dias é muito tarde. Preciso muito fallar-lhe.
— *Iá pá sun mun ná scá gáná mun*	Parece-me que o senhor me engana.
— *Ch'in bi di gáná san Dêssu cá mátá mun*	Que Deus me matte se a engano.

VOCABULARIO

A

Abainhar	*Bánhá*
Abaixar	*Bachá*
Abaixo	*Bássu*
Abalançar	*Bálançá*
Abanadôr	*Bánádô*
Abanar	*Báná*
Abandonado	*Bandónádu*
Abelha	*Vúnvu*
Aberto	*Bétu*
Aborrecer	*Blôcê*
Abortar Aborto	*Mòvê*
Abotoar	*Tácá bótôn*
Abraçar	*Bláçá*
Abrir	*Bili*
Abcesso	*Ulúba*
Abundante, ou muito	*Muntchi, montchi*
Abuzar	*Buzá*
Açoite	*Sôtchi*
Advinhar	*Dinviá*
Afilhado	*Fiádu*
Agua	*Áua*
Aguardente	*Áua-dentchi*
Agulha	*Guiá*
Agulheiro	*Guiêlu*
Ajoelhar	*Dá di zê*
Ajudar	*Zudá*
Ajuntar	*Zuntá*
Ajuste	*Zustu*
Alegre	*Légli*
Alegria	*Lêglia*
Aleijar	*Lêzá*
Alfayate	*Lifiátchi*
Alinhavar	*Nêvá*
Alma	*Álima*
Armario	*Almáio ou almálio*
Almoço	*Lumôçu*
Almofada	*Môfáda*
Alqueire	*Quáta*
Altar	*A'táli*
Amanhã	*Mán, áman, ámanhã, má*
Amargar	*Mlágá*
Amargoso	*Mlágádu*
Amarrar	*Málá*
Amarrotado	*Málôtádu*
Amigo	*Migu*
Amor	*Amôlê*
Amortalhar	*Montálhá*
Ananaz	*Nánági*
Ancia	*Ancha*
Ancião	*Uôdu*
Andorinha	*Andólin*
Anjo	*Anzu*
Annel	*Néni*
Aonde	*Andji*
Apalpar	*Plápá*
Apartado Aparte	*Pátádu*
Aproveitar	*Plóvêtá*
Aqui	*Aquí e Nái*
Areia	*Áliá*
Arrazar	*Lázá*
Arrombar	*Lomba*
Arroz	*Lòçu*
Assentar	*Táçon*
Atraz	*Tláchi*
Avô	*Dônu*
Avó	*Dôna*
Azagaia	*Zágué*
Algibeira	*Gibela*

Asthma	*Cânçu*	Assucar	*Sucli*
Agriâo	*Guinhôn*	Assar	*'nçá*
Acabar	*Cábá*	Adeus	*Bié*
Apito	*Pitu*	Anzol	*Zolu*
Assim	*Áchi*	Amarello	*Bébó*
Arder	*Lede*	Maduro	

B

Bacia	*Báchá, báchin*	Botão	*Bótôn*
Baptizar	*Butchizá*	Braça	*Bláça*
Baralhar	*Bálhá*	Braço	*Bláçu*
Barbeiro	*Blabelu*	Branco	*Blancu*
Barba	*Béba*	Brazil	*Blági*
Barrete	*Baleti*	Bebedo	*Bebèdádu*
Barriga	*Béga e Biga*	Bis-avô	*Óvó*
Barril	*Bálile*	Briga	*Bliga*
Barro	*Bálu*	Brigar	*Bligá*
Beber	*Bèbe*	Brigue	*Bligui*
Bicho	*Bissu*	Brincar	*Flógá*
Bócca	*Bòca*	Brôa	*Blòua*
Bocadinho	*Piquina áchi*	Bruto	*Blutu e blucu*
Bocado	*Piquina*	Bruxa	*Blucha*
Bocejar	*Bili bòca*	Bucho	*Bussu*
Bochecha	*Ubuanu*	Bulir	*Buli*
Bóde	*Bodji*	Burro	*Búlu*
Bofetada	*Tápá uè, Sudu*	Barato	*Blátu*
Botija	*Butchiza* *Bóte*	Bacia	*Báchin e gàmála*
		Bravo	*Blucu e blábu*
Bolòr	*Utú*	Boçal	*Bóçáli*
Bondade	*Bondádgi*	Braza	*Bláza*
Bordão	*Bódòn*	Bonito	*Glávi*
Borboleta	*Bende pámu*	Barulho	*Tlómenta*
Bordejar	*Bódòjá*	Dezordem	
Bota	*Bóta*		

C

Cacete	*Acha, e*	Cáca	*Cácá*
Bordão	*Bédón*	Cacau	*Cácáu*
Cabaça	*Ócó, cábàça*	Cachimbo	*Quintchimon*
Cabeça	*Cábèça*	Cachorro (cão)	*Cáçó*
Cabello	*Cábêlu*	Cadeira	*Cádela*
Cabeceira	*Cábicèlà*	Cadèlla	*Caçó muála*
Cabra	*Cábla*	Café	*Cáfè*

Cafezeiro	*Pò ácfá*
Cahir	*Quie*
Cájú	*Cázú*
Cájueiro	*Pò cázú*
Calado	*Ca bòca, cáládu*
Calças	*Cláçon*
Calcular	*Lepálà* *Clàculé*
Calda	*Càda*
Caldo	*Cálu*
Callo	*Càlu d'òpé*
Calma	*Càlima*
Calmaria	*Clám.iiá*
Calôr	*Cálòlu*
Camarào	*Izé*
Caminho	*Cámiá*
Candeia	*Càndjá*
Candieiro	*Candielu*
Cantar	*Cantá*
Canto	*Cantchi*
Cantôr	*Cantádò* *Cantòlu*
Capim	*Fiá* *Áliba*
Capricho	*Cápliçu*
Cara	*Cála*
Carangueijo	*Auca*
Carapau	*Glápò*
Carapinha	*Clapinhé*
Cadeia	*Cadjá*
Corcunda	*Clacunda*
Carne	*Cáni*
Carneiro	*Canèlu*
Caro	*Cálu*
Caroço *(dendem)*	*Clòçu*
Carolo	*Colicò*
Carpinteiro	*Clapintèlu*
Carregação	*Clágáçòn*
Carregar	*Clágá*
Carregado	*Clágádu*
Carro	*Cálu* (1)
Carta	*Cáta*
Cartucho	*Cátúchu*
Carvão	*Cávòn, clávon*
Caza	*Qué*
Cazaco	*Gibòn*
Casca	*Cáchica*

Cazar	*Cázá*
Castiçal	*Catchiçáli*
Catharro	*Catòlu*
Caustico	*Cáslicu*
Cavallo	*Cábálu*
Cemiterio	*Chiminteli*
Centopeia	*Santope*
Céo	*Sé, Océ*
Cerca Cercado	*Úbua ou uba*
Cercar	*Slècá*
Ceroulas	*Chilòla*
Certeza	*Ceteza*
Certo	*Cétu*
Cerveja	*Slèveza*
Chaile	*Chéli*
Chamar	*Simí*
Chào	*Çòn*
Chapeu	*Sipé*
Chave	*Sibi*
Chicara Chavena	*Chicla*
Cheio	*Chiá*
Chocar	*Cubli òvu, chócá*
Chorar	*Sòlá*
Chumbo	*Sumbu*
Chupador	*Supádò*
Chupar	*Supá*
Chuva	*Suba*
Cacimba	*Selenu*
Cycatriz	*Óclócò*
Cidadào	*Chidádòn*
Cidade	*Póçòn*
Cigarro	*Chigálu*
Claro	*Clálu*
Claridade	*Quédádji*
Coadôr	*Còádò*
Coar	*Còáli*
Cobrar	*Cóblá*
Cobre	*Cóbli*
Cobrir	*Cubli*
Coçar	*Cóçá* (2)
Caçar	*Cáçá*
Côco Coqueiro	*Cócòndja*
Codorniz	*Còdòni*
Cofre	*Cófli*

(1) Esta palavra significa simultaneamente — *Cárúrú*, caro e carro.

(2) Tambem significa *brotoéja*.

Comadre	*Cumá*	Corvina	*Clóvina*
Combinação	*Cumbináçòn*	Cozimento	*Cugimenta*
Combinar	*Cumbiná*	Costella	*Bançá*
Comer Comida	*Cumè*	Cova	*Còbò*
		Chupar	*Fè-fè*
Comigo	*Cu á mi*	Cobarde	*Cóvádu*
Compadre	*Compá*	Cozinha	*Cujan*
Comprido Alto	*Longu*	Cozinheiro	*Cuginhèlu*
		Crescer	*Clècè*
Cumprimentar	*Mandjá ou Mantchá*	Querer e crer	*Quèlè*
		Criador	*Quiádò*
Comtigo	*Cu bò*	Criança	*Mina piquina*
Conde	*Condji*	Crime	*Climi*
Condemnar	*Condèná*	Cru	*Cúlú*
Conhecer	*Conchè*	Culpa	*Clupa*
Conhecido	*Conchidu*	Cura	*Cúla*
Consciencia	*Cunchença.*	Curar	*Culá*
Consentir	*Cunchentchi*	Curto	*Cútu*
Contar	*Contá*	Cuspir	*Butá còpi*
Contente	*Contentchi*	Cuspo	*Còpi*
Convalescer	*Cá tómá fôça*	Correr	*Còlè*
Conversar	*Convlèçá*	Cambalear	*Vangáná*
Coração	*Clóçòn*	Cheirar	*Selá*
Coragem	*Cólági*	Cinza	*Chindja*
Corda	*Códò*	Caixão	*Cáçòn*
Corpo	*Clópu*	Captivo	*Cátchibu*
Corredor	*Còlèdò*	Comprar	*Cóplá*
Cortar	*Cótá*	Cuidar	*Cundá*
Córte	*Cótchi*	Curandeiro	*Mèssè, culandèlu*
Coruja	*Cú cú cú*		

D

Dançar	*Dançá*	Denuncia	*Dá pàtchi*
Dançarino	*Dánsádò*	Denunciante	*Dádò di patchi*
Dar	*Dá*	Deus	*Dèssu*
Debaixo	*Ni bássu*	Depennar	*Pèná*
Debalde	*Dudji*	Depressa	*'ndjãdjă*
Decidir	*Dichidji*	Derreter	*Dlètè*
Defeito	*Dèfètu*	Descer	*Dècè*
Deixar	*Dèçá*	Descompôr	*Vòlò*
Demandar	*Dêmandá*	Desconhecer	*Ná conchè fă*
Demonio	*Demônu*	Dezejar Dezejo	*Mècè*
Demorar Tardar	*Ê tádá*	Desgraça	*Disgláça*
Demóra	*Tádá*	Dezistir	*'ndèçá d'ê*
Dente	*Dentchi*	Desmanchar Trocar	*Blágá*
Dentro	*Dlentu, dentlu*		

Derramar Demolir Desfazer Entornar	*Blagá*
Dezordem	*Dizódgi*
Dia	*Dgiá*
Diarrheia	*Bêga còlè*
Distribuir Dividir	*Lèpatchi*
Dizer (fallar)	*Flá*
Dobrar	*Dóblá*
Dôce	*Dòchi*
Doente Doença	*Doentchi*
Doido	*Dôdò*
Dôr	*Dòlô*
Dormir	*Dōmí*
Dormitar	*Piscá*
Dote	*Dòtchí*
Doutor	*Dōtôlu*
Dinheiro	*Diêlu* *Gêlu*
Descer	*Dècè*

E

Economico Somitico	*Cain*
Edificar (fazer casa)	*Fè qué*
Egreja	*Glêza*
Elefante	*Zámbá*
Embigo	*Bincu*
Embrulhado	*Buiádu*
Enredadôr Inconfidente Intriguista	*Dádô contu* *Lumiádô montchu*
Embrulhar	*Buiá*
Emenda	*Menda*
Emendar	*Fè menda (ou mendá)*
Empurrar	*Pinçá*
Empurrão	*Dá pinçu*
Encher	*Chê e Chiá*
Enchada	*Sáda*
Em cima	*Ni liba*
Escolhido	*Côdu*
Encontrar	*Contlá*
Enganar	*'ngâná*
Engeitado	*Zêtádu*
Engodar	*'ngundá*
Engomar	*Gómá*
Engrossar	*Glóssá*
Engulir	*Gúli*
Enjoar	*Zóá*
Enjoado	*Zóádu*
Enredo	*Lèdu*
Ensinar	*Chiná*
Entender	*Tendè (ou entendè)*
Enterrar	*Télá*
Enterro	*'ntelu*
Entezar	*Tezá*
Entrar	*Lentlá*
Entregar	*Tlegá*
Envenenar	*Venêná*
Envergonhar	*Vlegónhá*
Enviar Mandar	*Mandá*
Enxó	*Ónçó*
Enchugar	*Sugá*
Erysipella	*Giba*
Embasbacar	*Bábácá*
Escada	*Chicáda*
Esconder	*Cóndè*
Escrever	*Selèvè*
Escrivão	*Sclivon*
Escuro	*Cúlu*
Escuridão	*Cúlu montchi*
Escutar	*Cute*
Esfolar	*Fólá*
Esfregar	*Flègá*
Esfriar	*Fiá*
Espalhar	*Vangá*
Espalhado	*Vangádu*
Espantar	*Pantá*
Espantado, assombrado	*Sombládu*
Espelho	*Supè*
Esperar	*Vádè*
Espera	*Vádá*
Esperto	*Supètu*
Espeto	*Petu*

Espiar	*Suchitá*
Espiga	*Supiga*
Espirito	*Plitu e Splitu*
Espirrar	*Tichi*
Esponja	*Pondjá*
Espreguiçar	*Sendè pliguiça*, ou *pliguiçá*
Esquecer	*Quécè*
Estrada	*Stláda*
Estragar, cauzar damno	*Dàná*
Estrume, Esterco	*Úcú*
Estudar	*Studá*
Evitar	*Vitá*
Excremento	*Tàtá*, ou *cácá*
Estender	*Sendè*
Esfregão	*Flégôn*
Espetar	*Pètá*
Espingarda	*Pingáda*
Ensinar	*Chiná*
Eis aqui	*Iálé*

F

Facho	*'ngúmú*
Fallar	*Flá*, ou *fádá*
Farda	*Fáda*
Farinha	*Fánhá*
Faro (de cão)	*Sêlá*
Farrapo	*Látè*
Favôr	*Fàvòlu*
Favorecer	*Fè fávôlu*
Fazer	*Fè*
Fé	*A' fé*
Febre	*Fèbli*
Fechadura	*Fiçádula*
Fechar	*Fiçá*
Fecho	*Fèçu*
Feder	*Fèdè*
Fedor	*Cá fède*
Feijão	*Fêzon*
Feio	*Fê*
Feira	*Fèla*
Feiticeiro	*Fètchicêlu*
Femea, Feminino, Mulher	*Muèla ou muála*
Ferida	*Flida*
Feria	*Fili*
Ferreiro	*Fèlêlu*
Ferro	*Félu*
Ferrugem	*Félúza*
Ferver	*Flébè*, ou *flêvè*
Fervido	*Flêvidu*
Festa	*Féça*
Fiador	*Fiádô*
Ficar	*Ficá*
Filha, menina	*Filhe, mina*
Filhinho	*Mina piquina*, *Mina filhe*
Fincar	*Fincá*
Fingir	*Fingi*, on *finzi*
Fio	*Fi*
Firme	*Flimi*
Fisga	*Figiga*
Flôr	*Flòli*
Focinho	*Fuchin*
Fogão	*Fôgôn*
Fogareiro	*Fògalèlu*
Fogo	*Fôgô*
Folego	*Flògò*
Folgar, gozar	*Flógá*
Folho, renda de saia	*Bába*
Fóra	*Fóla*
Forca	*Flòca*
Força	*Fôça*
Forcado	*Flòcádu*
Formiga	*Fleminga*
Forno	*Fônò*
Forquilha	*Fluquian*
Forrar	*Fólá*
Fortuna	*Futúna*
Frade	*Fládji*
Francez	*Flancêgi*
França	*Flánja*, ou *Flança*
Francisco	*Fáchicu*
Franga	*Flânga*
Fraqueza	*Flaquêza*
Freguez	*Fléguê*
Frente	*Flentchi*

Freio	*Flè*	Furador	*Fulàdò*
Frialdade	*Fiàdàdji*	Furar	*Fulá*
Frigir	*Fligi*	Furtar	*Fulà*
Frontal	*Flòntàli*	Fama	*Flámàçôn*
Fructa	*Fluta*	Fugir	*Fugi, fudgi*
Fugir	*Fuj:,* ou *fudji*	Frio	*Fiò*
Fumaça	*Igligu*	Folha	*Fià*
Fumo	*Igligu*	Fructa	*Flúta*
Fumar (tabaco)	*Fèntà*	Fôrro (liberto)	*Fôlô*
Funil	*Funini*	Faltar	*Fàtá*
Funileiro	*Fèdô lata,* ou *funinèlu*	Fôna (somitico, sem dinheiro)	*Fòdòcu*

G

Gabar	*Gàbá*	Gordo	*Gôdô*
Galinha	*Gáiá*	Governador	*Gòvènàdò*
Galinha	*'ngánhá*	Governar	*Gôvèná*
Gamella	*Gámá, gámàla*	Governo	*Gôvènu*
Gancho	*Ganço*	Graça	*Gláça*
Garfo	*Gálufu*	Gramma	*Gláma*
Gargalhada	*Québla*	Grande	*Glàndji*
Garganta	*Glágantchi,* ou *clòn-clòn*	Grão	*Ccué*
		Gravata	*Glèváta*
Gargarejo	*Lábá bôca*	Graxa	*Glácha*
Garôto	*Gálôtu*	Grosso, nutrido	*Glóssu*
Garrafa	*Lodòma*	Grossura	*Glóssula*
Geito	*Zètu*	Grudar	*Gludá*
Geitoso	*Tè zêtu, zèloso*	Grude	*Glúdu*
Gemma	*Zêma*	Guarda	*Guáda*
Genebra	*Ginébla*	Guarda chuva	*Sápèlin*
Gengiva	*Ginbli*	Guardador	*Uádàdô*
Gente	*Zèntchi*	Guardanapo	*Toiada*
Gentio	*Gintchin*	Guardar	*Uádá* ou *guádá*
Geração	*Zéláçôn*	Guerra	*Guéla*
Gigante	*Gingántchi*	Gritar	*Glitá*
Gingar	*Gingá*	Gabão	*Gábòn*

H

Herança	*Bê* ou *lánça*	Hombro, costas	*Cóssa*
Herdar	*Lèdá*	Homem	*Hómè*
Herdeiro	*Lêdêlu*	Hora	*Óla*
Herva, folha	*A'liba, fiá*	Hontem	*Õntê, uontè*
Hoje	*O'zê*	Horrendo, feio	*Fê montchi*

Hospital	*Chipitáli*
Horta	*Óluta*
Haver, ter	*Te*
Hypotheca Penhor	*Piòlò*
Humor	*Mólu*

I

Ictericia	*Tliça*
Idoso	*Códu*
Iguaria Comida	*Cumê*
Ilheu	*Iô*
Illudir, enganar	*'ngánа*
Imagem	*Mági*
Immenso Enorme Muito grande	*Glandgi áchi*
Impotente (Impotencia genital)	*Bòlilu*
Indagar	*'ndágá*
Indecencia Indecente Porcaria, sujo	*Súzu*
Indigena	*Mina di téla*
Mancebo Joven Infante	*Mardchebin*
Indigestão	*Pantuládu*
Inferno	*Fénu*
Ingrato	*Glátu*
Ingreme	*Inglimi*
Inhâme	*Nhámi*
Inimigo	*Nimigu*
Injecção, ajuda	*Zúda*
Innocente	*Nócentchu*
Insuflar	*Dá flôgô*
Insultar Insulto Enredar	*'n buquê ledu* *Vôlô*
Inteiro	*'ntélu*
Intenção	*Tençon*
Interesse	*Téléchu*
Intimar, citar	*Chitá*
Inventar	*Ventá, 'nventá*
Involuntario	*Contle vonté*
Irmandade	*Lumandádji* *Alimandádji*

J

Já	*Zá*
Janella	*Zanéla*
Jantar	*Zantá*
Jarro	*Zálu*
Jejuar	*Zunzuá*
Jejum	*Gizú*
Jesus	*Zizú, Jésú*
Joelho	*Zunta*
Jogar	*Zógá*
Jogo	*Zógu*
Judeu	*Zudê*
Juiz	*Zúchi ou zúchi*
Junto	*Zuntu*
Jurar	*Zulá*
Justo	*Zústu*

L

Lacrau	*Dáclá*
Ladrão	*Ládlòn*
Ladrar	*Ládlá*
Lagrima	*Láglima*
Lagrima	*Áua uê*
Lamber	*Lótó*
Lampião	*Lampion*
Lanceta	*Nácela*

Lençol	*Lançólu*
Lanterna	*Lantèna*
Laranja	*Linza*
Laranjeira	*Pô lánza*
Largo	*Lálugu*
Lastima	*Dôlò*
Lavar	*Lábá*
Lavrar	*Tlábá* *Lávlá*
Leme	*Ce cánuá*
Lembrar	*Lemblá*
Lenha	*Nhá*
Levantar	*Lántá*
Leve	*Lévé*
Levar, ir com elle	*Bá cu è*
Limão	*Limon*
Lindo Bonito	*Glávi*
Lindissimo	*Glávi chei* *Glávi móntchi*
Livrar	*Livlá*
Livro	*Livlu*
Lixo	*Ccu*
Loja, venda	*Vende*
Longe	*Londgi*
Louça	*Lôcha*
Louvar	*Lóvà*
Luneta	*Óclò*
Luctar	*Lutá*
Luctador	*Lutádò*
Luzir	*Lugi*
Lançar Vomitar	*Sácá*
Lua	*Nua*
Lisboa	*Lichibòua*

M

Maçaroca (espiga)	*Supiga*
Macarrão	*Mácálòn*
Machadinha	*Qui-singli ou Qui-senglè*
Machado	*Máçádu*
Madeira Pau	*Pô*
Madrinha	*Mádjã*
Madrugador	*Mádlugádô*
Mãe	*Mé, mémé, men*
Magro	*Máglu*
Mal	*Máli*
Maldade	*Mádádgi*
Maldição	*Mádiçòn*
Malho	*Máiu*
Malicia	*Málicha*
Maluco	*Tontô, sôlchadu, Blúcu*
Mamão, Papaya	*Mámòn*
Mamona	*Mámônô*
Mancebo	*Mancè* *Mantchebín*
Mandar	*Mandá*
Mandinga	*Mandginga*
Mandióca	*Mandjóca*
Mangação	*Mangáçòn*
Mangar	*Mangá*
Mangueira	*Pô manga*
Manhã	*Má, plá má, man*
Manjar, comer	*Cume*
Mano, irmão	*Lumòn*
Mau (com relação ás pessoas)	*Má nimguè, blúcu*
Mão	*Môn*
Mar	*O'máli*
Marido	*Málú*
Marinheiro	*Mánhèlu*
Maroto	*Málôtu*
Martello	*Mátélu*
Mascara	*Máchiclá*
Mattar	*Mátá*
Matinas	*Mátchina*
Medico (cirurgião)	*Sligion*
Medir	*Midgí*
Mêdo	*Mèndu*
Medonho	*Cá fé mendu mon tchi*
Mel	*Mélè*
Melga	*Méga*
Melhor	*Máchi bòá*
Mercar, comprar	*Cóplá*
Merecer	*Mlècè*

Merecido	*Mlèchidu*
Mergulhar	*Dá cabeça fundu, mlegu'há*
Metade	*Milágdgi*
Mecher (Bulir)	*Buli*
Mezinha, remedio	*Mijan*
Medir	*Midgi*
Migalha	*Ucá*
Mijar	*Fé záua*
Mijo	*Záua*
Milagre	*Milágli*
Milho	*Mi*
Mizeria	*Mizélia*
Mizericordia	*Migicódgi*
Misturar / Juntar	*Uni-uni*
Molhar	*Móiá*
Molho	*Fêçu* / *Môiô*
Momento (n'este)	*Uólé, miélé, uéla.*
Montanha / Morro / Monte	*Iô* / *Óqué*
Morar	*Móli* / *Tá qué*
Morder	*Môde*
Morrer	*Môlè*
Morte	*Mótchi*
Mosca	*Môchica*
Mostra, mostrar	*Mossá, mostlá*
Motim	*Mutchi*
Muito	*Montchi*
Mulher	*Muála*
Mez	*Mégi*
Mudar / Voltar, virar	*Bilá*
Missal	*Missáli*
Mais	*Máchi*
Marcar	*Mlicá*

N

Nadar	*Landá*
Nadador	*Landádô*
Nada	*Nád'áchi*
Nadega	*Coçô*
Namorar	*Nèmólá* / *Bucá muála*
Não	*Nó, nô, ná, nan*
Nariz	*Lichi*
Nascer	*Nancè*
Natal	*Nátá*
Natural	*Nátuláli*
Navegador	*Nóvlègádô*
Navegar	*Nóvlégá*
Navio	*Návin*
Necessidade	*Michidádji*
Negar	*Negá*
Negro	*Nèglu*
Nervo	*Viá*
Nodoa	*Nóda*
Noite	*Nôtchi*
Noiva	*Nèva*
Noivo	*Nèvu*
ojo	*Nôzu*
Nojo (luto)	*Nôzádu*
Nomear	*Lumiá*
Nora	*Sógla*
Nosso	*Dgi non*
Noticia	*Nóticha* / *Dá pátchi*
Nuca	*Tláchi cabèça*
Nutrir / Nutrido	*Çá gòdò*
Novidade	*Nóva* / *Nóvidádji*
Nenhum	*Neña*

O

Obedecer	*Bèdècè*
Obediente / Obedecido	*Bèdèchidu*
Obejecto, coisa	*Quá*
Obra	*O'bla*
Obrigação	*Bligáçòn*

Obrigado (modo de agradecer)	*Dèssu pág'á bò* ou *á sun*
Obsequio (fazer)	*Fávòlu*
Occasião	*Óla, Ólé*
Occulto, escondido	*Condgidu*
Odio	*Ódjó*
Odiar	*Fé ódjó*
Offerecer	*Flècè*
Officio	*Fiçu*
Olhar, ver	*Piá*
Olho	*Uè*
Onda	*Zonda*
ração	*Láçon*
Ordem	*Ódgi*
Ordenar	*Dá ódgi*
Orelha	*Olhá*
Ortiga	*Letchiga*
Orvalho	*Lòvé*
Ouro	*Oló*
Outro Outrem	*Cótlu*
Ouvir	*Tendé, 'ntendè*

P

Primo	*Plimú*
Pica-peixe (*Martinho pescador*)	*Conóbia*
Paciencia	*Pachènça*
Padecer	*Pádècè*
Padre	*Pádè*
Padrinho	*Pádjin*
Pai	*Pé, pépé*
Pagar	*Págá*
Pagador	*Págádò*
Palpebra	*Pem-pem*
Palpitar (do coração)	*Clóçon zugá*
Panella	*Ubága*
Pau	*Pò*
Pão	*Pòn*
Papagaio	*Pápágué*
Piolho (do pelvis)	*Calafátchi*
Pardal	*Pádé*
Pargo	*Pálugu*
Parir	*Páli*
Parteira	*Patèla*
Partir (em bocados, repartir)	*Lèpátchi*
Parto	*Pátu*
Passar	*Páçá*
Pasaro (bicho)	*Biçu*
Passarinho	*Mina biçu*
Passeiar	*Páchá*
Patrão	*Pátlòn*
Pavão	*Pávôn*
Paz	*Pági*
Pé	*Ó pé*
Peccador	*Pècádò*
Pedir	*Pidgi*
Pedra	*Budo*
Pedreiro	*Pèdlèlu*
Peixe	*Pichi*
Peleja Pelejar Luctar	*Luta* *Lutá*
Pello	*Pena*
Peneira	*Pinela*
Pensar	*Pensá*
Pente	*Pentchi*
Pentear	*Pentchá*
Peior	*Piòlu*
Pequeno	*Piquina*
Perder	*Plèdè*
Perdoar	*Pódá*
Perdido	*Plèdjidu*
Preguiça	*Pliguiça*
Perguntar	*Puntá*
Perigo	*Pligu*
Perigoso	*Pligósu*
Percevejo	*Senquà*
Persignar	*Plichinádu, plichiná*
Perto	*Pélu*
Pezar	*Pèzá*
Pesca	*Pichica*
Pescar	*Pinchicá*
Pescoço	*Clon clon*
Pesqueiro	*Pichiquèlu*
Pessôa	*Nimguè*
Pestana	*Pemu-pemu pen-pen*

Peta (Mentira)	*Mintchila*
Petição	*Pitchiçon*
Pevide (bago)	*Ucué*
Pintôr	*Pintólu*
Piolho (do corpo ou cabeça)	*Idu*
Piparote	*Cólicó*
Pires	*Pili*
Pizar	*Potó*. ás vezes *pinzá*
Pouco	*Piquin'áchi*
Muito pouco	*Pinquin'áchi montchi*
Pouzar	*Pózá*
Praga	*Plága*
Praia	*Plé*
Pranto (choro)	*Sólu, s'li*
Prata	*Pláta*
Prato	*Plátu*
Promessa	*Plómessa*
Precisão (necessidade)	*Mechidádgi*
Precizar	*Plichizá*
Preço	*Plèçu*
Predio (urbano)	*Que*
» (rustico)	*Lóça (roça)*
Prega	*Pléga*
Prégar	*Plégá*
Prego	*Plégu*
Prejudicar	*'nplèdè*
Prejuizo	*Plugizu*
Prender (amarrar)	*Málá, plendè*
Prenha (estar)	*Çá cu bèga*
Prescindir (regeitar)	*Zètá*
Presente	*Plèzentchi*
Prezidente	*Plêzidentchi.*
Pressa (ir depressa, ir logo)	*Djã djã*
Prima	*Plíma*
Primeiro	*Plumè ou plumelu*
Principe	*Plinchipi*
Principiar (começar)	*Cómêçá*
Procissão	*Pliçòn*
Procurador	*Plóculádò*
Professor (mestre)	*Mésse*
Prometter	*Plómètè*
Pucaro	*Púclu*
Pulga	*Plúga*
Pneumonia	*Dòlò pontada*
Purga	*Plúga*
Purgante	*Plúga*
Purgar	*Plúga*
Purgatorio	*Plugátòli*
Puchar	*Sáiá*
Pilão	*Odò*
Podre	*Pódli*
Pegar	*Pègá*
Palmeira	*Pèma*
Porco	*Plócu*
Pobre	*Póbli*
Petroleo	*Pètlóliu*
Pedir (rogar)	*Pundá*
Porta	*Pètó*
Por via de	*Pló viá di*
Policia	*Pulúcha*

Q

Qualquer	*Quáli-quáli*
Quebrar	*Quèblá*
Quebrado	*Quèbládu*
Queda	*Quié*
Queijo	*Quèzu*
Queimar	*Quèmá*
Quente	*Quentchi*
Querer	*Méssé*, *Quèlè*
Quintal	*Quinté*
Quitanda, feira	*Fèla*

R

Ran	*Áquelè*
Rabeca	*Labéca*
Rachar Racha	*Vá*
Rachadôr	*Vádò*
Rainha	*Lènhá*
Raio	*Miá mia*
Raiva	*Léva*
Raiz	*Lègi*
Rapariga	*Mina moça*
Rasgar Rasgado	*Fònò*
Ratinho	*Mina látu*
Rato	*Látu, fingui*
Ratoeira	*Latoèla*
Receber	*Lècebè*
Recibo	*Lichibu*
Recordar (lembrar)	*'nlemblá*
Recuar	*Quiè cu tláchi*
Rede	*Lèdè*
Redea (Freio)	*Flè*
Redor (em)	*Bódè-bòdò*
Refrescar	*Lèflèchicá*
Regoa	*Lègua*
Regulador	*Lèguládò*
Regulamento	*Lèguláımentu*
Rei (o)	*A'lèi*, ou *Alè*
Relampejar	*Bili-miá-miá*
Religião	*Ligion*
Remendar	*Butá pèdáçu*
Remo	*Lemúia* *Lemu*
Remover	*Tchilá n'ái*
Repente	*Lepentchi*
Responder	*Cudgi*
Retrato	*Letlátu*
Rewolver	*Buli e*
Rifa	*Lafa*
Rio	*Olhò*, ou *Áua*
Rir	*Li*
Roça	*Lóca*
Roda	*Lóda*
Rodilha	*Iquili*
Rogar (pedir)	*Pidji*
Rozario	*Lòze*
Roubar (furtar)	*Futá*
Roupa	*Lòpa*
Rua	*Lua*
Rude (boçal, sem importancia)	*Lupuiè, budu, bócàlı*
Ruido	*Tlòmentu*
Rumo	*Lumu*
Regedor	*Lèzedò*
Repartição	*Lepátchiçon*
Recado	*Lecádu*

S

Sabio (ou que sabe muito ou alguma coisa)	*Nimguè cu sebe quá*
Sacramento	*Sáclá* *Sáclámentu*
Sacudir	*Gingá*
Sal	*Sálu*
Saltar	*Sátá*
Salvação	*Slávaçon*
Salvador	*Slávádò*
Salvar	*Slává*
Sangrar	*Sanglá*
Sardinha	*Sandjá*
Sarna	*Coça*
Saude	*Sáudji*
Sé (a)	*A' Sé*
Senhor	*Sun*
Senhor meu	*Sun mun*
Este senhor	*Sun cé*
Seringa	*Chilinga*
Seringar	*Chilingá*
Serra	*Séla*
Serrador	*Sèládò*
Serviço	*Sliviçu*

Sobre (em cima)	*Ni liba*
Socegar	*Sócégá*
Soffrer	*Sufli*
Sogra	*Sógla*
Sogro	*Séglu*
Sol	*Sólá*
Soldado	*Sódé*
Soldar	*Sódá*
Solicitar	*Suchitá*
Soltar (largar)	*Légué*
Sombra	*Sombla*
Soprar	*Sóplá*
Sorte	*Sotchi*
Sorrir (rir)	*Li*
Subir Subida	*Subli*
Sujar	*Suzá*
Sul	*Súlu*
Surdo	*Súdu*
Suspender	*Boié* *Liguibá liba*
Suspenso	*Lengué-lengué*
Suspiro	*Flógó*
Syphilis	*Mólu (humór)*
Seccar	*Sugá*
Sapato	*Sápátu*
Suspir ar	*Supiá*
Saber	*Sêbé*
Sitio	*Chitu*

T

Taboa	*Tába*
Tacho	*Táçu*
Tainha	*Tenhá*
Tambôr	*Tambólu*
Traque	*Fió*
Tapar	*Tápá*
Tarde	*Tádji*
Tarrafa	*Táláfa*
Tecer	*Tece*
Teimar	*Têmá*
Temperar	*Templá*
Tenaz	*Tánági*
Tenro	*Mógó-mógó, fili, Pété-pété*
Tentar	*Tentá*
Terra	*Téla*
Thezoura	*Tschizóla*
Testa	*Téça*
Testiculo	*Ovo*
Tia	*Tchá*
Tinta	*Tchinta*
Tinteiro	*Tchintêlu*
Tio	*Tchi* *Lumon tá men*
Tirar	*Tchilá*
Toalha	*Tóiá*
Tocar	*Tócá*
Tomar	*Tómá*
Tomate	*Túmátchi*
Tonto	*Tóntó*
Torcer	*Tlócè*
Tornar (voltar)	*Bilá*
Torre	*Tóli*
Torto	*Tótó*
Tosse	*Tóchi*
Tossir	*Tichi*
Trabalhar	*Tlábá*
Trajo	*Quá bichi*
Transitar (passar)	*Pássá*
Transmittir Dizer, fallar	*Fáde, fádá* ou *flá*
Transpirar (suar)	*Suá*
Tratar	*Tlátá*
Tremer	*Tlêmê*
Trocar	*Tlócá* *Blágá*
Tronco	*Tácu*
Tropeçar	*Dá tópi, tlópèçá*
Trovoada	*Tlóváda*
Tubarão	*'ngandú*
Tu	*Bó*

U

Unha	*Inhé*
Unido	*Zuntádu*
Junto	*Zuntádu*
Unir	*Zuntá*
Juntar	*Zuntá*
Utero	*Mádlè*
Um	*Úa*
Uivar	*Vuvá*
Uivo	*Vuvá*

V

Vadio	*Vádgi*
Valer	*Cá válè, vàlê*
Vapor	*Vápò*
Vara	*Vála*
Varrer	*Báli*
Vassoura	*Bàçòla*
Vazio	*Dudji*
Velho	*Vè*
Vencer	*Vencè*
Venda (loja)	*Vendè*
Vender	*Bendê*, ou *vendê*
Ventilar (fazer vento)	*Fô-fò*
Verde	*Cúlu*
Verdade	*Védé*
Vergar	*Vlêgá*
Vergonha (cortezia)	*Cutugiá*
Vermelho	*Vlèmê*
Verruma	*Vàlúma*
Verso	*Véçu*
Vespa	*Bêspla*
Vestir	*Bichi*
Vingar	*Vingá*
Virgem	*Vigi*
Vinhateiro	*Viantêlu*
Vinho	*Vim*
Vintem	*Vintchi* *Vntê*
Vizinho	*Vigian*
Viuva	*Viva*
Vomitorio	*Mijan sácá*
Voz	*Vózu*
Vulto	*Vútu*
Voador	*Vádò*
Zombar	*Vólô*
Insultar	*Fé mangácòn*
hasquear	*Mangá*

S. Thomé, dezembro de 1893.

INDICE

GRAVURAS

ERRATAS

Em vista da precipitação com que foi revisto este livro, leva elle bastantes erros typographicos, sendo alguns de facil emenda. Os mais importantes são:

Pag.	Lin.	Onde se lê	Deve ler-se
24	12	impondo-lhe	impondo-lhes
25	13	ensinamos-lhe	ensinamo-lhes
27	16	emanados	emanadas
31	13	empregaram	empregavam
39	8	desconfiada	desconfiado
48	20	genro	genero
61	20	consciencias e	consciencias se
80	27	ali	aqui
115	7	e apprende	e apprendendo
»	14	affecta	affectam
126n	33	pretendem	pretendam
132	28	attitude	altitude
143	19	*óssâmi*	*óssâmi (Amomum erythrocarpum,* Ridley.)
151	5	Os individuos	O individuo
»	23	suprepticios	subrepticios
156	n.	elemento	alimento
163	16	armiticio	armisticio
199	9	digno	digna
210	5	recem-nascido	recem-baptisado
227	30	custam	custa
229	21	as cascas	a casca
257	15	esta	este
318	30	cadeira	cadeia

Spotted something that isn't quite right?

Let us know and we'll fix it for future reprints.
And as a thank you for your diligence, we'll
send you a free Sothis book of your choice.

publisher@sothis.press

This page intentionally left blank

Except of course for that line above. And this one.
And whilst we have your attention, perhaps you'd
like to follow us on Instagram @sothis.press. Go on.

Made in the USA
Monee, IL
08 November 2026

68106860R00246